高等院校“十一五”规划教材

精细化工工艺学

乔庆东　李　琪　编著

中国石化出版社

内 容 提 要

本书共分10章，包括绪论、精细化工计量学、精细化工反应器、多相催化有机合成、均相配位催化有机合成、相转移催化有机合成、酶催化有机合成、电化学有机合成、光化学有机合成、间歇化工过程的设计与优化等。

本书内容新颖，有一定的实用性。适于作精细化工及相关专业本科生、研究生的教材，对从事精细化工研究和开发的技术人员也有较高的参考价值。

图书在版编目(CIP)数据

精细化工工艺学 / 乔庆东，李琪编著. —北京：中国石化出版社，2007(2020.8重印)
ISBN 978-7-80229-453-0

Ⅰ. 精… Ⅱ. ①乔… ②李… Ⅲ. 精细化工-工艺学
Ⅳ. TQ062

中国版本图书馆CIP数据核字(2007)第166220号

中国石化出版社出版发行

地址：北京市东城区安定门外大街58号
邮编：100011　电话：(010)57512500
发行部电话：(010)57512575
http://www.sinopec-press.com
E-mail：press@sinopec.com
北京艾普海德印刷有限公司印刷
全国各地新华书店经销

*

787×1092毫米 16开本 14.25印张 358千字
2008年1月第1版　2020年8月第3次印刷
定价：30.00元

前　言

本书是按照精细化工专业的课程设置计划，为精细化工及有关专业的本科生、研究生而编写的。

目前，我国的精细化工发展迅速，精细化工率不断增加，为提高经济效益和调整产业结构作出了重要贡献。近年来，国内有关精细化工教材不断增多，但大多是以精细化学品的品种为线索，分别介绍其合成与生产方法。考虑到目前精细化学品的品种繁多，所涉及的合成工艺方法也较多，无法按照单一品种进行讲述，所以本教材主要以精细化工合成的催化方法为主线，介绍了多种催化原理、催化技术和实际应用。包括多相催化、均相催化、相转移催化、酶催化、电化学催化和光化学催化等。同时，由于精细化学品的品种多、产量小、价格高，如何提高收率是非常重要的，所以本书还介绍了精细化工的反应器和物料衡算方法。

本书是在辽宁石油化工大学精细化工专业使用的《精细化工工艺学》基础上修改而成的。经过多年的教学实践，提炼了其中的许多内容，还增加了习题和部分答案，供学习时参考。由于编者水平有限，时间仓促，错误在所难免，诚恳希望同行和读者批评指正。

编著者

目　录

第1章　绪　　论

§1.1　精细化工工艺学研究的内容

精细化工工艺学主要是研究精细化学品的合成技术和生产方法的课程。它包括以下主要内容：精细化学品的合成路线、工艺路线、合成技术和操作方法。

1.1.1　合成路线

合成路线是指选用什么起始原料，经过哪几步单元化学反应来制备目标产品，这是精细化工工艺学中主要研究和设计的内容。在实际生产时，要求合成路线具有简单、高效、原料易得、成本低等特点。合成路线主要由生产前的技术开发来完成。

【例1－1】 用乙烯生产醇醚硫酸盐(AES)的合成路线

$$\xrightarrow{\text{乙烯}}\boxed{\text{齐聚}}\xrightarrow{\alpha-\text{烯烃}}\boxed{\text{羰基化}}\xrightarrow{\text{高碳伯醇}}\boxed{\text{乙氧基化}}\xrightarrow{\text{醇醚}}\boxed{\text{磺化}}\xrightarrow{\text{AES}}$$

用化学反应式表示，则为：

$$nCH_2=CH_2\xrightarrow{\text{齐聚}}CH_2=CH(CH_2)_{2n-3}CH_3\xrightarrow[CO+H_2]{\text{羰基化}}CH_3(CH_2)_{2n-1}CH_2OH\xrightarrow[mH_2C\underset{O}{\diagdown\!\diagup}CH_2]{\text{乙氧基化}}$$

$$CH_3(CH_2)_{2n-1}(\underset{\displaystyle OH}{\underset{|}{C}}HCH_2O)_{m-1}CH_2OH\xrightarrow[mSO_3]{\text{磺化}}CH_3(CH_2)_{2n-1}CH_2(\underset{\displaystyle OSO_3H}{\underset{|}{C}}HCH_2O)_{m-1}CH_2OSO_3H \tag{1-1}$$

1.1.2　工艺路线

在生产精细化学品的整个过程中，除了要确定上述的合成路线外，还要将这些路线具体实施，这就涉及合成精细化学品时的工艺技术路线。工艺路线包括：原料的预处理过程、化学反应过程和产物的后处理过程。而预处理过程包括：提纯、粉碎、干燥、熔化、溶解、蒸发、汽化、加热、冷却等；化学反应过程包括各种基元反应，如磺化反应、卤化反应、羰基化反应、氧化反应等；产物的后处理过程包括蒸馏、精馏、吸收、吸附、萃取、结晶、冷凝、过滤、干燥等，这些过程在化工原理上也被称为单元操作，在精细化工中经常遇到。我们将原料的预处理过程、化学反应过程及产物的后处理合称为工艺路线。

【例1－2】 对氨基苯酚的合成工艺路线，见图1－1所示

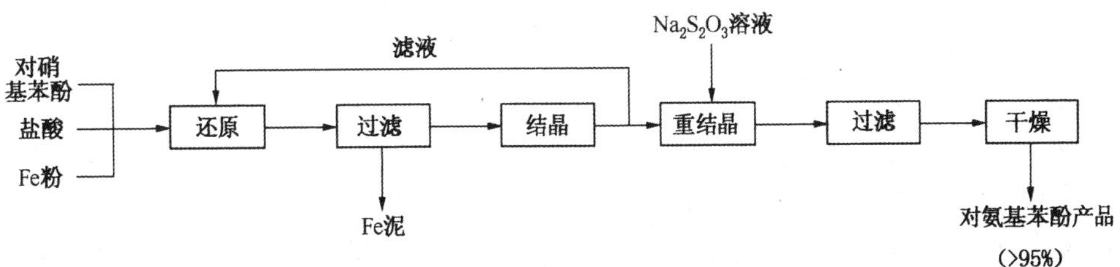

图1－1　合成对氨基苯酚的工艺路线

其中还原反应的化学反应式为:

$$\text{HO-}C_6H_4\text{-}NO_2 + 2Fe + 6HCl \longrightarrow \text{HO-}C_6H_4\text{-}NH_2 + 2FeCl_3 + 2H_2O \quad (1-2)$$

实际上，工艺路线包含了合成路线，是合成路线的具体实施。反应条件是指反应物料的配比、主反应物的要求转化率、产物要求达到的收率、反应物的浓度、反应温度、时间、压力、催化剂和溶剂等。考虑到不同类型反应的反应条件不同，影响机理也不同，所以本书重点讲述了精细化工计量学，特别是计量学基本概念及精细化工过程中的物料衡算。

1.1.3 合成技术

为提高工作效率和经济效益，大多数精细化工合成是在某种催化剂作用下完成的。合成技术是指完成反应时采用的催化方法，主要包括多相催化、均相催化、相转移催化、酶催化、电化学催化、光化学催化等。有时用同一种原料合成同一种产品时，可由多种不同的反应类型完成，所以就有不同的催化方法，即不同的合成技术。

【例1-3】 用硝基苯合成对氨基苯酚

$$C_6H_5NO_2 \xrightarrow[HCl]{Zn} C_6H_5NHOH \longrightarrow \text{HO-}C_6H_4\text{-}NH_2$$
$$C_6H_5NO_2 \xrightarrow[H_2SO_4]{e} C_6H_5NHOH \longrightarrow \text{HO-}C_6H_4\text{-}NH_2 \quad (1-3)$$

【例1-4】 用糠酸合成糠酸乙酯(水果型香料)

$$C_4H_3O\text{-}COOH + C_2H_5OH \xrightarrow{H_2SO_4} C_4H_3O\text{-}COOC_2H_5\ (\text{颜色深})$$
$$C_4H_3O\text{-}COOH + C_2H_5OH \xrightarrow{ZSM\text{-}5} C_4H_3O\text{-}COOC_2H_5\ (\text{无颜色}) \quad (1-4)$$

前者属于均相催化，温度较高，且有大量树脂状副产物，产品颜色深，味不正，还产生大量废酸。后者属于固体酸催化，产品质量好，无环境污染。

可见，合成路线选定之后，采用何种催化技术是十分重要的，是提高经济效益和产品质量的重要保证。目前有关合成技术的研究开发较多，这也是本书的重点内容。

1.1.4 操作方法

选定了正确的合成路线、合成技术和工艺路线后，如何进行操作便是十分重要的。操作方法是指采用何种反应器、何种操作形式来完成精细化学品的合成。完成反应的操作方法有两种：间歇操作和连续操作。操作方法的选择和反应器的选择和设计是密切相关的，它对整个精细化学品的生产过程有较大影响。本课程对几种常用的反应器类型进行了扼要的介绍，例如间隙式反应器、连续式反应器、固定床式反应器和流化床式反应器。由于精细化工的生产特点，间隙操作占有绝大多数的比例，所以本书还介绍了间隙化工生产过程的设计和优化。

§1.2 精细化工的现状和发展

1.2.1 精细化工的现状

精细化工是一个高技术密集型的行业，也是一个高经济效益的新兴工业，商业竞争十分激烈。世界各国都在积极、高速地发展精细化工。精细化学品由于应用范围广、利润高、更新速度快，许多国家的大公司都积极开发专用、高档化、多品种、系列化产品。据统计，世界上前100名的大型化工公司中，就有26家生产精细化工产品，而且利润都在10%～20%之间。精细化工的发展，不但为国家增加巨大的财富，而且也大大推动了科学技术的发展。我国的精细化工开始于20世纪80年代初，经过20年的发展，目前已经形成了系列化的精细化工产品(也称精细化学品)，包括染料、涂料、试剂及高纯品、信息用化学品、食品添加剂、胶黏剂、催化剂、日用化学品、功能高分子、农药、表面活性剂等12大类产品。精细化工率已从1985年的23.1%提高到1994年的29.78 %，2001年为37.44%，2002年为39.44%，2004年已达44.08 %。以石化工业总产值为100计，其精细化工率为25.79% ，但与发达国家相比还相差许多。例如德国、日本、美国的精细化工率都大于50%，而且系列和品种也比我国多。

精细化工合成技术是目前发展较快的一种技术，尤其是在高新领域和高新技术方面得到了很大发展。例如固体酸催化、光化学催化、电化学催化和微波催化等新型催化技术的开发，超导材料、高温半导体、光纤维等材料在微电子和信息技术中的应用，贮氢材料、导电高分子、仿生材料和纳米材料等新型化工材料的合成，生物工程技术的应用，这些都为精细化学品的合成提供了全新的高效率的生产方法。分离技术的发展为开发高质量和高纯度的精细化学品提供了保证。新型反应器的应用，则为精细有机合成和新型催化剂的应用提供了可能的场所。

为加速我国的精细化工产业发展，改变现有企业的产业结构，提高经济和社会效益，逐步与国际接轨，中国化学工业又把发展精细化工列为第十个五年计划发展的战略重点之一，作为一项重点工程来抓。通过优选发展精细化工，促进化学工业上一个新台阶。在项目上贯彻“统筹规划，放开发展”的方针，除选择一些关键项目作为重中之重来安排外，充分发挥中央和地方的两个积极性；在横向发展上抓一批各具特色的精细化工发展基地，第一批18个大基地和15个中小城市精细化工基地中，新领域精细化工占很大的比例。这些城市及其发展的特色精细化工产品是：苏州市(高档染料、合成香料及生物化工)、无锡市(感光材料、电子化学品)、台州市黄岩(医药、染料中间体及专用助剂)、荆沙市(农药、苯酐系列产品及表面活性剂)、抚顺市(表面活性剂及催化剂)、辛集市(精细钡盐及医药中间体)、泸州市(油脂精细化工、纤维素醚类、氰代系列产品)、滨州市(油田化学品)、南通市(高效农药、乙酸衍生产品和功能性高分子材料等)、芜湖市(高档涂料)、湘潭市(高档颜料、染料及功能树脂)、德阳市(精细磷酸盐及皮革化学品)、开封市(皮革化学品及化工助剂)、湖州市(生物化工)、中山市(气雾剂)。

总之，在“十五”期间，我国积极促进精细化工产品向新领域规模化和产业化方向发展，通过设立专项并通过专项的实施，在电子化学品、食品添加剂、饲料添加剂、皮革化学品、油田化学品、造纸化学品、胶黏剂、水处理化学品、生物化工等方面形成一批新领域精细化工产业，使农药、染料、颜料、涂料、橡塑助剂、催化剂等传统精细化工产品适应市场的需要，充分发展起来。

1.2.2 精细化工的发展

精细化工的技术创新已提上了日程。精细化工属新技术行业，其技术的创新和产品的创新在今后将被作为“创新工程”得到新的发展。如催化剂是精细化工的一个重要门类，是化工生产中的核心技术，多年来，我国的科研单位和生产企业对催化剂都很重视，已建立了一套研制的程序和创新办法。随着世界和中国高新技术的发展，不少高新技术将和精细化工融合，精细化工为高新技术服务，高新技术又进一步改造精细化工，使精细化工产品的应用领域进一步拓宽，产品进一步实现高档化、精细化、复合化、功能化。

精细化工技术研究和开发，以及产品生产方面与国外的合作和合资的程度将会更高。如在表面活性剂和胶黏剂等方面与德国 Henkel、美国 P&G、意大利 Press、瑞士 Buss、法国罗纳普朗克等公司进行了合作，以定制化学品为主攻方向的精细化工园区将得到迅速发展。

发挥绿色精细化工的特点，将是 21 世纪精细化工发展的一个特点。精细化工将为节能和环保作出贡献，自身将向清洁化和节能化的方向发展，成为绿色高新精细化工。如随着中国有机电化学技术的发展，以硝基苯为原料一步电解法生产对氨基苯酚的新技术，将取代铁粉还原法，其原料成本低、生产过程短、三废污染少、不需贵金属和加压设备，可在常温常压下操作，每吨产品可盈利 1 万元，预计这种绿色化的精细化工生产方法将使不少精细化工中间体的生产能满足市场的需要。利用可再生资源发展我国精细化工，大有前途。利用取之不尽、用之不竭的可再生植物资源发展精细化工是实现可持续发展和循环经济长远战略目标的一大措施，也是绿色高新精细化工行业的主要研究方向。

精细化工正向集中化方向发展。我国每年千吨以下精细化工厂数千个，许多工厂仅仅只有 1 ~2 个品种，尤其是一些小的乡镇企业，更是如此。这种生产状况不利于提高产品质量，不利于降低成本，更不利于生产中的三废处理，也不具备应变能力。今后应像国外大公司那样建立多功能生产车间，为精细化工集中生产提供条件，如德国巴斯夫公司精细化工产品达 1500 多个，拜尔公司精细化工产品达 1100 多个，竞争力极强。今后中国将按精细化工发展的内在规律，充分利用国内外的资金、人才和技术，组织产学研相结合的技术攻关，科技创新，从根本上进行原始创新，使精细化工行业的整体水平上一个档次，参与国际竞争。

习 题

1. 精细有机合成工艺学研究的内容是什么？
2. 举例说明合成路线和工艺路线的概念。
3. 阐述我国目前的精细化工现状和发展趋势。

第2章 精细化工计量学

精细化工生产的特点是：多数精细化工为间歇式生产；部分产量大、生命周期长的精细化学品大多已实现了自动化生产；建立了多功能的精细化学品生产车间；分析测试设备较先进。为了对生产过程的各种物料有定量的了解，以便确定最佳反应条件，提高经济效益，有必要了解和掌握精细化工计量学的有关内容。

§2.1 精细化工计量学基本概念

2.1.1 反应物的摩尔比

反应物的摩尔比是指加入反应器中的几种反应物之间的摩尔数之比。它可以和化学反应式的摩尔之比相同，即相当于化学计量比。但是大多数精细化工反应中，各种反应物的投料摩尔比并不等于化学计量比。

【例2-1】 在生产邻苯二甲酸二异丁酯(增塑剂 DIBP)的反应中

$$C_6H_4(CO)_2O + 2CH_3-\underset{CH_3}{\underset{|}{C}H}-CH_2OH \xrightleftharpoons{H_2SO_4} C_6H_4(COOCH_2CH(CH_3)CH_3)_2 + H_2O \quad (2-1)$$

反应时，反应物的摩尔比为苯酐: 异丁醇 = 1: 1.38，与化学计量比(1:2)不同，以保证异丁醇的完全转化。

2.1.2 限制反应物和过量反应物

在化学反应中，当反应物不按化学计量比投料时，其中以最小化学计量数存在的反应物称为“限制反应物”。而当某种反应物的量超过与限制反应物完全反应的所需理论量时，则称该反应物为“过量反应物”。例如上例中的异丁醇称为限制反应物，而苯酐即为过量反应物。

2.1.3 过量百分数

过量反应物超过限制反应物所需的理论量部分，与所需理论量之比称为过量百分比。若以 N_e 表示过量反应物的物质的量，N_t 表示过量反应物与限制反应物完全反应所消耗的物质的量，则过量百分数为：

$$过量\% = \frac{N_e - N_t}{N_t} \times 100\% \quad (2-2)$$

【例2-2】 在氯苯的二硝化反应中

$$ClC_6H_5 + 2HNO_3 \longrightarrow ClC_5H_4(NO_3)_2 + 2H_2O$$

化学计量比(系数)	1	2
投料物质的量	5.00	10.70
投料摩尔比	1	2.14

求：限制反应物和过量反应物的物质的量及过量百分数。

解：从上式可知，氯苯是限制反应物，硝酸是过量反应物，$N_t = 2 \times 5.00 = 10.00$mol，$N_e = 10.70$mol，所以硝酸的过量百分数为：

$$\text{硝酸过量}\% = \frac{10.70 - 10.00}{10.00} \times 100\% = 7\%$$

应该指出的是，对于苯的一硝化或一氯化等反应，常常使用不足量的硝酸或氯气等反应物，以防止二硝化或二氯化反应，但这时仍以主要反应物苯做为配料的基准。例如 1 mol 苯进行一硝化时，用 0.98mol 硝酸，即苯与硝酸的摩尔比为 1∶0.98，硝酸用量是理论量的 98%。但上述表示方法不利于计算转化率。

2.1.4 转化率(Conversion ratio)

某一反应物 R 反应掉的量 $N_{R,r}$ 占其向反应器中输入量 $N_{R,in}$ 的百分数，称为反应物 R 的转化率，即：

$$x_R = \frac{N_{R,r}}{N_{R,in}} = \frac{N_{R,in} - N_{R,out}}{N_{R,in}} \times 100\% \tag{2-3}$$

式中，$N_{R,out}$ 表示反应物 R 从反应器中输出的量，均以物质的量(mol)表示。

2.1.5 选择性(Selectivity)

选择性是指某一反应物转化为目标产物时，理论上消耗的物质的量占该反应物在反应中实际消耗掉的总物质的量的百分比。设反应为：

$$rR \longrightarrow pP$$

化学计量数	r	p
反应前的物质的量	$N_{R,in}$	0
反应后的物质的量	$N_{R,out}$	N_p

则该反应的选择性 s 为：

$$s = \frac{\frac{r}{p}N_p}{N_{R,in} - N_{R,out}} \times 100\% \tag{2-4}$$

导致选择性小于 100% 的原因主要是由于副反应的存在。在实际反应过程中，选择性往往是不断变化的，和转化率有关联。

2.1.6 理论收率(Theoretical yield)

理论收率是指生成目标产物的物质的量占输入的反应物物质的量的百分比，简称收率，对于上述反应，则理论收率可表示为：

$$y = \frac{\frac{r}{p}N_p}{N_{R,in}} \times 100\% \tag{2-5}$$

转化率、选择性和理论收率三者之间的关系为：

$$y = s \cdot x \tag{2-6}$$

【例 2-3】 100mol 苯胺在用浓硫酸进行烘焙磺化时，产物中含有 87 mol 对氨基苯磺酸，2 mol 未反应的苯胺以及一定量的焦油。求苯胺的转化率，以及生成对氨基苯磺酸的选择性和理论收率。

解：苯胺的烘焙磺化反应式为：

$$\text{C}_6\text{H}_5\text{NH}_2 \xrightarrow{+H_2SO_4} \text{C}_6\text{H}_5\text{NH}_3\text{SO}_4\text{H} \xrightarrow[\triangle]{-H_2O} \text{C}_6\text{H}_5\text{NHSO}_3\text{H} \xrightarrow{重排} p\text{-NH}_2\text{C}_6\text{H}_4\text{SO}_3\text{H}$$

苯胺转化率为：

$$x = \frac{N_{R,r}}{N_{R,in}} \times 100\% = \frac{N_{R,in} - N_{R,out}}{N_{R,in}} \times 100\% = \frac{100-2}{100} \times 100\% = 98\%$$

生成对氨基苯磺酸的选择性为：

$$s = \frac{\frac{r}{p}N_p}{N_{R,in} - N_{R,out}} \times 100\% = \frac{\frac{1}{1} \times 87}{100-2} \times 100\% = 88.78\%$$

生成对氨基苯磺酸的理论收率为：

$$y = \frac{\frac{r}{p}N_p}{N_{R,in}} \times 100\% = \frac{\frac{1}{1} \times 87}{100} \times 100\% = 87\%$$

或 $$y = s \cdot x = 98\% \times 88.78\% = 87\%$$

2.1.7 质量收率(Mass yield)

理论收率一般用于计算某一反应步骤的收率，但在实际生产中，为了计算反应物经过预处理、化学反应和后处理之后，所得目标产物的总收率，常常采用质量收率。质量收率是指目标产物的质量占某一输入反应物质量的百分比，常用y_m表示。

【例2-4】 100kg苯胺(纯度为99%，相对分子质量93)经磺化和精制后制得217 kg对氨基苯磺酸钠(纯度为97%，相对分子质量213.2)，求以苯胺计的对氨基苯磺酸钠的理论收率和质量收率。

解：对氨基苯磺酸钠的理论收率为：

$$y = \frac{\frac{217 \times 97\%}{213.2}}{\frac{100 \times 99\%}{93}} \times 100\% = 85.6\%$$

而对氨基苯磺酸钠的质量收率为：

$$y_m = \frac{217}{100} \times 100\% = 217\%$$

这里$y_m > 100\%$，主要是由于目标产物的相对分子质量(213.2)大于反应物的相对分子质量(93)。

2.1.8 原料消耗定额

原料消耗定额是指生产1t产品需要消耗各种原料的质量(以t或kg为单位)。对于主要反应物来说，它实际上就是质量收率的倒数。

在【例2-4】中，每生产1t对氨基苯磺酸钠，苯胺的消耗定额是

$$\frac{100}{217} = 0.461\text{t} = 461\text{kg}$$

2.1.9 单程转化率和总转化率

有些生产过程，主要反应物每次经过反应器后的转化率并不太高，有时甚至很低，但是未反应的主要反应物大部分可经过分离回收，并可循环使用。这时要将转化率分为单程转化率和总转化率。单程转化率(One pass conversion)是指反应物一次经过反应器所消耗的物质的量占输入反应物物质的量的百分比，而总转化率(Overall conversion)则是指反应物经过全过程后消耗的物质的量占输入反应物的物质的量的百分比。

【例2-5】 在苯一氯化制氯苯时，为了减少副产物二氯苯的生成量，使氯为限制反应物。每100mol苯用40mol氯进行反应。产物中含氯苯38mol，二氯苯1mol，还有未反应的苯61mol，经分离可回收苯60mol，损失苯1mol。如图2-1所示。

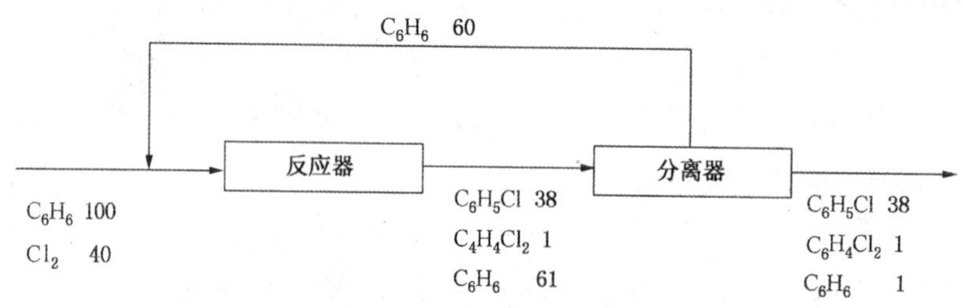

图2-1 苯一氯化流程图(单位为mol)

求：苯的单程转化率、总转化率，氯苯的选择性、总收率。

解：苯一次经过反应器时的单程转化率为：

$$x = \frac{100 - 61}{100} \times 100\% = 39\%$$

苯的总转化率为：

$$x = \frac{100 - 61}{100 - 60} \times 100\% = 97.5\%$$

生成氯苯的选择性为：

$$s = \frac{38}{100 - 61} \times 100\% = 97.44\%$$

生成氯苯的总收率为：

$$y = \frac{38}{100 - 60} \times 100\% = 95\%$$

或

$$y = 97.50\% \times 97.44\% = 95\%$$

由上例可知，对于某些反应，主反应物的单程转化率可以很低，但总转化率和总收率可以很高。

§2.2 反应过程中的物料衡算

通过物料衡算，可深入分析生产过程，对生产全过程有定量的了解。主要目的有：①确定原料消耗定额，揭示物料利用情况；②了解收率是否达到最佳数值，设备生产能力还有多大潜力；③各设备生产能力是否平衡等，以便采取措施，改进生产工艺，提高产品的收率和产量；④物料衡算也是设计工作中一个十分重要的环节，只有在物料衡算的基础上才能确定设备的大小和个数等。

2.2.1　物料衡算的理论基础

物料衡算的理论基础是质量守恒定律。根据此定律可以得到反应过程的物料衡算关系式：

加入反应器的物料量 = 流出反应器的物料量 + 在反应器中的转化量 + 反应器中的积累量

在反应过程中，物质的转化服从化学反应规律，可以根据化学反应式(主反应和副反应)求出物质转化的定量关系。进行物料衡算时，必须选择一定的基准为计算的基础，通常采用的基准有以下三种：

① 以每批操作为基础。适用于间隙操作设备，标准或定型设备的物料衡算。

② 以单位时间为基准。适用于连续操作设备的物料衡算。

③ 以每吨产品为基准。适用于确定原料的消耗定额。

2.2.2　物料衡算的有关数据及步骤

1. 收集数据

为了进行物料衡算，应根据工厂的操作数据或中试工厂的试验数据，收集下列各项数据：①反应物料的配比；②各种物料(原料、半成品、成品、副产品)的浓度、纯度和组成；③阶段收率和车间总收率；④转化率和选择性等。

2. 计量和衡算

一般采用下列步骤：①收集和整理所必需的基本数据；②列出化学反应式，包括主反应和副反应；③选择物料衡算的基准；④进行物料衡算；⑤列出物料衡算表。

2.2.3　物料衡算举例

实际生产操作过程包括物理过程、化学过程(间隙操作和连续操作)、化学平衡过程等。下面分别举例说明。

1. 物理过程的物料衡算

在物理过程中，化学转化量为零。该过程包括物料的混合、萃取、蒸馏、过滤等物理过程，该过程的物料衡算可根据质量守恒定律进行。

【例 2-6】　硝化混酸配制过程的物料衡算。已知混酸的组成为：$H_2SO_4:HNO_3:H_2O = 46:46:8$，配制混酸用的原料为工业硫酸(98%)、硝酸(97%)、含 H_2SO_4 为 69% 的硝化废酸。求配制 1000kg 混酸时各原料的用量。设混酸配制过程中无机械损失，产率为 100%，并假设原料中除水外其他杂质可忽略。

解：设 G_N = 硝酸(97%)的用量(kg)，G_S = 硫酸(93%)的用量(kg)，$G_{废}$ = 废酸(69%)的用量(kg)，则有：

(1) HNO_3的物料平衡　　$0.97G_N = 1000 \times 46\%$

(2) H_2SO_4的物料平衡　　$0.93G_S + 0.69G_{废} = 1000 \times 46\%$

(3) H_2O 的物料平衡　　$0.07G_S + 0.03G_N + 0.31G_{废} = 1000 \times 8\%$

联立解出上述各式，得 $G_N = 474kg$，$G_S = 404kg$，$G_{废} = 122kg$

即需要 97% 硝酸 474 kg，93% 硫酸 404 kg，69% 废酸 122 kg。

2. 化学过程(间隙操作)的物料衡算

在化学反应中有物质的变化，所以在质量守恒定律中要考虑物质的变化量，一般可由化学反应式求出。

【例2-7】 萘磺化制备2-萘磺酸的反应中，萘磺化为间隙操作。已知每批操作的投料量为：精萘1600L（纯度98.4%，密度963kg/m^3），浓硫酸690L（纯度98%，密度1840kg/m^3）。磺化产物组成为：1-萘磺酸8%，2-萘磺酸71%，游离硫酸7%，游离萘5.5%。在磺化过程中有1.8%（质量）的物料转化为蒸气排出。要求对此全过程进行物料衡算。

解：物料衡算基准选择为一批操作。输入及输出过程为：

萘、H_2SO_4、H_2O → 磺化反应器 → 蒸气(萘,SO_3,H_2O)；→ 输出(1-萘磺酸,2-萘磺酸,萘,H_2SO_4,H_2O)

(1) 进料衡算(假定原料中除水外无其他杂质)

加入精萘质量(kg)

$$1600 \times \frac{963}{1000} = 1540\text{kg}$$

其中，萘：　$1540 \times 98.4\% = 1515$kg，水：$1540 \times (1-98.4\%) = 25$kg

加入浓硫酸质量(kg)

$$690 \times \frac{1840}{1000} = 1270\text{kg}$$

其中H_2SO_4为$1270 \times 98\% = 1245$kg，H_2O为$1270 \times (1-98\%) = 25$kg

共加料质量(kg)

$$1540 + 1270 = 2810\text{kg}$$

其中，萘：　1515kg，H_2SO_4：1245kg，H_2O：$25 + 25 = 50$kg

(2) 出料衡算(产物)

排出的蒸气物料量为$2810 \times 1.8\% = 50$kg（组成待下面进行计算）

液相磺化产物总质量：$2810 - 50 = 2760$kg，由于其中各物质的含量已知，所以：

1-萘磺酸：$2760 \times 8\% = 221$kg，2-萘磺酸：$2760 \times 71\% = 1960$kg

萘：$2760 \times 5.5\% = 152$kg，H_2SO_4：$2760 \times 7\% = 193$kg

H_2O：$2760 \times (1-71\%-8\%-7\%-5.5\%) = 2760 \times 8.5\% = 234$kg

(3) 反应消耗量(化学过程)

主反应　萘 $+ H_2SO_4 \longrightarrow$ 2-萘磺酸($-SO_3H$) $+ H_2O$　(2-7)

相对分子质量　128　98　208　18

副反应　萘 $+ H_2SO_4 \longrightarrow$ 1-萘磺酸(SO_3H) $+ H_2O$　(2-8)

因为反应过程中生成的1和2-萘磺酸量为$1960 + 221 = 2181$kg，所以反应过程消耗的

萘量为 $2181\times\frac{128}{208}=1342\text{kg}$，消耗的 H_2SO_4 量为 $2181\times\frac{98}{208}=1028\text{kg}$，生成 H_2O 的量为 $2181\times\frac{18}{208}=189\text{kg}$。

（4）蒸气物料的组成

令蒸气物料中含萘 x/kg，SO_3 y/kg，H_2O z/kg，则

$$x+y+z=2810\times1.8\%=50\text{kg}$$

因为萘的加入量为 1515kg，反应消耗量为 1342kg，磺化反应带出量为 152kg，所以

$$x=1515-1342-152=21\text{kg}$$

SO_3 量：加入硫酸 1254 kg，反应消耗硫酸 1028 kg，磺化产物带出硫酸 193 kg，所以 SO_3 的含量为：

$$y=(1245-1082-193)\times\frac{80}{98}=19.6\text{kg}$$

H_2O 量：由蒸气的总量，知 $z=50-x-y=50-21-19.6=9.4\text{kg}$

所以，气体排出物中各组分的百分比为：

萘：$\frac{21}{50}\times100\%=42\%$　SO_3：$\frac{19.6}{50}\times100\%=39\%$　H_2O：$\frac{9.4}{50}\times100\%=19\%$

计算结果列于表 2－1 中。

表 2－1　物料衡算结果

	物料名称	工业品量/kg	纯度/%	纯品量/kg	密度/$kg\cdot m^{-3}$	体积/L
输入	精　萘	1540	98.4	萘　1515 水　25	963	1600
	浓硫酸	1270	98	硫酸　1245 水　25	1840	690
	合　计	2810				2290
输出	磺化液	2760	1－萘磺酸　8	221		
			2－萘磺酸　71	1960		
			硫酸　7	193		
			萘　5.5	152		
			水　8.5	234		
	气　体	50	萘　42	21		
			SO_3　39	19.6		
			水　19	9.4		
	合　计	2810				

3. 化学过程（连续操作）的物料衡算

该过程的物料衡算以时间为基准，是物料衡算中的难点。

【例 2－8】　苯与混酸生成硝基苯的连续过程，是在 2 个串联的硝化锅中进行的。硝化混合物从分离器中分离后，将含有少量废酸的硝基物送去水洗、中和，即得到硝基苯。废酸中的一部分循环，进入第一硝化锅，另一部分进入萃取锅。用精苯萃取废酸中的硝基苯，同时苯与废酸中的硝酸反应生成硝基苯，含有硝基苯的酸性苯再入第一硝化锅，硝化过程如图

2-2 所示。

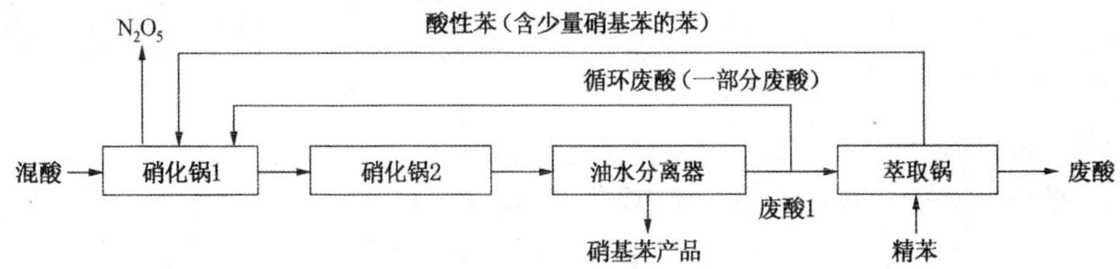

图2-2　硝基苯生产工艺流程图

已知数据有：

(1) 进入萃取锅的精苯流量990kg/h。

(2) 苯的转化率：硝化锅1中为91%，硝化锅2中为4.5%，萃取锅中为3%。

(3) 由萃取锅出来的酸性苯中含纯苯94%，含硝基苯6%，酸性苯密度894kg/m³。

(4) 硝化混酸百分组成为：$HNO_3:H_2SO_4:H_2O=46:46:8$，$HNO_3$与纯苯的摩尔比为1.05:1，循环废酸体积为硝化锅1中酸性苯体积的2倍。

(5) 循环废酸的密度1610kg/m³，在硝化过程中有4%的HNO_3分解，且假定HNO_3分解只在硝化锅1中进行。忽略分离后的有机物中所含的废酸，忽略循环废酸中的苯。

(6) 假定废酸中硝基苯在萃取锅内完全被萃取，忽略二硝化反应。

要求对硝化锅1进行物料衡算。

解：首先确定衡算基准：1h(连续过程)。

列出输入输出的已知数据表(见表2-2)，即在硝化锅1中，输入输出的物料有

表2-2　硝化锅1的输入输出的已知数据表

	物料名称	工业品量/kg	含量/%	纯品量/kg	密度/$kg\cdot m^{-3}$	体积/L
输入	酸性苯		苯 94 硝基苯 6		894	
	混　酸		硝酸 46 硫酸 46 水 8			
	循环废酸		硝酸 硫酸 水 硝基苯		1610	
	合　计					
输出	硝化物料		苯 硝基苯 硝酸 硫酸 水			
	N_2O_5					
	合计					

输入：　　　　　　酸性苯(由萃取锅来)=苯+硝基苯

混酸(外加)=硝酸+硫酸+水

循环废酸(由分离器的水相中来)=硝酸+硫酸+水+硝基苯

输出：进入硝化锅 2 的物料=苯+硝基苯+硝酸+硫酸+水

N_2O_5(来自于 HNO_3的分解)

(1) 酸性苯的物料衡算(萃取锅中)

纯苯加入量 990kg，转化率为 3%，所以

反应量为 $990\times3\%=29.7$kg，剩余量为 $990\times(1-3\%)=960.3$kg

而酸性苯中苯占 94%，硝基苯占 4%，其中苯来自于精苯中未反应的部分，而循环废酸中无苯，所以酸性苯中：

纯苯量为 960.3kg，硝基苯量为 $960.3\times\frac{6}{94}=61.3$kg，酸性苯总质量为 $960.3+61.3=1021.6$kg，酸性苯体积为 $1021.6\times\frac{1000}{894}=1142.7$L

(2)混酸的衡算

由于混酸中硝酸的物质的量是精苯的 1.05 倍，所以硝酸加入量为：

$$990\times\frac{63}{78}\times1.05=839.6\text{kg}$$

由于混酸的组成为 HNO_3: H_2SO_4: H_2O=46:46:8，所以

硫酸量与硝酸量相同，即 839.6kg，水量为 $839.6\times\frac{8}{46}=146.0$kg

混酸总质量为 $839.6+839.6+146.0=1825.2$kg

为了计算循环废酸量和硝化锅 1 的输出物料量，首先要求出硝化锅 1、2 中物质的变化量。

(3) 硝化锅 1 中的变化量

硝化反应　　　　$C_6H_6+HNO_3 = C_6H_5NO_2+H_2O$

相对分子质量　　78　　63　　123　　18

由于反应过程中苯的转化率为 91%，即反应掉苯的量为 $990\times91\%=900.9$kg，所以

消耗 HNO_3的量为 $900.9\times\frac{63}{78}=727.7$kg，生成 H_2O 的量为 $900.9\times\frac{18}{78}=207.9$kg

生成硝基苯的量为 $900.9\times\frac{123}{78}=1420.7$kg

又由于 HNO_3脱水生成 N_2O_5的比例为 4%，反应式为：

$$2HNO_3\longrightarrow N_2O_5+H_2O$$

相对分子质量　　2×63　　108　　18

HNO_3分解掉的量为 $839.6\times4\%=33.6$kg，所以

生成 N_2O_5量为 $33.6\times\frac{108}{2\times63}=28.8$kg，生成 H_2O 量为 $33.6\times\frac{18}{2\times63}=4.8$kg

所以在硝化锅 1 中，各物质在化学反应后的质量为：

苯的量=酸性苯中的量−反应掉的量=960.3−900.9=59.4kg

硝基苯的量=酸性苯中的量+反应生成的量=61.3+1420.7=1482.0kg

HNO_3的量=混酸中的量-硝化掉的量-分解掉的量=839.6-727.7-3.6=78.3kg

H_2O 的量=混酸中的量+硝化生成的量+HNO_3分解生成的量=146.0+207.9+4.8=358.7kg

H_2SO_4的量=混酸中的量=839.6kg

(4) 硝化锅 2 中的变化量

由于硝化反应的转化率为4.5%，即反应掉苯的量：990×4.5%=44.6kg，所以

消耗 HNO_3的量： $44.6\times\frac{63}{78}=36.0\text{kg}$

生成 H_2O 的量： $44.6\times\frac{18}{78}=10.3\text{kg}$

生成硝基苯的量： $44.6\times\frac{123}{78}=70.3\text{kg}$

所以，硝化锅 2 中除去循环废酸外，各物料的量为：

苯： 硝化锅 1 中来的量-反应掉的量=59.7-44.6=15.1kg

硝基苯： 硝化锅 1 中来的量+生成的量=1482.0+70.3=1552.3kg

HNO_3： 硝化锅 1 中来的量-反应掉的量=78.3-36.0=42.3kg

H_2O： 硝化锅 1 中来的量+生成的量=358.7+10.3=369.0kg

H_2SO_4： 硝化锅 1 中来的量=839.6kg

(5) 分离器中的物料衡算(关键问题)

由于循环废酸体积是酸性苯体积的 2 倍，密度 1.61kg/L，所以循环废酸体积=2×酸性苯体积=2×1142.7= 2285.4L，循环废酸质量=2285.4×1.61=3679.5kg，其组成与废酸 1 是完全相同的，那么废酸 1 的组成如何呢？

在萃取锅中，硝基苯被完全萃取，即硝基苯的物料平衡式为：

废酸 1 中的硝基苯(不包括循环废酸中的量)+萃取锅中生成的硝基苯=酸性苯中的硝基苯+废酸中的硝基苯(由假定，为0)，所以

废酸 1 中的硝基苯+萃取锅中生成的硝基苯=酸性苯的硝基苯，即：

$$\text{废酸 1 中的硝基苯}+990\times3\%\times\frac{123}{78}=61.3\text{kg}$$

$$\text{废酸 1 中的硝基苯}=61.3-990\times3\%\times\frac{123}{78}=14.5\text{kg}$$

所以废酸 1 的质量为：

HNO_3量+H_2SO_4量+H_2O 量+硝基苯量=42.4+839.6+369.0+14.5=1265.5kg

各组分的组成为：

$$HNO_3:\frac{42.4}{1265.5}\times100\%=3.35\%,\ H_2SO_4:\frac{839.6}{1265.5}\times100\%=66.34\%$$

$$H_2O:\frac{369}{1265.5}\times100\%=29.16\%,\text{硝基苯}:\frac{14.5}{1265.5}\times100\%=1.15\%$$

上述比例就是循环废酸的组成，所以循环废酸(总质量 3679.5kg)中各组分的量为：

HNO_3：3679.5×3.35%=123.3kg

H_2SO_4：3679.5×66.34%=2441.0kg

H_2O：3679.5×29.16%＝1072.9kg

硝基苯：3679.5×1.15%＝42.3kg

（6）硝化锅 1 的物料衡算（输出）

输出量＝循环废酸量＋变化量［由（3）中计算可知］，所以

苯量（不变）＝59.4kg

硝基苯量＝42.3＋1482.0＝1524.3 kg

HNO_3量＝123.3＋78.3＝201.6kg

H_2SO_4量＝2441.0＋839.6＝3280.6 kg

H_2O 量＝1072.9＋358.7＝1431.6kg

总质量＝59.4＋1524.3＋201.6＋3280.6＋1431.6＝6497.5 kg

各物料的比例为：

$$苯：\frac{59.4}{6497.5}\times 100\% = 0.92\%，硝基苯：\frac{1524.3}{6497.5}\times 100\% = 23.46\%$$

$$HNO_3：\frac{201.6}{6497.5}\times 100\% = 3.10\%，H_2SO_4：\frac{3280.6}{6497.5}\times 100\% = 50.49\%$$

$$H_2O：\frac{1431.6}{6497.8}\times 100\% = 22.03\%$$

（7）物料衡算表（见表 2－3）

表 2－3　硝化锅 1 的物料衡算表（括号内数值为计算步骤）

	物料名称	工业品量/kg	含量/%		纯品量/kg	密度/kg·m^{-3}	体积/L
输入	酸性苯	1021.6(1)	苯	94	960.3(1)	894	1142.7(1)
			硝基苯	6	61.3(1)		
	混　酸	1825.2(2)	硝酸	46	839.6(2)		
			硫酸	46	839.6(2)		
			水	8	146.0(2)		
	循环废酸	3679.5(5)	硝酸	3.35	123.3(5)	1610	2285.4(5)
			硫酸	66.34	2441.0(5)		
			水	29.16	1072.9(5)		
			硝基苯	1.15	42.3(5)		
	合　计	6526.3					
输出	硝化物料	6497.5(6)	苯	0.92	59.4(6)		
			硝基苯	23.46	1524.3(6)		
			硝酸	3.10	201.6(6)		
			硫酸	50.49	3280.6(6)		
			水	22.03	1431.6(6)		
	N_2O_5	28.8(3)			28.8(3)		
	合　计	6526.3					

4. 含有化学平衡的物料衡算

上述例子中所进行的化学反应都是由反应物生成产物的过程，而没有化学平衡反应。当反应存在平衡时，如酯化反应和中和反应等，就要考虑反应物与产物浓度间的平衡关系，确定物料的实际组成。

【例2-9】 对蒽醌硝化反应后的中和过程进行物料衡算。已知每批操作的投料量为：硝基蒽醌423kg，H_2SO_4 2607kg，HNO_3 503kg，H_2O 4041kg，总体积为6474L。采用18%氨水(密度932kg/m^3)中和物料中的各种酸，中和到终点时pH=7。已知NH_4^+水解平衡常数为$K_水=5.65\times10^{-10}$，要求对该中和反应过程进行物料衡算。

解：选择每批操作为物料衡算基准。输入与输出的物料有

输入：硝基蒽醌，H_2SO_4，HNO_3，H_2O，NH_4OH(18%)

输出：硝基蒽醌，$(NH_4)_2SO_4$，NH_4NO_3，H_2O，NH_4OH(部分)

中和的过程就是将输入物料中的H_2SO_4和HNO_3用18%的NH_4OH中和为pH=7的水相，而其中的硝基蒽醌则无变化。所以

(1) HNO_3中和的氨(NH_3)用量

反应式	HNO_3 + NH_3 ⟶ NH_4NO_3
相对分子质量	63　　17　　80

由于反应物中HNO_3的量为503kg，所以

NH_3的消耗量为$503\times\frac{17}{63}=136$kg，$NH_4NO_3$的生成量为$503\times\frac{80}{63}=639$kg

(2) H_2SO_4中和的氨用量

反应式	H_2SO_4 + $2NH_3$ ⟶ $(NH_4)_2SO_4$
相对分子质量	98　　2×17　　132

由于反应物中H_2SO_4的量为2607kg，所以

NH_3的消耗量为$2607\times\frac{34}{98}=904$kg，$(NH_4)_2SO_4$的生成量为$2607\times\frac{132}{98}=3511$kg

(3) 中和H_2SO_4和HNO_3用的18% NH_3水量

$$NH_3\text{的用量}=136+904=1040\text{kg}$$

折合为18%的氨水用量：

质量为$1040\times\frac{100}{18}=5778$kg，体积为$5778\times\frac{1000}{932}=6200$kg

此时，水相的pH值小于7。因为NH_4NO_3和$(NH_4)_2SO_4$都是呈酸性的的盐，所以必须加入过量的氨水，才能使溶液的pH=7。

(4) pH=7时，溶液中的氨量

氨水解的平衡反应为

$$NH_4^+ + H_2O \rightleftharpoons NH_4OH + H^+$$

水解平衡常数为

$$K_水=\frac{[NH_4OH][H^+]}{[NH_4^+]},\text{或}[NH_4OH]=K_水\frac{[NH_4^+]}{[H^+]}$$

其中，NH_4^+来自于所加的NH_3(完全中和H_2SO_4和HNO_3)，即NH_4^+的物质的量为：

$$1040\times\frac{1000}{17}=6.12\times10^4\text{mol}$$

溶液的总体积=硝化产物体积+氨水体积=6474+6200=12674L，所以NH_4^+的浓度为：

$$[NH_4^+]=\frac{6.12\times10^4}{12674}=4.83\text{mol/L}$$

在 pH =7 时，[H^+] =1×10^{-7}，由水解平衡的关系式，可求：

$$[NH_4OH] = K_水\frac{[NH_4^+]}{[H^+]} = 5.56\times10^{-10}\times\frac{4.83}{10^{-7}} = 2.73\times10^{-2}\text{mol/L}$$

因为[NH_4OH]和[NH_3]相同，所以换算成 18% 氨水的质量：

$$\frac{2.73\times10^{-2}\times12674\times17}{1000\times18\%} = 33\text{kg}$$

而 18% 氨水的总加入量 = 完全中和酸的量 + 中和至中性的量，即：

质量为 5778 +33 =5811kg，体积为 $5811\times\frac{1000}{932}=6235\text{L}$

在 5778kg 氨水中，NH_3用于完全中和酸，水余下，其质量为：

$$5778\times(1-18\%) = 4738\text{kg}$$

所以水的总质量为：　　4041 +4738 =8779kg

上述中和过程的物料衡算见表 2 –4 所示。

表 2 –4　中和过程的物料衡算

	物料名称	重量/kg	体积/L
输入	硝基蒽醌	423	6474
	H_2SO_4	2607	
	HNO_3	503	
	H_2O	4041	
	18% 氨水	5811	6235
	合　计	13385	
输出	硝基蒽醌	423	
	$(NH_4)_2SO_4$	3511	
	NH_4NO_3	639	
	H_2O	8779	
	18% 氨水	33	
	合　计	13385	

2.2.4　物料衡算的数学模拟方法

物料衡算可以利用数学方法来描述(建立数学模型)，并经过数学处理(编制程序)后由计算机求解，这个方法叫物料衡算的数学模拟法。

【例 2 –10】　氯苯硝化生产邻、对位硝基氯苯车间的硝化及废酸处理过程的物料流程，见图 2 –3 所示。

已知：混酸组成：HNO_3 47%，H_2SO_4 49%，H_2O 4%；氯苯投料量：206kg/h；硝化废酸中含 HNO_3 1.6%，萃取废酸中不含 HNO_3，硝基物层中含氯苯 1%。各物料损失量为：

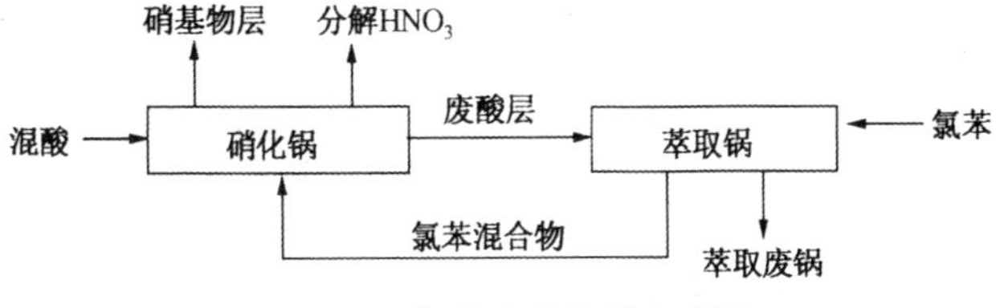

图 2 –3　氯苯硝化物料流程图

HNO_3分解损耗 $L_1\%$，氯苯损耗 $L_2\%$，废酸层中的硝基氯苯占硝基层中硝基氯苯的 $L_3\%$，硝基物层的 H_2SO_4为混酸中 H_2SO_4的 $L_4\%$，H_2O 为混酸中 H_2O 的 $L_5\%$。要求对全过程的物料进行衡算。

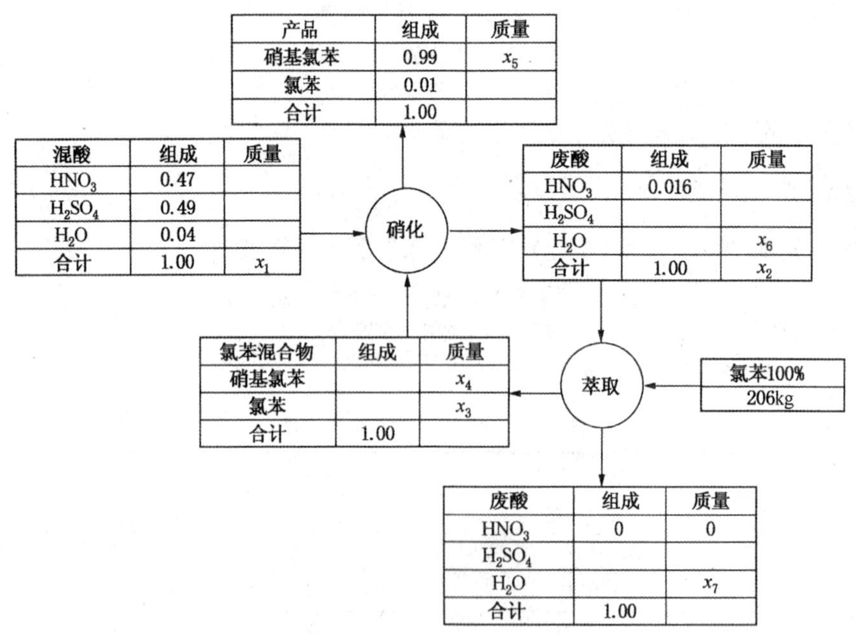

图 2－4 氯苯硝化物料平衡图

解：第 1 步，无各项物料损失时的物料衡算。

(1) 根据已知数据列出物料平衡图(图 2－4)，H_2SO_4质量不变，故不设未知数。

(2) 物料衡算：

由硝化反应方程式 $C_6H_5Cl + HNO_3 \longrightarrow ClC_6H_4NO_2 + H_2O$

相对分子质量 112.5 63 157.5 18

第一，硝化反应的物料衡算

① HNO_3的平衡式

因为 HNO_3消耗的物质的量＝氯苯消耗的物质的量，所以

$$\frac{0.47x_1 - 0.016x_2}{63} = \frac{x_3 - \frac{0.01}{0.99}x_5}{112.5} \tag{1}$$

② 氯苯的平衡式

因为加入量 ＝ 输出量＋转化量，所以

$$x_3 = \frac{0.01}{0.99}x_5 + (x_5 - x_4)\frac{112.5}{157.5} \tag{2}$$

③ 质量平衡式

因为混酸＋氯苯＋硝基氯苯＝废酸＋氯苯＋硝基氯苯，所以

$$x_1 + x_3 + x_4 = x_2 + \frac{1}{0.99}x_5 \tag{3}$$

第二，萃取过程的物料平衡

① HNO_3的平衡式

$$0.016x_3 = \frac{63}{157.5}x_4 + 0 \tag{4}$$

② 氯苯的平衡式

$$206 = x_3 + 0.016x_2 \frac{112.5}{63} \tag{5}$$

③ H_2O 的平衡式

$$x_7 = x_6 + 0.016x_2 \frac{18}{63} \tag{6}$$

④ 质量平衡式

$$x_6 + 0.016x_2 + 0.49x_1 = x_2 \tag{7}$$

将上述 7 个方程排成矩阵，共有 7 个未知数，可解。方程式为：

$$0.47x_1 - 0.016x_2 - 0.56x_3 + 0.0056566x_5 = 0$$

$$x_3 + 0.714x_4 - 0.724x_5 = 0$$

$$x_1 - x_2 + x_3 + x_4 - 1.01x_5 = 0$$

$$0.016x_2 - 0.4x_4 = 0$$

$$0.0286x_2 + x_3 = 206$$

$$0.00457x_2 + x_6 - x_7 = 0$$

$$0.49x_1 - 0.984x_2 + x_6 = 0$$

之后用计算机求解，结果为：$x_1 = 241.9$kg，$x_2 = 162.5$kg，$x_3 = 201.3$kg，$x_4 = 6.5$kg，$x_5 = 284.4$kg，$x_6 = 41.3$kg，$x_7 = 42.1$kg

第 2 步，考虑各物料的各项损耗量，计算物料衡算结果。

令表 2－5 中的符号代表物料各项损耗量及组成。

表 2－5　物料各项损耗量及组成

组　分	混酸 G_1	原料氯苯 G_2	氯苯混合物 G_3	硝基物层 G_4	废酸层 G_5	萃取废酸 G_6
HNO_3	N_1	—	—	—	N_5	N_6
H_2SO_4	S_1	—	—	S_4	S_5	S_6
H_2O	W_1	—	—	W_4	W_5	W_6
C_6H_5Cl	—	100	C_3	C_4	—	C_6
$ClC_6H_4NO_3$	—	0	P_3	P_4	P_5	—
合　计	100	100	100	100	100	100

已知物料损耗：①硝基物层中含 H_2SO_4 量为混酸中 H_2SO_4 量的 $L_4\%$，H_2O 量为混酸中 H_2O 量的 $L_5\%$；②硝酸分解损耗 $L_1\%$（按 HNO_3投料量计）；③废酸层中 $ClC_6H_4NO_3$ 占硝基物层中 $ClC_6H_4NO_3$ 量的 $L_3\%$；④氯苯损耗量为 $L_2\%$（按原料氯苯计算转入萃取废酸中）；⑤相对分子质量数据：H_2SO_4 98，HNO_3 63，H_2O 18，被硝化物 M_1，硝化产物 M_2。

(1) 作硝化过程物料衡算

硝酸(HNO_3)平衡

输入量 $= G_1N_1/100$，输出量 $= G_5N_5/100$，转化量 $= \frac{G_3C_3 - G_4C_4}{100} \times \frac{63}{M_1}$，损耗量 $= G_1\frac{N_1}{100} \times \frac{L_1}{100}$，即：

$$G_1\frac{N_1}{100} = G_5\frac{N_5}{100} + \frac{G_3C_3 - G_4C_4}{100} \times \frac{63}{M_1} + G_1\frac{N_1}{100} \times \frac{L_1}{100} \tag{1}$$

硫酸(H_2SO_4)平衡

输入量 $= G_1S_1/100$，输出量 $= G_4S_4/100 + G_5S_5/100$

$$G_1\frac{S_1}{100} = G_4\frac{S_4}{100} + G_5\frac{S_5}{100} \tag{2}$$

氯苯(C_6H_5Cl)平衡

输入量 $= G_3C_3/100$，输出量 $= G_4C_4/100$，转化量 $= \frac{G_4P_4 + G_5P_5 - G_3P_3}{100} \times \frac{M_1}{M_2}$

$$G_3\frac{C_3}{100} = G_4\frac{C_4}{100} + \frac{G_4P_4 + G_5P_5 - G_3P_3}{100} \times \frac{M_1}{M_2} \tag{3}$$

硝基物层

$$G_4\frac{W_4}{100} = G_1\frac{W_1}{100} \times \frac{L_5}{100} \tag{4}$$

$$G_4\frac{S_4}{100} = G_1\frac{S_1}{100} \times \frac{L_4}{100} \tag{5}$$

废酸层

$$G_5\frac{P_5}{100} = G_4\frac{P_4}{100} \times \frac{L_3}{100} \tag{6}$$

硝基物组成

$$S_4 + W_4 + C_4 + P_4 = 100 \tag{7}$$

废酸组成

$$N_5 + S_5 + W_5 + P_5 = 100 \tag{8}$$

(2) 作萃取过程的物料衡算

硝酸(HNO_3)平衡

$$G_5\frac{S_5}{100} = G_6\frac{N_6}{100} + \left(G_3\frac{P_3}{100} - G_5\frac{P_5}{100}\right)\frac{63}{M_2} \tag{9}$$

硫酸(H_2SO_4)平衡

$$G_5\frac{S_5}{100} = G_6\frac{S_6}{100} \tag{10}$$

H_2O 平衡

$$G_6\frac{W_6}{100} = G_5\frac{W_5}{100} + \left(G_5\frac{N_5}{100} - G_6\frac{N_6}{100}\right)\frac{18}{63} \tag{11}$$

氯苯平衡

$$G_2 = G_3\frac{C_3}{100} + G_6\frac{C_6}{100} = \left(G_5\frac{N_5}{100} - G_6\frac{N_6}{100}\right)\frac{M_1}{63} + G_2\frac{L_5}{100} \tag{12}$$

硝基氯苯平衡

$$G_3\frac{P_3}{100}=G_5\frac{P_5}{100}+\left(G_5\frac{N_5}{100}-G_6\frac{N_6}{100}\right)\frac{M_2}{63} \tag{13}$$

氯苯混合物组成

$$C_3+P_3=100 \tag{14}$$

萃取废酸组成

$$N_6+S_6+W_6+C_6=100 \tag{15}$$

硝化总质量平衡式(包括硝化、萃取)

输入 = 混酸 + 氯苯 = G_1+G_2

输出 = 硝基物层 + 萃取废酸 + 分解的 HNO_3 量 = $G_4+G_6+G_1\frac{N_1}{100}\times\frac{L_1}{100}$

$$G_1+G_2=G_4+G_6+G_1\frac{N_1}{100}\times\frac{L_1}{100} \tag{16}$$

以上共 16 个方程式，其中 N_1，S_1，W_1，G_2，C_4，N_5，N_6，L_1，L_2，L_3，L_4，L_5等 12 参数为给定数据，M_1，M_2为常数，其他参数 G_1，G_3，G_4，G_5，G_6，C_3，P_3，P_4……等 16 个未知数，将上述方程组排成矩阵，然后用计算机求解。

建立模拟方程组作物料衡算时，要仔细分析各个参数之间的关系，正确给定已知条件和确定需要求解的数据，防止建立相互矛盾的方程组和重复的方程式。

2.2.5 车间物料衡算程序

(1) 说明设计任务书，确定物料衡算基准及年工作日。

(2) 物料衡算。

(3) 列出输入与输出的物料平衡表。

(4) 列出三废排放量。

(5) 计算原料消耗定额。

(6) 绘制物料衡算图。

【例 2-11】 设计任务为：在年产 100t 烟酸中，有一由三聚乙醛(PA)生产 MEP(2-甲基-5-乙基吡啶)车间，年生产能力为 250t/a，年工作日 300d/a，收率为 40%。求该车间的物料衡算结果(其他条件见解中)。

解：主反应为：

$$4(CH_3CHO)_3+3NH_3\longrightarrow 3\ \text{[2-甲基-5-乙基吡啶: 吡啶环 5-位 } H_5C_2\text{，2-位 } CH_3\text{]}+12H_2O$$

相对分子质量　　4×132　　3×17　　3×121　　12×18

摩尔比　　1　:　2.8

(1) 物料衡算基准：天(d)，则每昼夜 MEP 生产能力为：

$$250/300=0.83333t/d=833.33kg/d$$

（2）物料衡算

三聚乙醛 PA 的投料量

$$\frac{4\times 132\times 833.33}{40\%\times 3\times 121}=3030.29\text{kg}$$

折合成 94% 的 PA 量

$$3030.29/0.94=3223.71\text{kg}$$

杂质量

$$3223.71\times 6\%=193.42\text{kg}$$

NH_3实际投料量

$$\frac{3030.29\times 2.8\times 17}{132}=1092.74\text{kg}$$

NH_3理论投料量

$$\frac{3030.29\times 3\times 17}{4\times 132}=292.70\text{kg}$$

反应中用掉 NH_3的量

$$292.70\times 40\%=117.08\text{kg}$$

共剩余 NH_3的量

$$1092.74-117.08=975.66\text{kg}$$

反应中生成 H_2O 的量

$$\frac{3030.29\times 12\times 18\times 40\%}{4\times 132}=495.87\text{kg}$$

（3）副反应（小试测定为 7%）

$$(CH_3CHO)_3+NH_3\longrightarrow \text{(2-甲基吡啶, } CH_3\text{)}+3H_2O+H_2$$

相对分子质量　132　17　93　3×18　2

副反应中 PA 的需用量 $3030.29\times 7\%=212.12\text{kg/d}$

NH_3用量

$$\frac{212.12\times 17}{132}=27.32\text{kg}$$

生成 2－P 的量

$$\frac{212.12\times 93}{132}=149.45\text{kg}$$

生成 H_2O 的量

$$\frac{212.12\times 3\times 18}{132}=86.78\text{kg}$$

生成 H_2的量

$$\frac{212.12\times 2}{132}=3.21\text{kg}$$

综合主、副反应，则有

氨剩余量　　　　$975.66-27.32=948.34\text{kg}$

生成 H_2O 的量　　　　$495.87+86.78=582.65\text{kg}$

剩余 PA 的量　　　　$3030.29\times(1-40\%-7\%)=1606.05\text{kg}$

(4) 由工厂小试数据求乳化剂、乙酸铵的量

因为 PA∶乳化剂 =45∶0.13，PA∶乙酸铵 =45∶1.4，所以

乳化剂的量

$$\frac{0.13}{45}\times3223.71=9.31\text{kg}$$

乙酸铵用量

$$\frac{1.4}{45}\times3223.71=100.29\text{kg}$$

(5) 工厂实际用氨水(30%)量

它是由 20% 氨水和氨气混合而成的，设 20% 氨水用量为 $x$kg，氨气为 $y$kg，则

$$\begin{cases}0.20x+y=1092.74\\x+y=1092.74/0.30=3642.47\end{cases}$$

求得 $x=3187.16\text{kg}$，$y=455.30\text{kg}$，其中水含量：$3187.16\times80\%=2549.72\text{kg}$，

水总量：$2549.72+582.65=3132.37\text{kg}$

(6) 列出输入与输出的物料衡算表(以每昼夜计，见表 2-6 及表 2-7)

表 2-6　输入物料表

物料名称	含量/%	投料量/kg	纯品量/kg	摩尔比	体积/L	密度/kg · m^{-3}
三聚乙醛	94	3223.71	3030.29	1	3256.15	990
氨　水	30	3642.47	1092.74	2.8	3972.01	917
乙酸铵		100.29	100.29		85.72	1170
乳化剂		9.31	9.31			
合　计		6975.78				

表 2-7　输出物料表

物料名称	出料量/kg	体积/L	密度/kg · m^{-3}
MEP	833.33	898.95	927
NH_3	948.34	1230.01	771
H_2O	3132.37	3132.37	1000
PA	1606.05	1622.27	990
2-P	149.45	150.20	995
H_2	3.21	35.67	90
乙酸铵	100.29	85.72	1170
乳化剂	9.31		
杂　质	193.42		
合　计	6975.77		

（7）绘制物料衡算图（单位：kg/d）

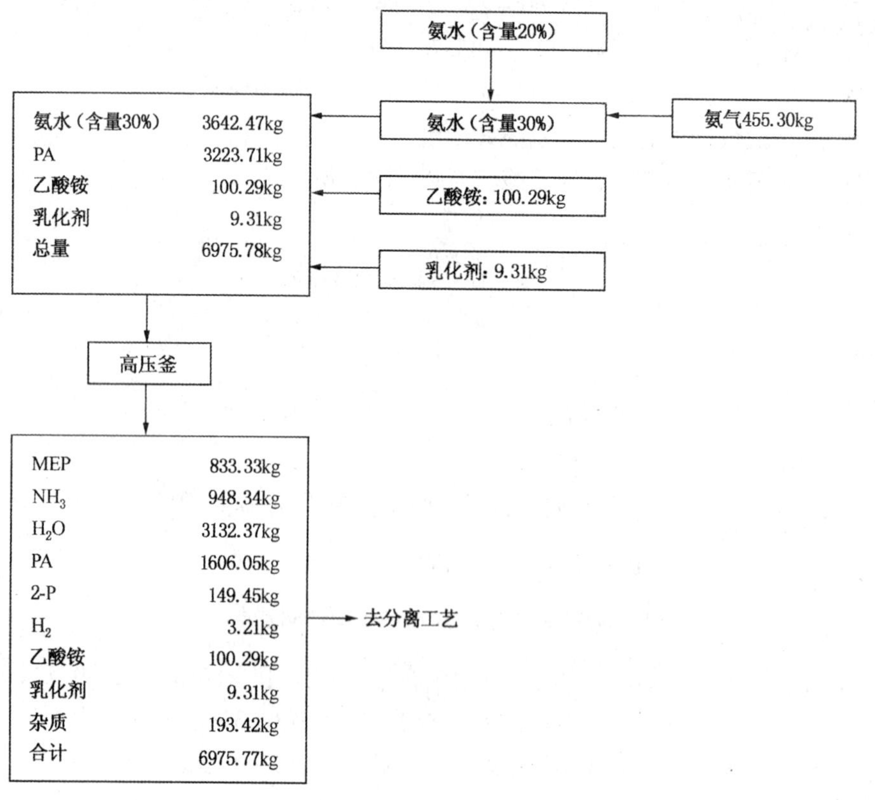

图2－5　物料衡算图

习　　题

1. 乙醇在装有 Al_2O_3 催化剂的固定床反应器中反应脱水，生成乙烯。测得每次投料0.46kg 乙醇，得到0.252kg 乙烯，剩余0.023kg 乙醇未反应。求乙醇的转化率、乙烯的收率和选择性。（95%，94.7%，90%）

2. 萘磺化碱溶法生产 α－萘酚。各工序的收率为：萘磺化生成 α－萘磺酸的收率为81.2%，α－萘磺酸碱溶生成 α－萘酚的收率为57.5%，α－萘酚精制成产品的收率为76.9%，求车间总收率。（35.9%）

3. 用92%工业硫酸与20%发烟硫酸配制1.2t 98%硫酸，求两种原料的用量。（0.624t，0.576t）

4. 苯甲酰苯甲酸（BB 酸，相对分子质量226）脱水缩合制蒽醌（相对分子质量208）的反应如下：

$$\text{BB酸（HOOC}-C_6H_4-CO-C_6H_5\text{）} \xrightarrow{H_2SO_4} \text{蒽醌} + H_2O$$

要求控制反应终点时，硫酸浓度为93.5%。每批投料为：工业 BB 酸400kg，含水

10%，干品中含纯 BB 酸 97%。缩合剂浓硫酸的浓度为 97.8%，缩合反应转化率为 90%。求：(1)浓硫酸的用量；(2)列出物料衡算表。(1416.4kg)

5. 氯苯连续硝化制邻、对硝基氯苯，采用串联锅式反应器，流程如下：

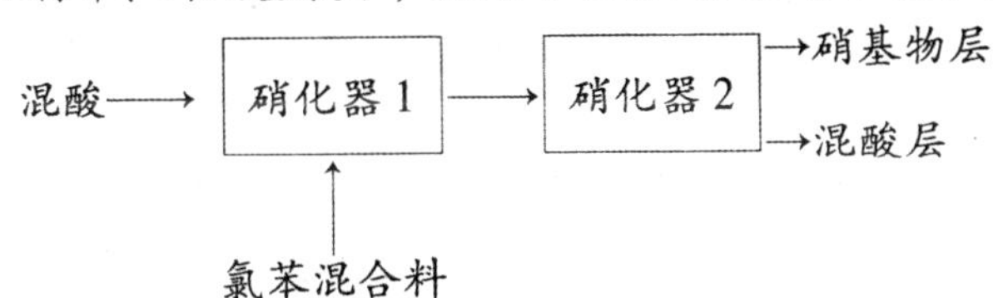

已知：每小时进混酸 0.25m^3，密度 1.74g/cm^3，混酸的组成为：硝酸 47%，硫酸 49%，水 4%。氯苯混合料为 0.346 m^3，密度 1.14 g/cm^3，其中氯苯 92%，硝基氯苯 8%。第 1 硝化锅废酸层中含硝酸 3%，第 2 硝化锅的出口废酸层中含 HNO_3 1%。忽略二硝化反应及硝酸分解反应。求：(1)第 1、2 硝化锅中氯苯的转化率及总转化率；(2)废酸生成总量及组成；(3)硝化产物硝基物层的产量及组成；(4)列出物料衡算表(以 kg/h 计)。[(1)96.2%，2.9%，99.1%；(2)291.1kg，HNO_3: H_2SO_4: H_2O = 1:73.2:25.8；(3)538.4kg，硝基氯苯/氯苯 =99.5/0.5，(4)略]

第3章　精细化工反应器

按反应器的操作方式，可将精细化工中常用的反应器分为间歇式和连续式反应器两种。如果按催化剂的状态，则可分为固定床和流化床反应器两种。

§3.1　间歇式反应器

3.1.1　概述

间歇式反应器是间歇操作液相搅拌釜式反应器的简称。在间歇操作液相搅拌釜式反应器中，反应物料按配比一次加入釜内，并开动搅拌，使物料的温度、浓度保持均匀。这种反应器通常配有夹套或蛇管，以保持反应在指定温度范围内进行。经过一定反应时间并达到所需要的转化率后进行出料，完成一个反应周期。这种反应器主要用于液相反应，有时也用于固液和气液反应，在染料、医药、农药、高分子材料等精细化学品合成中应用较广泛。

这种反应器的特点是：结构简单，操作方便，灵活性大，适用于多品种、小批量生产，温度也容易控制。但缺点是：生产效率低，辅助时间长，难于进行自动化控制，不易保持每批质量的稳定。

3.1.2　常用间歇液相搅拌釜式反应器

1. 硝化釜(图3－1a)

有机物硝化反应属于非均相反应，物料和混酸互不相溶，故采用推进式搅拌器并装有导流管。同时硝化反应为快速放热反应，采用蛇套并内装蛇管以增加传热面积。强烈搅拌可以消除局部过热，提高传热效果。由于混酸的腐蚀性很强，故反应釜材料应选用铸铁、不锈钢等。

2. 磺化釜(图3－1b)

如萘磺化反应，磺化的物料黏稠，所以选用锚式搅拌器。反应热不大，温度一般在160～165℃。反应釜夹套内装蛇管，管内用中压蒸汽加热。由于反应过程要产生稀硫酸而腐蚀设备，所以设备材料选用Ni、Cr合金铸铁。

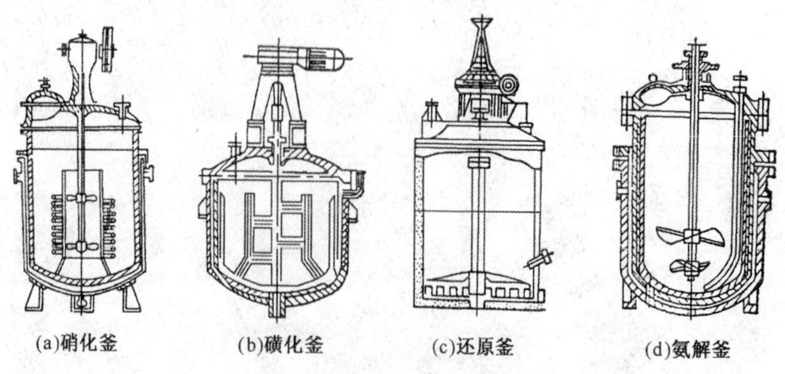

图3－1　常用的间歇液相釜式反应器示意图

3. 还原釜(图3－1c)

例如用铁粉还原硝基化合物时，铁粉密度大而沉积于底部，故采用耙式搅拌反应器。由于盐酸和铁屑都有腐蚀作用，故采用耐酸砖板衬里。

4. 氨解釜(图3－1d)

例如硝基氯苯氨解釜，其特点是机械强度高、气密性好。为保证安全，顶部采用复式添料箱，装有压力表、安全阀、防爆膜、自动报警器等。由于氨解反应液有腐蚀性，所以采用不锈钢为衬里。为保证传热，在衬里与釜间采用低熔点合金充填。

3.1.3　液相反应釜的工艺计算

主要是计算反应釜的容积和数量，通常有2种方法：即生产操作数据法和动力学数据法。

1. 生产操作数据法

首先从工艺设计手册中选取定型设备，容积为V_a，再计算设备台数。

设每日总设备操作批数为α，则：

$$\alpha = \frac{V_c}{V_a\psi} \tag{3-1}$$

式中，V_c是每日处理物料的体积(L/d)，它是根据生产任务通过物料衡算确定的；V_a是每台设备的容积；ψ是设备的装料系数，它是指反应物料的体积与反应器的容积之比，而且是随物料性质、设备结构及操作方式而改变的，在没有实际生产数据时可用一般经验数据来确定，见表3－1。

表3－1　装料系数的取值

设备内过程进行的特征	装料系数	设备内过程进行的特征	装料系数
没有泡沫产生的物理、化学过程	0.70～0.80	液体的计量槽	0.80～0.85
有泡沫产生的物理、化学过程	0.40～0.60	液体的储槽	0.80～0.90

设每日(1日按24h计)每台设备操作批数为β，设备操作周期为τ(h)，则：

$$\beta = \frac{24}{\tau} \tag{3-2}$$

实际应安装的设备台数n为：

$$n = \frac{\alpha}{\beta} = \frac{V_c\tau}{24V_a\psi} \tag{3-3}$$

由上式可知，已知设备的容积V_a和生产任务V_c后，就可计算出所需的设备台数n。

应该注意的是：上式中的V_a和V_c的单位是相同的，都是L/d。τ的单位是h。由上式求到的n值往往不是整数，需要圆整为整数n'。这样设备能力比设计要求提高了，其提高的程度称为设备的后备系数δ，即：

$$\delta = \frac{n'-n}{n'} \times 100\% \tag{3-4}$$

在某些情况下，由于受生产厂房面积的限制，首先要确定设备的台数n'，则由式(3－3)可求出每台设备的容积为：

$$V_a = \frac{V_c\tau}{24n'\psi} \tag{3-5}$$

【例3-1】 产量为1500 t/a 的40%氧化乐果乳剂生产车间，年开工日为300天。亚磷酸二甲酯工序每批操作周期为：投料10 min，真空稳定5 min，滴加PCl_3 80min，搅拌反应恢复真空度15 min，出料10 min。每天投料：氯甲酯5340 kg(密度1.21 kg/dm^3)，甲醇2472 kg(密度0.7915 kg/dm^3)，PCl_3 3360kg(边反应，边滴加，并有部分汽化)。出料亚磷酸二甲酯8996.4 kg(密度1.22 kg/dm^3)，装料系数0.70。试求需用500 dm^{3}的反应釜几台？后备系数是多少？

解：PCl_3边反应，边滴加，可不考虑体积。每天投料的氯甲酯和甲醇体积为：

$$V_c = \frac{5340}{1.21} + \frac{2472}{0.7915} = 7536.3\text{dm}^3$$

每天的出料亚磷酸二甲酯体积为：

$$V'_c = \frac{8996.4}{1.22} = 7374.6\text{dm}^3$$

由于$V_c > V_c'$，所以以投料体积为准。又每批反应的周期为：

$$\tau = 10 + 5 + 10 + 80 + 15 = 120\text{min} = 2\text{h}$$

由式(3-3)知，需500 dm^{3}反应釜的台数为：

$$n = \frac{V_c\tau}{24V_a\psi} = \frac{7536.4 \times 2}{24 \times 500 \times 0.70} = 1.8 \text{ 台}$$

圆整为n′=2台，则设备的后备系数为：

$$\delta = \frac{2-1.8}{2} \times 100\% = 10\%$$

所以，需用500dm^{3}的反应釜2台，后备系数为10%。

以上是生产数据法的计算公式和实例，处理过程较简单。但需要实际测定反应时间，较烦琐，所以提出下列的动力学数据法。

2. 动力学数据法

在上述方法中，要测定每批操作的周期τ，包括反应时间和辅助时间两部分，即：

$$\tau = \tau_{反} + \tau_{辅}$$

反应时间是由实验确定的，显然缩短辅助时间，可提高反应器的生产效率。若已知反应的动力学方程式，则可以计算出反应时间，进而由式(3-3)求得反应器的体积或台数。

在间歇反应釜中，由于强烈搅拌，同一时间反应釜内各点的温度、浓度均相同，故可对整个反应釜作物料A的物料衡算。由于是分批操作，在反应过程中无物料加入或引出，于是有：

反应掉的物质的量 = -积累的物质的量

因为反应釜内的温度和浓度都是随时间而改变的，所以物料衡算时要取微元时间为基准，即：

微元时间内反应掉的物质的量 = -微元时间内积累的物质的量

设物料A的体积为V，物质的量n，初始物质的量n_0，转化率x，反应速度r，则有：

$$(-r)V\text{d}\tau = -\text{d}n \tag{3-6}$$

因为$n = n_0(1-x)$，所以$\text{d}n = -n_0\text{d}x$，即：

$$(-r)V\text{d}\tau = n_0\text{d}x，\text{或 } \text{d}\tau = \frac{n_0\text{d}x}{(-r)V}$$

积分，得：

$$\tau_{反} = n_0\int_0^x \frac{dx}{(-r)V} = \frac{n_0}{V}\int_0^x \frac{dx}{(-r)} = C_0\int_0^x \frac{dr}{(-r)} \tag{3-7}$$

上式即为间歇反应釜反应时间的计算公式，对于等温、非等温、等容和变容过程均适用。由式(3-7)可知，只要 C_0 相同，达到一定转化率(x)所需的时间(τ)只取决于反应速度(r)，即不论处理量(n_0，V)多少，对于同一反应达到同样转化率时，工业生产和实验中的时间是相同的。

若反应速率与转化率或浓度的关系已知，也可用图解积分，求出反应时间，见图3-2。

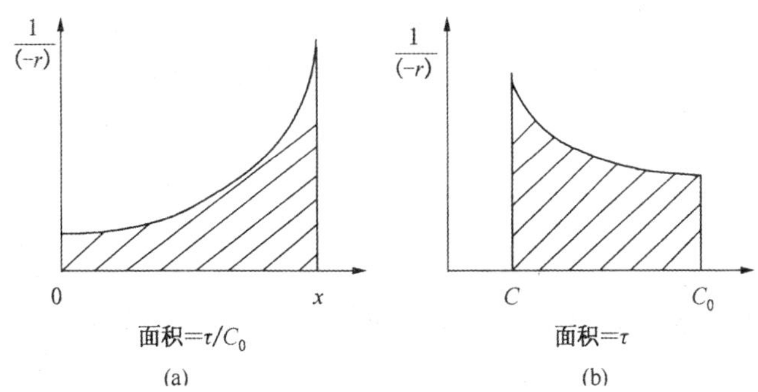

图3-2 反应速率与转化率(a)和浓度(b)的关系曲线

对于一级反应，如联苯胺重排、过氧化氢异丙苯水解、重氮苯水解等反应，可用下面几种方法求得反应时间。

(1) 用原料浓度表示

因为反应速率为 $r = -\frac{dc}{d\tau} = kc$，所以反应时间为：

$$\tau_{反} = \int_0^\tau d\tau = \int_{C_0}^{C_f} -\frac{dC}{kC}$$

其中 C_f 为反应停止时的浓度。对于等温过程，k 为常数，则

$$\tau_{反} = \frac{1}{k}\int_{C_0}^{C_f} -\frac{dC}{C} = \frac{1}{k}\ln\frac{C_0}{C_f} \tag{3-8}$$

(2) 用转化率表示

由于 $C_f = C_0(1-x)$，将其代入式(3-8)中，则：

$$\tau_{反} = \frac{1}{k}\ln\frac{1}{1-x} \tag{3-9}$$

(3) 用产品浓度表示

对于反应 $A \longrightarrow B$

$$r_A = \frac{dC_B}{d\tau} = k(C_{A0} - C_B)$$

其中 C_{A0} 为反应组分A的初始浓度(mol/dm^3)；C_B 为产品浓度(mol/dm^3)；移项积分求得等温过程的反应时间为：

$$\tau_{反} = \frac{1}{k}\ln\frac{C_{A0}}{C_{A0} - C_B} \tag{3-10}$$

对于二级反应 A + B → R，如硝基甲苯在混酸中的硝化、苯胺重氮化、二甲苯氧化制邻甲基苯甲酸等，其动力学方程式为：

$$r_A = -\frac{dC_A}{d\tau} = kC_AC_B$$

① 若 $C_{A0} = C_{B0}$，则 $r_A = kC_A^2$，在等温过程中

$$\tau_{反} = \frac{1}{k}\left(\frac{1}{C_A} - \frac{1}{C_{A0}}\right) = \frac{1}{kC_{A0}}\left(\frac{x_A}{1-x_A}\right) \tag{3-11}$$

② 若 $C_{A0} \neq C_{B0}$，则在等温过程中

$$r = \frac{dC_R}{d\tau} = k(C_{A0} - C_R)(C_{B0} - C_R)$$

积分得

$$\tau_{反} = \frac{1}{k(C_{A0} - C_{B0})}\ln\frac{C_{B0}(C_{A0} - C_R)}{C_{A0}(C_{B0} - C_R)} \tag{3-12}$$

【例3-2】 过氧化氢异丙苯分解反应，每小时处理的物料量为 $3m^3$，设备装料系数为 0.8，分解反应的转化率为 99.8%，经试验测定为一级反应。当硫酸浓度为 0.06 mol/L，反应温度 86℃时，反应速率常数 $k = 8.0\times10^{-2}\ s^{-1}$。生产操作的辅助时间为：加料 0.5h，升温 0.3h，出料 0.5h。求选用 1 台设备时的体积。

解：分解反应所需的时间

$$\tau_{反} = \frac{1}{k}\ln\frac{1}{1-x} = \frac{1}{8.0\times10^{-2}}\ln\frac{1}{1-0.998} = 77.5s$$

则生产周期为：

$$\tau = (0.5+0.3+0.5) + \frac{77.5}{3600} = 1.32h$$

所以选用 1 台设备时，其体积为：

$$V_a = \frac{V_c\tau}{n'\psi} = \frac{3\times1.32}{1\times0.80} = 4.96m^3$$

【例3-3】 苯醌(A)与环戊二烯(B)合成 5,8-桥亚甲基-5,8,9,10-四氢-α-萘醌(R)，反应为二级，温度为 25℃，速率常数 $k = 9.92\times10^{-3}$ L/mol·s。反应在良好的搅拌条件下进行，反应釜体积固定。初始浓度为：苯醌 0.08 mol/L，环戊二烯 0.1 mol/L，转化率 95%（以苯醌计）。每小时生产产品 50 mol，辅助时间为 1 h，装料系数 0.80。求反应时间，平均反应速度及用 1 台反应器的容积。

解：反应方程式为：

(A) + (B) —k, 25℃→ (R)

由式(3-12)可知，反应时间为：

$$\tau_{反} = \frac{1}{k(C_{A0} - C_{B0})}\ln\frac{C_{B0}(C_{A0} - C_{R})}{C_{A0}(C_{B0} - C_{R})} = \frac{1}{k(C_{B0} - C_{A0})}\ln\frac{C_{A0}\left(\frac{C_{B0}}{C_{A0}} - x_{A}\right)}{C_{B0}(1 - x_{A})}$$

$$= \frac{1}{9.92 \times 10^{-3}(0.1 - 0.08)}\ln\frac{0.08\left(\frac{0.1}{0.08} - 0.95\right)}{0.1(1 - 0.95)} = 7.91 \times 10^{3}\text{s} = 2.2\text{h}$$

则每批操作周期为：

$$\tau = \tau_{反} + \tau' = 2.2 + 1 = 3.2\text{h}$$

每小时处理的物料量

$$V_{c} = \frac{产物物质的量}{浓度 \times 转化率} = \frac{50}{0.08 \times 0.95} = 658\text{L} = 0.658\text{m}^{3}$$

选用 1 台反应釜时的容积为：

$$V_{a} = \frac{V_{c}\tau}{n'\psi} = \frac{0.658 \times 3.2}{1 \times 0.80} = 2.632\text{m}^{3}$$

平均反应速率为：

$$\bar{r} = \frac{浓度 \times 转化率}{\tau} = \frac{0.08 \times 0.95}{3.2 \times 3600} = 6.6 \times 10^{-6}\text{mol/L} \cdot \text{s}$$

即反应时间为 2.2h，需用 1 台反应釜的容积为 2.632m^3，平均反应速率为 6.6×10^{-6} mol/L · s。

3.1.4　釜式反应器间的平衡

一个化工产品的生产，一般需要经过许多工序。设计时必须考虑到各工序之间在操作上的前后协调。例如，前一道工序操作完了，准备出料时，下一道工序应保证可以接收来料。另外，各道工序每天操作的总批数 α 也应保持相同。这样，才能有利于生产的组织管理和产品的质量检验，保证不同批号的物料不相混合。当然在某些情况下，也可以设置中间储存设备，则前后两道工序的 α 值可以不相同。总操作批数相等的条件是：

$$\alpha_1 = \alpha_2 = \cdots = \alpha_n \tag{3-13}$$

$$n_1\beta_1 = n_2\beta_2 = \cdots = n_n\beta_n \tag{3-14}$$

$$n_1/\tau_1 = n_2/\tau_2 = \cdots = n_n/\tau_n \tag{3-15}$$

即各工序的设备个数与其操作周期之比要相等。

同时还应使各工序的设备容积之间保持平衡，即：

$$\frac{V_{c1}}{V_{a1}\psi_1} = \frac{V_{c2}}{V_{a2}\psi_2} = \cdots = \frac{V_{cn}}{V_{an}\psi_n} \tag{3-16}$$

设计时一般要首先确定主要反应工序的设备容积 V_{a1}、个数 n_1 及其每天操作批数 α_1，然后使其他各工序的操作批数都等于 α_1，再确定各道工序的设备容积和数量。

§3.2　连续式反应器

3.2.1　连续式反应器类型

反应器按其操作方式可分为间歇式和连续式两种，而连续式反应器又可分为连续搅拌釜式反应器和平推流型管式反应器。

1. 连续搅拌釜式反应器

连续搅拌釜式反应器(Continuous Stirred Tank Reactor，简称 CSTR)如图 3－3 所示。物料流动的特点：① 物料搅拌充分，物料在各处温度、浓度均匀一致。所以物料一进入反应器立即混匀，其浓度、温度在釜中任一点均相同，且等于出料处物料的浓度、温度。② 反应器内不同停留时间的物料完全混合。具有上述物流特点的流动形式称为全混流，具有全混流形式的反应器称为连续搅拌釜式反应器，用 CSTR 表示。

2. 活塞流管式反应器

管式反应器(Plug Flow Reactor，简称 PFR)如图 3－4 所示。物料流动特点：①物料在径向上是理想混合，即在垂直于流体运动方向上的同一截面上，各流体微元的性质(压力、温度、组成)均相同；②物料在管子的轴向上无混合现象；③反应器内停留时间不同的分子完全不相混合；④离开反应器的分子在反应器内停留时间均相同。具有上述物流特点的流动形式称为活塞流(或平推流)，具有活塞流的反应器称之为活塞流型管式反应器，用 PFR 表示。

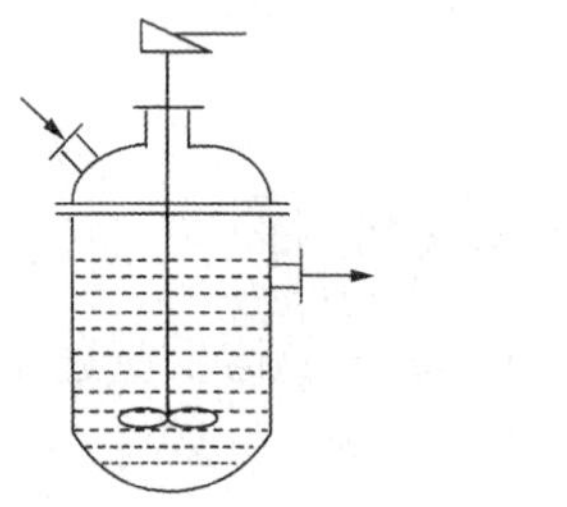

图 3－3 全混流型搅拌釜式反应器示意图

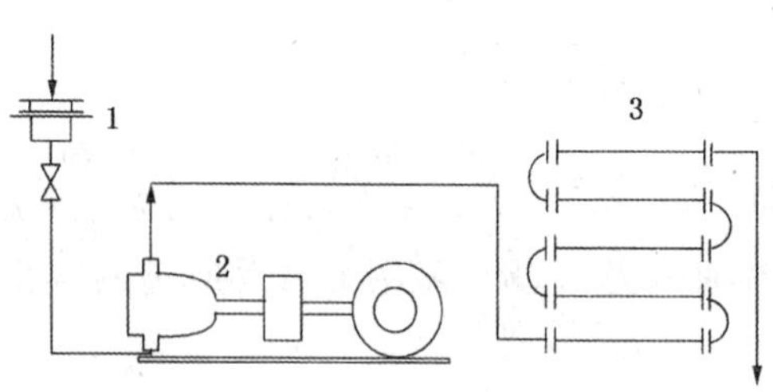

图 3－4 加压管式反应器

1—加料器；2—压缩机；3—反应器

以上两种流动型式(全混流与平推流)，都是一种极端情况下的理想流动。在实际工业上，物料的流型大多介于两种理想流型之间。但在计算上，为了简化，通常把比较接近某一理想流型过程当作该理想流型处理。确定了物料流型，就可以根据化学反应动力学数据进行釜式或管式反应器的容积计算。

3.2.2 连续搅拌釜式反应器(CSTR)工艺计算

1. 连续搅拌釜式反应器的特点及应用

对于连续搅拌釜(全混釜)反应器，新鲜物料一进入反应釜，立即与釜内物料完全混合，物料浓度被稀释到出料时的浓度。反应釜内的浓度、温度均一，不随时间而变，整个反应过程在较低反应浓度下进行。工业上常用于快速放热反应，它能在较缓和的条件下进行，有利于安全生产。另一优点是反应釜内物料容量大，所以进料条件波动不会引起釜内反应条件明显波动，操作稳定性高。相反，工业生产中为了抑制逆向混合，可用多釜串联操作。

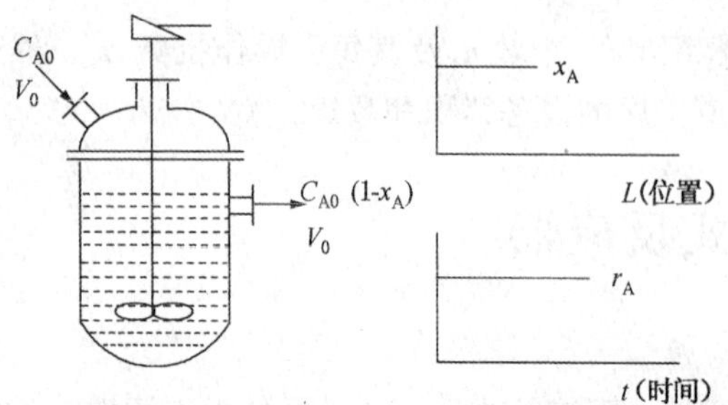

图 3－5 反应速率－反应时间－转化率关系

2. 连续搅拌釜式反应器(CSTR)的工艺计算

在单釜理想 CSTR 反应器中，釜内各点温度、浓度、反应速度、转化率与出口物料参数均相同，时间间隔可任意选取且没有物料积累。因此在选定的操作温度下，进行反应体积计算时，只需列出物料衡算式，见图 3－5。

因为，积累量 = 流入量 - 流出量 - 转化量，若对物料 A 组分作物料平衡，则有：

流入量 = $C_{A0}V_0$，流出量 = $C_{A0}V_0(1-x_{Af}) = C_{A0}V_0(1-x_A)$，转化量 = r_AV_R，积累量 = 0

所以

$$C_{A0}V_0 - C_{A0}V_0(1-x_A) - r_AV_R = 0 \tag{3-17}$$

$$V_R = \frac{C_{A0}V_0x_A}{r_A} \tag{3-18}$$

式中，C_{A0}为反应组分 A 的初始浓度，mol/L；V_0为反应物料的体积流量，L/s；x_{Af}为反应组分 A 的终点转化率,%；x_A为反应组分 A 的转化率,%；r_A为 A 的化学反应速率，mol/L·s；V_R为釜内物料体积，L。

如果考虑反应釜的装料系数 ψ，则反应釜容积为：

$$V_a = \frac{V_R}{\psi} = \frac{V_{A0}V_0x_A}{r_A\psi} \tag{3-19}$$

反应物料在反应釜内的平均停留时间 τ 为：

$$\tau = \frac{V_R}{V_0} = \frac{C_{A0}x_A}{r_A} \tag{3-20}$$

如果没有反应速率数据，则可通过实验确定达到指定转化率 x_{Af}时的平均停留时间 τ，然后再计算反应釜容积，即：

$$V_a = \frac{V_0\tau}{\psi} \tag{3-21}$$

注意：式(3-21)与间歇式反应器公式(3-5)的区别。V_0为反应物料的体积流量，单位为 m^3/s，而 V_c为每日处理的物量体积，单位为 L/d。

【例 3-4】 苯醌(A)与环戊二烯(B)合成 5,8-桥亚甲基-5,8,9,10-四氢-α-萘醌(R)，反应速率为 $r = kC_AC_B$，反应温度为 25℃，$k = 9.92\times10^{-3}$ L/mol·s。在连续搅拌釜式反应器(CSTR)中进行反应，容积变化忽略。物料初始浓度 $C_{A0} = 0.08$ mol/L，$C_{B0} = 0.1$ mol/L。A 转化率为 95%，每小时生产 50 mol 产品 C，装料系数 0.80，求所需的反应器体积及釜内 A 的反应速率。

解：反应速率为：

$$\begin{aligned} r_A &= kC_{A0}(1-x_A)(C_{B0}-x_AC_{A0}) \\ &= 9.92\times10^{-3}\times0.08(1-0.95)(0.1-0.95\times0.08) = 9.52\times10^{-7}\text{mol/L}\cdot\text{s} \end{aligned}$$

停留时间为

$$\tau = \frac{V_R}{V_0} = \frac{C_{A0}x_A}{r_A} = \frac{0.08\times0.95}{9.52\times10^{-7}} = 79805\text{s} = 22.17\text{h}$$

每小时处理物料量

$$V_0 = \frac{G_A}{C_{A0}x_A} = \frac{50}{0.08\times0.95} = 685\text{L/h} = 0.685\text{m}^3/\text{h}$$

反应釜体积

$$V_a = \frac{V_0\tau}{\psi} = \frac{0.658\times22.17}{0.80} = 18.26\text{m}^3$$

所以，反应釜体积为18.26m³，釜内A的反应速率为9.52×10^{-7}mol/L·s。

同【例3-3】相比，反应釜体积增大许多倍。其原因是由于反应速率下降了，而使反应时间增加了。如何减少反应器的体积呢？可采用CSTR反应釜的串联办法，详见下节。

3. 多釜串联理想CSTR反应釜的工艺计算

工业上，为了抑制逆向混合，可采用CSTR多釜串联操作。设V_{R1}、V_{R2}、…、V_{Rn}为各釜的有效容积(L)，C_{A1}、C_{A2}、…、C_{An}为釜内反应物A的浓度(mol/L)，V_0为反应物料的体积流量(L/s)，见图3-6所示。

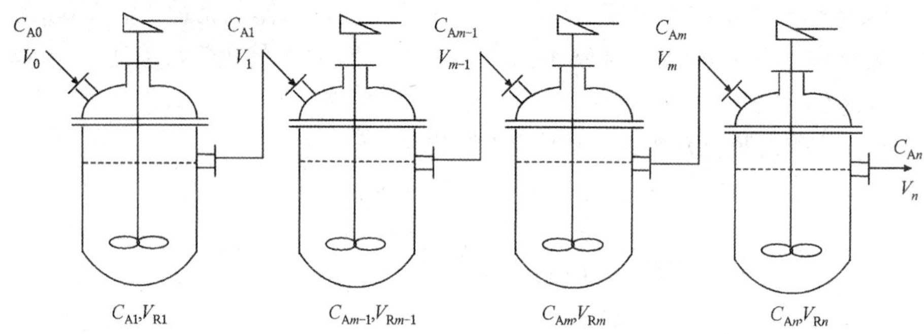

图3-6 多釜串联理想混合反应釜

在流速相同的条件下，对串联的任一OSTR釜i进行反应组分A的物料衡算：

单位时间内进入第i釜的A组分流量$=C_{Ai-1}V_{i-1}$，单位时间内流出第i釜的A组分流量$=C_{Ai}V_i$

在第i釜内A组分反应掉的量$=r_{Ai}V_{Ri}$

因为　　进入量－流出量＝反应掉的量

所以　　$$C_{A-i}V_{i-1}-C_{Ai}V_i=r_{Ai}V_{Ri}$$

假定各釜体积相同，即$V_{i-1}=V_i$，则在第i釜内A组分的停留时间为：

$$\tau_i=\frac{V_{Ri}}{V_i}=\frac{C_{Ai-1}-C_{Ai}}{r_{Ai}}=\frac{C_{A0}(x_{Ai}-x_{Ai-1})}{r_{Ai}} \tag{3-22}$$

式(3-22)就是CSTR多釜串联反应器的基础设计式，其中x_{Ai-1}和x_{Ai}是进入和离开第i釜的A组分转化率，r_{Ai}是第i釜的反应速率，τ_i是第i釜中的停留时间，V_{Ri}是第i釜的有效容积，V_i是第i釜的体积流量。

在多釜串联反应器中，需要确定各釜的有效容积V_{Ri}、串联釜数n、最终转化率x_{An}和最终浓度C_{An}。采用的方法有代数法和图解法。

(1) 代数法

在多釜串联反应器中，前一釜的出料即为后一釜的进料，因此可以利用基础设计式(3-22)以及反应速率式进行逐釜计算，直到达到规定的转化率为止。例如在一级反应中，$r_{Ai}=kC_{Ai}$，将该式代入式(3-22)中可得：

$$\tau_i=\frac{C_{Ai-1}-C_{Ai}}{kC_{Ai}} \tag{3-23}$$

或　　$$C_{Ai}=\frac{C_{Ai-1}}{1+k\tau_i},\frac{C_{Ai}}{C_{Ai-1}}=\frac{1}{1+k\tau_i}$$

将上述 n 个式子($i=1, 2, 3, \cdots, n$)相乘，得：

$$\frac{C_{An}}{C_{A0}} = \frac{C_{A1}}{C_{A0}} \cdot \frac{C_{A2}}{C_{A1}} \cdots \frac{C_{An}}{C_{An-1}} = \frac{1}{1+k\tau_1} \cdot \frac{1}{1+k\tau_2} \cdots \frac{1}{1+k\tau_n} = \prod_{i=1}^{n} \frac{1}{1+k\tau_i} \quad (3-24)$$

所以

$$C_{An} = C_{A0} \prod_{i=1}^{n} \frac{1}{1+k\tau_i} \quad (3-25)$$

或

$$x_{An} = \frac{C_{A0}-C_{An}}{C_{A0}} = 1 - \frac{C_{An}}{C_{A0}} = 1 - \prod_{i=1}^{n} \frac{1}{1+k\tau_i} \quad (3-26)$$

特例：当各釜容积 V_{Ri} 及反应物料体积流量 V_i 相等时，有 $\tau_1=\tau_2=\cdots=\tau_n=\tau$ 时，于是上述两式可以写成：

$$C_{An} = \frac{C_{A0}}{(1+k\tau)^n} \quad (3-27)$$

$$x_{An} = 1 - \frac{1}{(1+k\tau)^n} \quad (3-28)$$

所以只要知道反应釜数 n 及反应物在各釜中的停留时间 τ，即可求得系统所能达到的最终浓度 C_{An} 及最终转化率 x_{An}。反之，已知 C_{An} 及 x_{An}，也可以直接求得各釜的有效容积。

【例3-5】 在【例3-4】中，如果改成2釜串联，且 $x_{A1}=80\%$，$x_{A2}=95\%$，其他反应条件和产量相同，求2釜的有效容积及物料反应速率，反应釜总体积。

解：将【例3-4】中的数据代入式(3-22)中，即：

$r_{A1}=kC_{A0}(1-x_{A1})(C_{B0}-x_{A1}C_{A0})=9.92\times10^{-3}\times0.08(1-0.80)(0.1-0.80\times0.08)=5.71\times10^{-6}\text{mol/L}\cdot\text{s}$

$$\tau_1 = \frac{V_{R1}}{V_0} = \frac{C_{A0}x_{A1}}{r_{A1}} = \frac{0.08\times0.80}{5.71\times10^{-6}} = 11200\text{s} = 3.113\text{h}$$

所以

$$V_{R1} = V_0\tau_1 = 0.658\times3.113 = 2.05\text{m}^3$$

同样 $r_{A2}=kC_{A0}(1-x_{A2})(C_{B0}-x_{A2}C_{A0})=9.92\times10^{-3}\times0.08(1-0.95)(0.1-0.95\times0.08)=9.52\times10^{-7}\text{mol/L}\cdot\text{s}$

$$\tau_2 = \frac{V_{R2}}{V_0} = \frac{C_{A0}(x_{A2}-x_{A1})}{r_{A1}} = \frac{0.08\times(0.95-0.80)}{9.52\times10^{-7}} = 12605\text{s} = 3.50\text{h}$$

$$V_{R2} = V_0\tau_2 = 0.658\times3.50 = 2.30\text{m}^3$$

总有效体积

$$V_R = V_{R1}+V_{R2} = 2.05+2.30 = 4.35\text{m}^3$$

反应器总体积

$$V_a = \frac{V_R}{\psi} = \frac{4.35}{0.80} = 5.44\text{m}^3$$

可见，与【例3-4】中的反应器体积(18.26m^3)相比，要小许多倍。主要原因是第1釜的反应速率提高了近10倍，而第2釜反应速率相同。

（2）图解法

由式(3－18)，可知

$$V_R = \frac{C_{A0}V_0x_A}{r_A}$$

当 r_A 随 x_A 变化时，则有

$$V_{R1} = C_{A0}V_0\int_{x_{A0}}^{x_{A1}}\frac{1}{r_A}dx_A$$

$$V_{R2} = C_{A0}V_0\int_{x_{A1}}^{x_{A2}}\frac{1}{r_A}dx_A$$

$$\vdots$$

$$V_{Ri} = C_{A0}V_0\int_{x_{Ai-1}}^{x_{Ai}}\frac{1}{r_A}dx_A$$

由动力学方程或者实验数据，作出 $1/r_A \sim x_A$ 曲线，见图3－7。当 n 个CSTR串联时，若已知各自的转化率（x_{A1}，x_{A2}，x_{A3}，…，x_{An}），则可由该图求出各自的反应速率（r_{A1}，r_{A2}，r_{A3}，…，r_{An}）。并可知 r_{Ai} 和 x_{Ai} 围成的面积 S_{Ai} 为：

$$S_{Ai} = \frac{x_{Ai} - x_{Ai-1}}{r_{Ai}} = \frac{V_{Bi}}{C_{A0} \cdot V_0} \qquad (3-29)$$

所以各反应器的容积为：

$$V_{Ri} = S_{Ai}C_{A0}V_0 \qquad (3-30)$$

图3－7　串联CSTR的反应速率与转化率的关系图

【例3－6】　用作图法求解【例3－5】中的问题。

解：由 $r_{A1} = kC_{A0}(1 - x_{A1})(C_{B0} - x_{A1}C_{A0}) = 7.96\times10^{-5}(0.8x_A^2 - 1.8x_A + 1)$ [mol/L·s]

可作出如下曲线

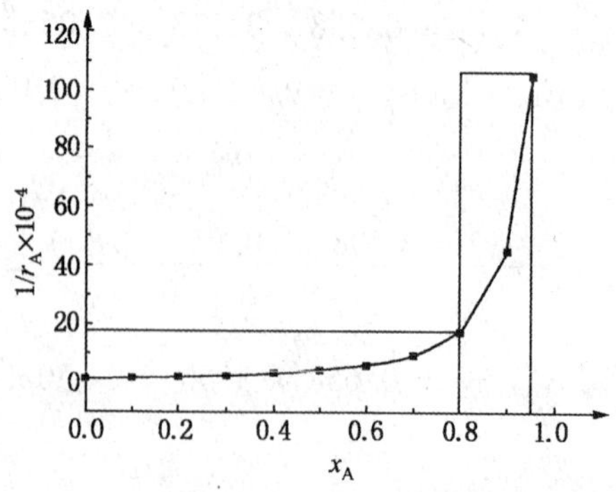

由曲线可知，$x_{A1}=0.80$ 时，$1/r_{A1}=1.751\times10^5$ L·s/mol；$x_{A1}=0.95$ 时，$1/r_{A1}=1.05\times10^6$ L·s/mol

所以　　$S_{A1} = x_{A1}/r_{A1} = 0.80\times1.751\times10^5 = 1.401\times10^5$

$$S_{A2} = (x_{A2} - x_{A1})/r_{A2} = (0.95 - 0.80)\times1.05\times10^6 = 1.576\times10^5$$

而 $V_0 = 0.658m^3/h = 0.1828L/h$，$C_{A0} = 0.08mol/L$，故

$$V_{R1} = S_{A1} C_{A0} V_0 = 1.401 \times 10^5 \times 0.1828 \times 0.08 = 2048\text{L} = 2.05\text{m}^3$$

$$V_{R2} = S_{A2} C_{A0} V_0 = 1.576 \times 10^5 \times 0.1828 \times 0.08 = 2305\text{L} = 2.31\text{m}^3$$

总有效体积 $V_R = V_{R1} + V_{R2} = 2.05 + 2.31 = 4.36\text{m}^3$，反应器总体积 $V = V_R/\varphi = 4.36/0.80 = 5.45\text{m}^3$

3.2.3　液相平推流型管式反应器(PFR)的工艺计算

1. 容积计算

在管式反应器 PFR 中，物料的转化随管长而变化，如图 3-8 所示。

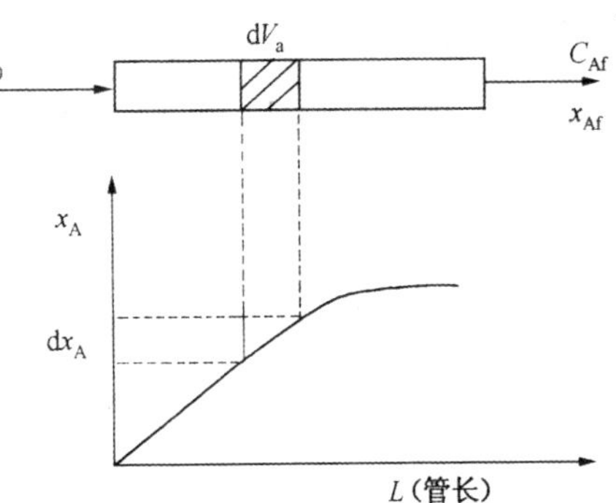

图 3-8　转化率与管长的关系曲线

在平推流反应器 PFR 中，取一微元体积 dV_a，对反应物料 A 作物料衡算。设 C_{A0} 为反应组分 A 在反应器入口处的浓度，V_0 为反应物在反应器入口处的体积流量，x_A 为组分 A 在进入微元 dV_a 体积时的转化率，dx_A 为反应组分 A 在微元体积中的转化率，r_A 为化学反应速率，V_a 为管式反应器体积。则：

进入 dV_a 的 A 组分流量 $= C_{A0}V_0(1 - x_A)$

流出 dV_a 的 A 组分流量 $= C_{A0}V_0(1 - x_A - dx_A)$

在 dV_a 中的 A 组分转化量 $= r_A dV_a$

所以

$$C_{A0}V_0(1 - x_A) = C_{A0}V_0(1 - x_A - dx_A) + r_A dV_a \tag{3-31}$$

即

$$dV_a = C_{A0}V_0 \frac{dx_A}{r_A}$$

积分，得

$$V_a = C_{A0}V_0 \int_0^{x_{Af}} \frac{dx_A}{r_A} \tag{3-32}$$

如果计算反应物料在管式反应器中的停留时间，可将 $V_a = V_0\tau$ 代入式(3　30)中，则可得：

$$\tau = C_{A0} \int_0^{x_{Af}} \frac{dx_A}{r_A} \tag{3-33}$$

2. 直径和长度

在确定管式反应器的直径和长度时，常遇到下列几种情况：

(1) 已知物料在管内的流速 w(m/s)，则可按下式求管长(L)和管径(d)

$$L = w\tau \tag{3-34}$$

由于

$$V_a = \frac{\pi}{4} d^2 L \tag{3-35}$$

所以可求得管径为

$$d = \sqrt{\frac{4V_a}{\pi w \tau}} \tag{3-36}$$

式中，τ 是物料在管内的停留时间；V_a是管式反应器的体积。

按上两式计算的结果，如果 L 太大，可将 m 个设备按串联方式布置。如果 d 太大，则可将 m 个设备按并联方式布置。

（2）已知物料在管内的流动状态 Re 值

$$Re = \frac{wd\rho_1}{z} \tag{3-37}$$

式中，ρ_1 是反应混合物的密度，kg/m^3；z 是反应混合物黏度，$N \cdot s/m^2$；d 是管内径，m。而反应物料的体积流速 V_0为

$$V_0 = \frac{\pi}{4}d^2w \tag{3-38}$$

将上式代入式(3－37)中，可得

$$Re = \frac{4V_0\rho_1}{\pi dz} \tag{3-39}$$

所以

$$d = \frac{dV_0\rho_1}{\pi Rez} \tag{3-40}$$

求出 d 值后，可按式(3－34)计算管长度。

（3）已知传热面积

$$F = \pi dL \tag{3-41}$$

而 $V_a = \frac{\pi}{4}d^2L$，或 $dL = \frac{4V_a}{\pi d}$，代入上式，则得：

$$d = \frac{4V_a}{F} \tag{3-42}$$

【例 3－7】 年产 100t 烟酸设计中，三聚乙醛与氨在连续平推流型管式反应器(PFR)中进行缩合反应，制备 2－甲基－5－乙基吡啶。已知进料为 6975. 5kg/d，混合物密度为 $960kg/m^3$，黏度为 $1.5 \times 10^{-3} N \cdot s/m^2$，在管内停留时间为 20min，流速为 0. 476m/s。求管式反应器体积、管径和管长。

解：物料体积流量为：

$$V_0 = \frac{6975.5}{960} \times \frac{1}{24 \times 3600} = 8.4 \times 10^{-5} m^3/s$$

由公式 $V_0 = \frac{\pi}{4}d^2w$，得

$$d = \sqrt{\frac{4V_0}{\pi w}} = \sqrt{\frac{4 \times 8.4 \times 10^{-5}}{3.14 \times 0.476}} = 0.015m$$

管长

$$L = w\tau = 0.476 \times 20 \times 60 = 571.2m$$

反应器体积

$$V_a = V_0\tau = 8.4 \times 10^{-5} \times 20 \times 60 = 0.10m^3$$

或

$$V_a = \frac{\pi}{4}d^2L = \frac{3.14}{4} \times 0.015^2 \times 571.2 = 0.10\text{m}^3$$

所以，反应器的体积为 0.10 m^3，管径 0.015 m，管长 571.2 m。

§3.3　固定床反应器

3.3.1　概述

在化学工业中，有许多产品是通过气固相反应进行的。由于它生产效率高，可连续操作，易实现远距离操作和自动控制等，所以目前应用越来越广泛，在有机中间体的合成中应用较多。

1. 气固相接触催化反应的特点

所谓气固相接触催化反应，是指气相反应物组分和固相催化剂在充分接触下进行的反应。由于催化作用反应速度快，故一般在较高温度下进行且接触时间短。气固相接触催化反应历程复杂，大致包括：反应组分的分子从气相向固相催化剂表面扩散；反应物分子被吸附在催化剂表面；进行化学反应；反应生成的气体分子从催化剂表面解吸，之后离开催化剂表面向气相扩散。在这些步骤中，究竟哪一个步骤是控制整个反应过程速率的，需要由实验来确定。通常当催化剂比表面积较大时，吸附不是控制步骤。当气流速率较低时，反应速率决定气速大小，即扩散是控制因素。当温度对反应速率影响较大时，则表明反应速率是控制因素。反之，说明扩散速率是控制因素。

2. 气固相接触催化反应对反应器的要求

（1）反应器应保证气体在设备中均匀分布，保证气固两相均匀接触。

（2）反应器应有较高的传热效率，并使反应器内温度差尽量小，以便反应温度控制在较窄的范围内。

（3）反应器应避免反应气体的逆向混合。

（4）反应器的材料应是耐高温、耐腐蚀的。

3.3.2　固定床反应器的类型

在有机合成中，气固相催化反应器的形式通常有固定床和流化床，而且前者较多。所谓固定床反应器，是指反应物呈气态而床层催化剂颗粒是静止的反应器。固定床反应器按结构可分为绝热式和换热式两类。

1. 绝热式

绝热式固定床反应器的床层内部没有换热器，反应过程所放出或吸收的热量完全用来加热或冷却系统内部的气体。这种反应器主要用于反应热效应小、对温度灵敏性差、单程转化率小的反应及高压反应。当热效应大时，应采用多段绝热式反应器。绝热式反应器的优点是：结构简单，造价便宜，体积可充分利用。图 3－9 是绝热式反应器示意图。

2. 换热式

换热式固定床反应器可分为对外换式、自热式和径向换热式三种。当反应热效应大且转化率高时，为了维持一定的反应温度，必须用换热介质带走或供给热量，这时采用换热式固定床反应器。其结构类似于壳式热交换器，管内装有催化剂，反应气体自上而下通过床层，管间通热载体。自热式反应器是指用原料气体加热或冷却催化剂床层，以维持反应温度的反应器。它一般用于热效应不太大的高压反应，如合成氨和合成甲醇的生产。近年来，为了采用细粒催化剂以提高催化剂有效系数，又同时减少压降，发展了径向固定床反应器，如图3－10所示。

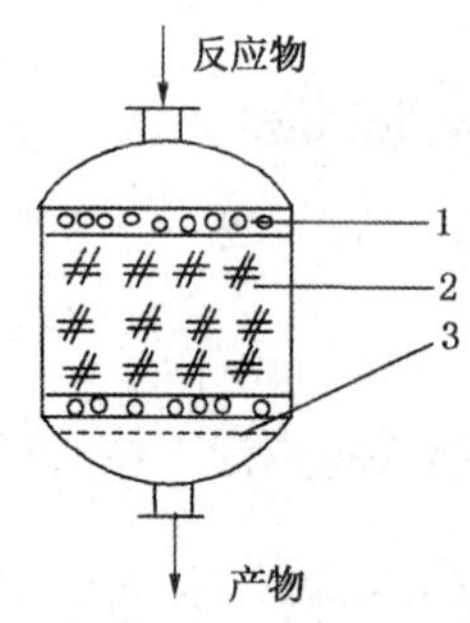

图3－9　绝热式反应器示意图
1—催化剂；2—填料；3—栅板

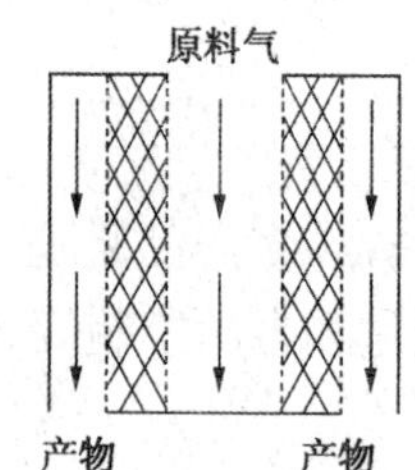

图3－10　径向固定床反应器

3.3.3　固定床反应器的工艺计算

固定床反应器的工艺设计，主要是根据产品的产量在达到规定的选择性和转化率的前提下，来确定反应器的工艺尺寸的。目前主要的工艺计算方法有经验法和数学模拟法。

1. 经验法

将整个床层作为一个整体，用实验测定最适宜的工艺条件，如催化剂的性质、粒度、原料组成、气体流速、温度、压力等，再以床层的平均反应速率和产品的产量直接算出反应器所需的催化剂体积。此法的优点是不需要过多的数据，估算方便。缺点是对整个体系的反应、传质、传热等微观特性缺乏真正的了解。

(1) 反应器的体积计算　在反应器设计时，通常先引用空速(N_V)和催化剂空时收率(y_c)两个概念：

$$N_V=\frac{\text{原料气体的体积流量}(m^3/h)}{\text{催化剂床层体积}(m^3)} \tag{3-43}$$

$$y_c=\frac{\text{主产品量}(kg)}{\text{催化剂用量}(kg\text{ 或 }m^3/h)} \tag{3-44}$$

固定床的生产能力可用空速来表示，所以设计放大时只要按照试验的最佳工艺条件和相同空速，根据原料气体流速(V)直接求出催化剂床层的体积(V_c)：

$$N_V=\frac{V}{V_c}\text{ 或 }V_c=\frac{V}{N_V} \tag{3-45}$$

式中，N_V为空速，h^{-1}；V_c为催化剂装载体积，m^3；V是原料气流速，m^3/h。

若催化剂有惰性物料稀释(体积为$V_{惰}$)时，同时考虑反应器的装料系数ψ，则反应器的体积V_a为：

$$V_a=\frac{V_c+V_{惰}}{\psi} \tag{3-46}$$

(2) 反应器的截面积F_R和高度H的计算　设空床气速为w_0(m/s)，则反应器截面积和高度为：

$$F_R=\frac{V}{w_0},H=\frac{V_R}{F_R} \tag{3-47}$$

在常压操作时，工业生产常取 $w_0 = 0.5 \sim 2.0$ m/s 之间。空床气速 w_0 的确定，必须保证既可以排除扩散的影响，同时又需保证在反应器高度 H 的条件下，使床层压降在合理的范围内，如常压操作的床层压降不超过 $6.65 \times 10^4 \sim 9.31 \times 10^4$ Pa。

2. 数学模拟法

数学模拟法是20世纪60年代发展起来的一种先进的方法，主要是对反应的物理化学过程进行合理简化后，用数学方程式来描述过程，即建立数学模型，再运用计算机进行高倍数放大。此方法的可行性程度取决于基础物性数据的准确性，虽然仍处于开发阶段，但已日益显示出它的优越性。这里仅介绍最简单的拟均相、一维、理想流动模型，在此基础上可发展各种复杂的模型。

拟均相、一维、理想流动模型的基本假设是：

气体以理想流动型式通过床层，即不考虑速率分布及返混，只考虑轴向的温度差和浓度差，忽略径向温度差和浓度差，所以简称为一维模型。由于催化剂表面上的温度和反应物浓度与气相主体中的温度和浓度相同，所以又简称拟均相模型。

求解方法：

联立、求解物料衡算式、热量衡算式及反应动力学方程式，即可求得达到规定转化率所需的催化剂体积或床层长度。

（1）物料衡算式

$$G_A \mathrm{d}x_A = r_A \mathrm{d}V \tag{3-48}$$

式中，G_A 是组分 A 的流量，mol/h；x_A 是组分 A 的转化率；r_A 是组分 A 的反应速率，mol/h · m^3cat；V 是催化剂装载体积，m^3。

（2）热量衡算式

$$G_A \mathrm{d}x_A(-\Delta H) - KF(T_m - T_s)\mathrm{d}Z = GC_p \mathrm{d}T_m \tag{3-49}$$

式中，$-\Delta H$ 是化学反应热，kJ/mol；K 是总传热系数，kJ/m^2 · h · ℃；F 是单位催化剂床层高度的热交换面积，m^2/m；Z 是催化剂床层轴向长度，m；T_m 和 T_s 分别是混合气体和热载体温度，℃；G 是混合气体流量，kg/h；C_p 是混合气体热容，kJ/kg · ℃。

（3）反应动力学方程式

$$r_A = f(c, T_m) \text{ 或 } r_A = f(p, T_m) \tag{3-50}$$

式中，c 是反应物浓度，mol/L；p 是反应物压力，Pa；T_m 是床层温度，℃。

联立求解上述3个方程式，可计算出催化剂床层体积或床层长度。一般可采用图解法、差分法或计算机法三种。在实际反应过程中，常可按等温过程、绝热过程或非绝热过程来处理，下面仅介绍等温反应器。

反应过程等温时，动力学方程式中的反应速率仅与物料组成有关。因此，反应器的设计不需要建立热量衡算式。如一级不可逆反应中，反应速率为：

$$\gamma_A = \frac{1}{k}\ln\frac{1}{1 - x_A}$$

所以只要已知气体流量 V_0(m^3/h)、转化率 x_A 及反应速率常数 k，即可由式(3-51)求出催化剂装载体积 V_c(m^3)。虽然在实际工业生产中很难保持等温，但由于此法计算简单，有时还可以对非等温反应器作粗略估算，所以受到了人们的重视。

$$V_c = V_0 \int \frac{dx_A}{r_A} \tag{3-51}$$

【例3-8】 乙炔和HCl在$HgCl_2$-活性炭催化剂上合成氯乙烯(相对分子质量62.5),反应式为:

$$\underset{A}{C_2H_2} + \underset{B}{HCl} \longrightarrow \underset{C}{C_2H_3Cl}$$

在1.03×10^5Pa、175℃及A:B=1:1时的反应数据为(速率单位为10^6mol/s·g Cat):

x_A	0	0.2	0.4	0.6	0.8	0.92	0.99
r_A	5.73	4.92	4.17	3.06	1.75	0.389	0.0835
$1/r_A$	0.157	0.203	0.240	0.327	0.571	2.57	11.97

今在固定床反应器中进行反应,要求达到99%转化率,且生产能力为1000 kg/h,设床内为等温活塞流,催化剂堆积密度为0.40 g/cm³。求所需催化剂体积。若转化率为90%,情况如何?

解:由式(3-48)可知:

$$V_c = G_A \int \frac{dx_A}{r_A}$$

而

$$G_A = \frac{1000 \times 1000}{0.99 \times 3600 \times 62.5} = 4.489\text{mol/s}$$

以x_A对$1/r_A$作图,采用数值积分法,求得积分值。

当$x=0.99$时,可求得:

$$\int_0^{0.99} \frac{dx_A}{r_A} = 0.9177 \times 10^6 \text{s} \cdot \text{gCat/mol}$$

所以催化剂总质量及体积为:

$$G = 4.489 \times 0.9177 \times 10^6 = 4.12 \times 10^6 = 4120\text{kg}$$

$$V_c = G/\rho_{Cat} = 4120/400 = 10.3\text{m}^3$$

当$x=0.90$时,可求得:

$$\int_0^{0.90} \frac{dx_A}{r_A} = 0.3516 \times 10^6 \text{s} \cdot \text{gCat/mol}$$

$$G_A = \frac{1000 \times 1000}{0.90 \times 3600 \times 62.5} = 4.938\text{mol/s}$$

所以催化剂总质量及体积为:

$$G = 4.938 \times 0.9177 \times 10^6 = 1.58 \times 10^6\text{g} = 1580\text{kg}$$

$$V_c = G/\rho_{Cat} = 1580/400 = 3.95\text{m}^3$$

可见,当所要求的转化率由99%降到90%时,所需催化剂体积由10.3m³降到4.34m³,下降了50%多。

§3.4　流化床反应器

3.4.1　概述

流化床反应器是一种利用气体或液体通过颗粒状固体层而使固体颗粒处于悬浮运动状态，并进行气固相反应过程或液固相反应过程的反应器。在用于气固系统时，又称沸腾床反应器。流化床反应器在现代工业中的早期应用是 1921 年用于煤气发生炉。但现代流化反应技术的开拓，是以 1942 年石油催化裂化为代表的。目前，流化床反应器已在化工、石油、冶金、核工业等部门得到广泛应用。

按流化床反应器的应用可分为两类：一类的加工对象主要是固体，如矿石的焙烧，称为固相加工过程；另一类的加工对象主要是流体，如石油催化裂化、酶反应过程等催化反应过程，称为流体相加工过程。

流化床反应器的结构有两种形式：①有固体物料连续进料和出料装置，用于固相加工过程或催化剂迅速失活的流体相加工过程。例如催化裂化过程，催化剂在几分钟内即显著失活，须用上述装置不断予以分离后进行再生。②无固体物料连续进料和出料装置，用于固体颗粒性状在相当长时间(如半年或一年)内，不发生明显变化的反应过程。

由于流化床具有很高的传热效率、温度分布均匀、气固之间有很大的接触面积，大大强化了操作、简化了流程，因而近年来发展迅速，并广泛用于化工、石油、冶金等部门的气固非均相加工过程。但是由于流化态工艺中许多问题还没有充分解决，目前还是靠经验方法来处理。

1. 理想流化床

当气体通过流化床时，有 3 种不同阶段：即固定化阶段、流化态阶段和气体输送阶段，见图 3 - 11。

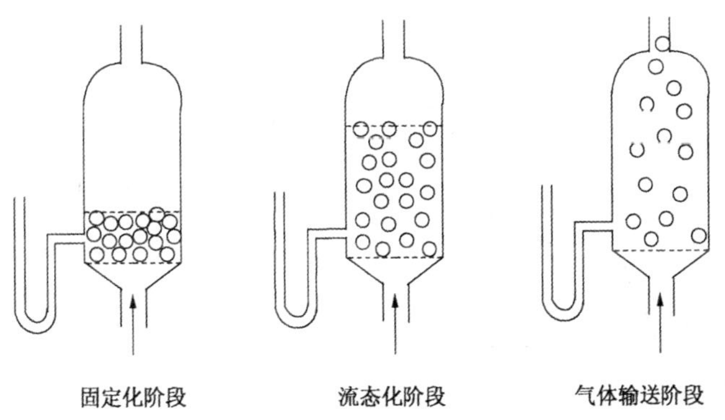

图 3 - 11　流化床的示意图

用流体的床层空速和床层压降之间 Δp 的关系，可以描述上述 3 种不同状态，如图 3 - 12。在床内，当流体流速较小时，固体粒子不动，床层的压降随流体的流速增加而增加，这种床称为固定床(静止床)。此时床内粒子保持不动，但流体具有一定的流速范围。在这种情况下，流体流速与床层压降的关系在对数坐标上是一条直线，如图 3 - 12(AB)段；当床内流体流速增大到 B 点时，床层开始膨胀，颗粒发生振动，重新排列，但不能自由运动，如图 3－12(BD)段。当流速继续增加到一定值时，粒子开始松动到随机运动。继续增加流速，床层压降仍旧保持不变，这种床称为流化床(流化态床)，此时床层颗粒悬浮在流体中运动，流体流速与压降的关系如图 3－12(DE)段。使固体粒子开始流动的流体速度称为临界流化速度(w_{mf})；当气速增加到某一极限时，颗粒与流体一起被吹出反应器，流速越大，带出的粒子越多，如图 3－12(E)点，E 点的空床气速称为最大流化速度，或颗粒带出速度(w_{max})。图 3－12 是理想流化床压降与空床速度间的关系，而在实际流化床则存在散式流化和聚式流化两种状态。

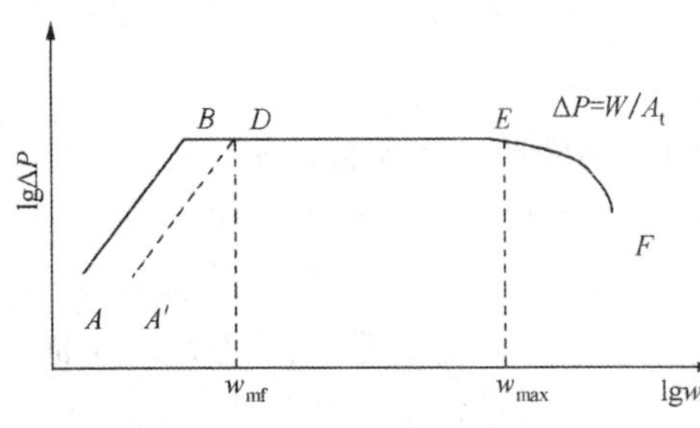

图 3－12　理想流化床压降与空床速度

2. 散式流化与聚式流化

散式流化是指床内颗粒均匀分散，流化平稳，有一固定的悬浮分界面，床层阻力基本不随流速而变。一般液固相流化多属于散式流化。颗粒越细，流体与固相密度差越小，则越接近于散式流化，流化质量也越好。

聚式流化是指床层内部分气体夹带少量颗粒，以气泡形式通过床层，沿途汇成大气泡，到界面处破裂，大部分颗粒再返回床层，故床层内颗粒并非均匀分布。整个床层可分为两相，一相是颗粒浓度大，空隙率低的连续相；另一相是含少量固体的气体空穴、空隙率高的气泡相。

散式流化与聚式流化可由 Froude 系数 Fr 来区别，即：

$$Fr = \frac{w_0^2}{gd_p} \tag{3-52}$$

式中，w_0为流化床空床气速；d_p为颗粒的平均直径；g 为重力加速度常数。$Fr<1$ 时，为聚式流化态；$Fr>1$ 时，为散式流化态。由上式可知，w_0越大或 d_p越小，则 Fr 值越大，越接近于散式流化。一般认为，固体颗粒密度和流体密度相差较小的流化系统为散式流化。反之，为聚式流化。

3. 工业流化床反应器

一般工业用的是圆形流化反应器。反应器的主要部分是圆柱的床身，底部有一气体分布板，可均匀分布气体。因为反应有热效应，故在床身中有换热管进行换热。床层下部为颗粒浓度较高的浓相区，也是化学反应的主要场所。床层上部存在气体带上去的颗粒，故称为稀相区。

3.4.2　流化床反应器的工艺计算

1. 临界流化速度 w_{mf}

临界流化速度可采用计算法和实测法获得，但计算法误差大(30%～50%)，且公式复杂，所以一般采用实测法。它首先以空气为流体进行冷模实验，测得空气流化颗粒的最小流化速度，再根据生产中不同条件加以校正。校正后的实际生产中的最小流化速度为：

$$w_{mf} = w'_{mf}\frac{\rho_s - \rho_f}{\rho_f - \rho_{空气}} \times \frac{Z_f}{Z_{空气}} \tag{3-53}$$

式中，w_{mf}和 w'_{mf}分别是工业混合气和空气的最小流化速度，m/s；ρ_s、ρ_f、$\rho_{空气}$分别是颗粒、工业混合气、空气的密度，kg/m^3；Z_f、$Z_{空气}$为工业混合气和空气的黏度，N · s/m^2。

2. 最大流化速度 w_{max}

最大流化速度一般为临界流化速度的 20 ~ 50 倍，亦称颗粒的带出速度，数值等于颗粒的沉降速度。当颗粒沉降时，重力和浮力对于一定的颗粒是一定的，而流体对颗粒的阻力是随颗粒和流体的相对速度而变的。当颗粒均匀运动时，流体的磨擦力和浮力之和等于重力，这一速度称为沉降速度。不同大小的颗粒的带出速度不同，故在确定带出速度时，应以要求带出不同颗粒为基准，计算公式为：

$$w_{max} = \frac{d_p^2(\rho_s - \rho_f)g}{18Z_f} \tag{3-54}$$

式中，d_p 是要求不被带出的颗粒直径，m；g 是重力加速度常数，9.8m/s^2；其他同式(3－53)。

【例 3－9】 萘氧化制苯酐，求微球硅胶－钒催化剂(d_p = 0.121mm)的带出速度。已知 $Z_f = 3.02 \times 10^{-5}$ N·s/m^2，$\rho_s = 1120$ kg/m^3，$\rho_f = 0.70$ kg/m^3。

解：由公式(3－52)可知：

$$w_{max} = \frac{d_p^2(p_s - p_f)g}{18Z_f} = \frac{(1.21 \times 10^{-4})^2(1120 - 0.7) \times 9.8}{18 \times 3.02 \times 10^{-5}} = 0.296\text{m/s}$$

即最大带出速度为 0.296m/s。

3. 操作流化速度

操作流化速度位于临界流化速度和最大流化速度之间，范围较宽。在选定具体流化速度时，一般遵循下列原则：

(1) 低气速采用原则：①催化剂易磨损且价格昂贵；②床层中催化剂粒度分布较宽或反应中粒度逐渐减小；③反应速度慢，空速不能太大；④反应热不大，传热速度要求不太大；⑤床层高度小，颗粒流化特性好；⑥床层有内部结构件；⑦粉尘的回收率不高或负荷过重；⑧对颗粒的循环速度要求不高。

(2) 高气速的采用原则：①反应速度快，空速高；②反应热较大，需通过换热除去；③床层要求基本等温；④床层内部无内部构件。

一般工业生产的操作气速为 0.2 ~ 1.0 m/s。在确定操作气速时，除参照最小和最大流化速度外，还应参考小试用的流化速度以及类似装置的先进数据，再结合所设计的流化床具体确定。

4. 流化床层压降

床层流化的气速增加时，床层高度和空隙率也增加，但床层压降不变，仍等于颗粒重量减去浮力。

$$重力 = HA(1-\varepsilon)\rho_s g，浮力 = HA(1-\varepsilon)\rho_f g，阻力 = A \cdot \Delta p$$

因为　　　　阻力 = 重力 − 浮力

所以

$$\Delta p = H(1-\varepsilon)(\rho_s - \rho_f) \tag{3-55}$$

式中，H、ε 为静止床的高度和空隙率；A 为床层面积。

5. 流化床主体尺寸

流化床直径 D_t 可由物料衡算中的已知单位时间进入反应器的原料体积 V(m^3/s)和操作气速 w(m/s)求出，即

$$V = \frac{\pi}{4} D_t^2 w \tag{3-56}$$

$$D_t = \sqrt{\frac{4V}{\pi w}} \tag{3-57}$$

其他一些主体尺寸可由一些较复杂的经验公式计算出来，参见有关资料。

3.4.3 流化床与固定床反应器的比较

1. 流化床反应器的优点

(1) 床温均匀。反应可控制在一个很窄的温度内，适用于那些对温度敏感的气固接触催化反应。而固定床反应器正相反，床内温度分布不均，有热点存在。当放热反应存在时，温差可达100～200℃，而流化床反应器径向温差小于5℃，轴向温差为2℃(如萘氧化制苯酐)。

(2) 传热效率高。床层内由于颗粒的剧烈运动及颗粒与换热面的高频碰撞，促进传热面不断更新，故有较高的传热系数，一般比固定床高10～20倍，这样就使得流化床的传热面积减小，简化了设备。

(3) 传质效率高。由于流化床可采用颗粒细的催化剂，颗粒比表面积大，气固接触面大，因此内表面可充分利用，内扩阻力可降低到很小的程度。又由于气固界面不断搅拌和更新，传质系数高，提高了流化床传质效率。而固定床则相反，不能采用细颗粒催化剂，而且反应过程颗粒又不动，所以传质效率低。

(4) 单台设备催化剂装填量大。流化床的直径可很大，所以单床设备催化剂的装填量可以达几百 m^3，生产能力大。而要制造大直径固定床反应器，在技术上有许多困难。

(5) 安全性高。有机物蒸气和空气的氧化反应，常形成一定的爆炸范围。由于流化床反应器内颗粒剧烈运动，可防止爆炸冲击波扩散，不会出现爆炸事故，这是固定床反应器所不及的。另外，流化床可采用双气流化，使催化剂连续再生，保证生产的连续进行。而固定床反应器却要经常停止操作，更换催化剂，不能保证生产的连续进行。

2. 流化床反应器的缺点

(1) 物料返混严重。在固定床反应器内，物料近于平推流，逆向混合程度很轻微，而在流化床反应器内，物料近于全混流，逆向返混严重。所以它不适用于逆向混合敏感的串联反应，否则选择性会降低。

(2) 催化剂磨损量大。流化床内颗粒剧烈运动，不断地碰撞、磨擦，使催化剂损耗大。因此对贵重的催化剂，流化床是不适用的。而固定床反应器的催化剂是静止的，不存在磨损问题。

(3) 要有气固分离装置。流化床中气固剧烈运动，使颗粒磨损成细小粒子，被气体夹带出去，从而必须要有回收装置，而固定床反应器却不用。

(4) 操作气速受限制。流化床反应器要保证良好的流化质量，必须结合催化剂的性质和设备结构来确定最佳操作气速，气速过大或过小都会恶化流化状态，气固接触变差。而固定床反应器却不受限制，可用高气速来强化生产。由此可见，流化床反应器的生产效率被操作气速所束缚。

3. 气固接触催化反应器的选型

在实际生产中，选择固定床还是流化床，可从下面几个方面来考虑：

(1) 催化剂强度：催化剂强度是个重要参数。若强度差，不耐磨损，则应选固定床，不宜用流化床。

（2）反应热效应及对温度的敏感性：当反应热效应很大时，应选用流化床。反应对温度十分敏感的也不宜采用固定床，而应选用流化床。

（3）反应对逆向混合的敏感性：反应物料逆向混合，使反应选择性显著降低，则应选固定床，而不宜用流化床。

习　　题

1. 乙醛聚合制三聚乙醛的反应釜。每小时加料量为：乙醛 4261.8L，硫酸 8.65L。操作周期 7h，装料系数 0.80，求用 $10m^3$ 的间歇式反应釜几台？（4 台）

2. 某酯化反应车间每日生产 1926 kg 酯化液，密度 1.23 g/cm^3。设备装料系数 0.60，酯化生产周期为：进料 0.50 h，反应 35 h，出料 0.50 h，求选用 2000 L 的反应釜几台？后备系数是多少？（2 台，2.1%）

3. 邻硝基氯苯在连续氨化反应之后，用分批操作法以 Na_2S 还原，制备邻苯二氨。已知每小时氨化出料 0.83 m^3，还原工序操作周期 7h，装料系数 0.75，求：(1)所需一台反应器的体积；(2)若采用两台反应器，则每个体积是多少？(3)若采用 $6m^3$ 的反应器，则要用几台？（7.75 m^3，3.87 m^3，2 台）

4. 已知 2－萘酚的收率为 75%（以萘计），纯度 99%。工业萘纯度 98.4%，密度 0.963 g/cm^3。磺化剂为 98% 的硫酸，密度为 1.84 g/cm^3，萘与硫酸的摩尔比为 1∶1.01，每批操作周期为 3.67h，萘磺化釜的装料系数为 0.70，生产任务为 4000t/a，每年生产天数为 330d，求：用 5 m^3 反应釜几台，后备系数是多少？（1 台，6.2%）

5. 间歇反应釜中，蔗糖在稀盐酸水溶液中水解为葡萄糖和果糖：

$$\underset{\text{蔗糖}}{C_{12}H_{22}O_{11}} + H_2O \longrightarrow \underset{\text{葡萄糖}}{C_6H_{12}O_6} + \underset{\text{果糖}}{C_6H_{12}O_6}$$

当催化剂 HCl 浓度为 0.1mol/L，$t = 48℃$ 时，动力学方程式为 $r_A = 0.0193\ C_A/\text{min}$，求蔗糖转化率为 99% 时，所用的时间。（3.96 h）

6. 证明：一级反应转化率为 99.9% 所需时间是转化率 50% 所需时间的 10 倍。

7. 用 H_2SO_4 为催化剂，过氧化氢异丙苯分解为苯酚和丙酮的反应是一级反应。当反应经 30s 时，取样分析过氧化氢异丙苯转化率为 90%，求转化率为 99% 时，还需多少时间？（30s）

8. 可逆一级液相反应 A ═P。已知 $C_{A0} = 0.5\text{mol/L}$，$C_{P0} = 0$。当此反应在间歇式反应器中进行时，经 8min，A 的转化率为 33.3%，而平衡转化率为 66.7%，求反应动力学方程式。[$r_A = 0.0866C_A - 0.01445$(mol/L·s)]

9. 有一反应在间歇反应器中进行，反应物初始浓度为 0.5mol/L，经过 8 min 后，反应物转化率为 80%。经 18 min，转化率为 90%，求反应动力学方程式。（$r_A = C_A^2$）

10. 邻硝基氯苯氨解反应的管式反应器工艺计算。已知每小时处理的物料体积为 570L，转化率 98%。氨水浓度 310g/L。反应温度 230℃，反应速率常数 $k = 2.04 \times 10^{-2}$ L/mol·min。物料从 150℃ 加热到 230℃ 时所需时间为 9min。物料密度 0.8626g/cm^3，黏度 $1.38 \times 10^{-4}N \cdot s/m^2$。物料在管内呈湍流状态（$Re = 30000$）。由于采用过量氨水，故反应过程中氨水浓度不变。求管式反应器的容积、管长和直径。（291.2L，210m，0.042m）

11. 采用管式反应器由氯苯水解生产苯酚。已知氯苯的体积流量为 61L/h，NaOH 水溶液体积流量为 314L/h，二苯醚的体积流量为 6.3L/h。反应物料在管式反应器内停留时间为 30min，物料在管内流速为 0.50～0.55 m/s，求管式反应器的体积、管径和长度。（190.7L，

900 ~ 990m, 0.0164 ~ 0.0157m)

12. 过氧化氢异丙苯(A)分解反应中，每小时处理物料量为$3m^3$，装料系数0.8，A的初始浓度$C_{A0}=3.2kgmol/m^3$，终点浓度0.0064 $kgmol/m^3$。分解反应的转化率为99.8%，经测定为一级反应。当H_2SO_4浓度为0.03mol/L，$t=86$℃时，反应速率常数$k=0.08s^{-1}$，采用四釜串联反应器，求：物料在釜内平均停留时间、反应釜的容积。(46.61s，48.55L)

13. 采用两体积分别为V和$2V$的CSTR进行一级不可逆等温反应。进料体积流量为V_0，下列哪种组合方式将给出最大的生产能力(设图中大小釜有相同的停留时间)。

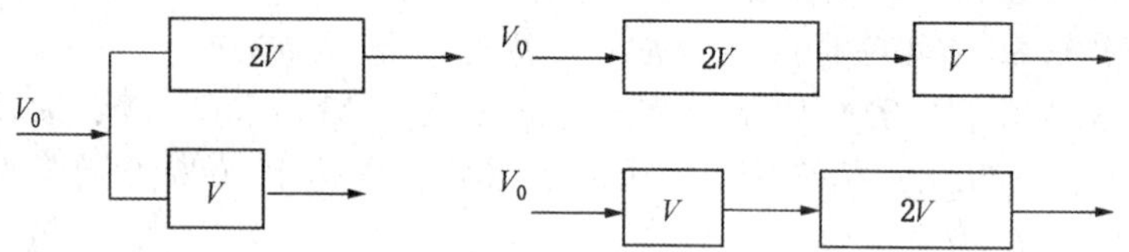

14. 乙酸乙酯的合成反应：

$$CH_3COOH + C_2H_5OH = CH_3COOC_2H_5 + H_2O$$

反应为二级可逆反应，速率方程式为：$r_A = k(C_AC_B - 1/k_pC_RC_S)$，在100℃时，$k=4.76\times10^{-4}L\cdot mol/min$，$k_p=2.42$。现采用三个容积均为200L的串联CSTR进行反应，各釜的温度均为100℃。进料流量均为5L/min，$C_{A0}=C_{B0}=9.44mol/L$，求各釜转化率及出口浓度。($x_1=13.36\%$，$x_2=23.47\%$，$x_3=31.24\%$；$C_{A1}=8.18mol/L$，$C_{A2}=7.22mol/L$，$C_{A3}=6.49mol/L$)

15. 一个等温连串反应：A→B→C。在两个串联的平推流管式反应器中进行，每个反应器的体积均为2 L，加料速度为1 L/min。A在原料中的浓度为2 mol/L。两个反应器有相同的操作温度，且$k_1=0.5min^{-1}$，$k_2=0.25min^{-1}$。求两个反应器的出料组成(即A，B，C的含量)。(1釜中A为36.8%，B为47.7%，C为15.5%；2釜中A为13.5%，B为46.5%，C为40.0%)

16. 液相反应A→P在一间歇反应器中进行时的反应速率如下表所示：

$C_{A0}/mol\cdot L^{-1}$	0.1	0.2	0.3	0.4	0.5	0.6	0.7	0.8	1.0	1.3	2.0
$r_A/mol\cdot L^{-1}\cdot min^{-1}$	0.1	0.3	0.5	0.6	0.5	0.25	0.10	0.06	0.05	0.045	0.042

求：(1)若$C_{A0}=1.3mol/L$，$C_{Af}=0.3mol/L$，反应时间是多少？(2)若反应移到平推流管式反应器中进行，$C_{A0}=1.5mol/L$，$V_0C_{A0}=1000mol/L$，$x_A=0.8$时，所需反应器的体积是多少？(3)当$C_{A0}=1.2mol/L$，$V_0C_{A0}=1000mol/L$，$x_A=0.75$，所需CSTR的体积是多少？(12.7min，189.6L，25L)

第4章　多相催化有机合成

§4.1　催化科学概论

4.1.1　催化科学的作用

化学的三大作用是：开发和合理使用能源；提供性能优异的新材料；保护生存的环境。在这些作用中有一门科学起着关键作用，这就是催化科学。催化科学在提供能源方面有：催化裂化生产汽油、煤的气化($CO + H_2$)后生产液体燃料等。在新材料方面有：合成聚乙烯、聚丙烯、新型工程塑料聚苯醚等。在保护环境方面：可以分解汽车尾气($NO_x \longrightarrow N_2 + O_2$，$CO \longrightarrow CO_2$)、植物油的加氢固化生产低脂肪的人造奶油等。

4.1.2　催化科学的里程碑

在催化科学的发展史中，经历了许多重大进展，下面是几个典型例子。

1886 年，Berzelius 在《化学教程》中首次提出了催化剂的概念。

1913 年，Paul Sabatier 由于发明金属粉末催化有机物加氢而获得诺贝尔奖。

1932 年，Iring Langmuir 发明 Pd 催化氧化 CO 而获得诺贝尔奖。

1945 年，Ipatiff 和 Pines 成功开发了制造高辛烷值汽油工艺，为英国在第二次世界大战中战胜德国立了战功。

1963 年，Zicgler 和 Natta 在 UOP(环球油品)公司发明了合成高结晶度的塑料和纤维的新催化工艺，而获得诺贝尔化学奖。

1980 年，通用汽车公司和 Ford 汽车公司开发成功了汽车尾气催化净化的新装置，并在世界范围内使用。

1989 年，美国 Thomas R. Cech 和 Sidney Altman 首次证明 RNA 可独立具有催化活性，这一发现开创了核酸化学中的一个新领域，并合成了 Ribozymer 酶，它是一种高效使致命病毒失活的催化剂，因而获得了该年度的诺贝尔化学奖。

2001 年，William S. Knowles，野依良治，Bany Shampless 因“手性催化氢化反应和手性催化氧化反应”领域取得的成就，而共同获得诺贝尔化学奖。他们采用手性催化反应合成了 L－DOPA。

4.1.3　催化反应的分类

催化科学涉及表面科学、有机金属化学、固态化学、材料化学、生物和仿生化学、反应工程和化学动力学等。按催化剂的种类，可以将催化反应分为：多相催化、均相催化、相转移催化、酶(生物)催化、电化学催化、光化学催化等。

4.1.4　催化反应特点

催化剂是指能够以独特的表面特性增加化学反应达到平衡的速度，而在反应结束后本身不被消耗的物质。正如 1886 年由 Berzelius 提出的：A catalyst is a substance which increases the rate at which a chemical system attains equilibrium by virtue of its unique surface characteristics, and which is left substantially unaltered at the finish of the reaction.

有催化剂参与的化学反应，称为催化反应。催化剂能促进反应速度的现象，称为催化作用。

催化作用的特点有：

（1）催化剂参与反应，而本身在反应后恢复到原来的化学状态，因此可称为催化循环。

（2）催化剂只是对热力学上可能进行的反应进行加速，而决不能对热力学上不可能进行的反应实现催化。例如：$H_2O \longrightarrow H_2 + O_2$，在常温、常压且无其他功时，$\Delta G > 0$，所以找不到一种催化剂可以使其进行。而对 $H_2 + O_2 \longrightarrow H_2O$ 反应，在常温、常压下的 $\Delta G < 0$，虽然速度极慢，经过106亿年，转化率才为0.15%。但可以找到一种催化剂如Pt黑，可以使其立刻全部生成 H_2O。

（3）同样性质的催化剂只能改变化学反应速度，而不能改变化学平衡的位置。因为催化剂同时加速正、负反应的速度，而使达到平衡的时间缩短。例如：$H_2 + N_2 \rightarrow NH_3$ 反应，在400℃和 2.94×10^6 Pa时，NH_3 的平衡浓度为35.87%。不管用什么催化剂，NH_3 的最高浓度为35.87%。

（4）催化剂具有选择性。例如：

$$CO + H_2 \longrightarrow \begin{cases} \xrightarrow{CuO/ZnO} CH_3OH \\ \xrightarrow{Rh} CH_2OHCH_2OH \\ \xrightarrow{Ni/Al_2O_3} CH_4 \\ \xrightarrow{Fe} \text{汽油} \\ \xrightarrow{Ru} \text{固体石蜡} \end{cases}$$

4.1.5 催化反应的本质

催化剂作用的本质是降低了反应所需的活化能，催化作用的反应机理可由碰撞理论和过渡态理论来解释。

催化剂的作用就是降低反应的活化自由能 ΔG，而 $\Delta G = \Delta H - T\Delta S$。一个催化反应的活化熵 ΔS 通常比相应的非催化反应的小，因此催化反应的过渡态是束缚在催化剂的表面上的，因而损失了移动自由度。作为补偿必须有活化焓 ΔH 的减少，为了使催化作用占优势，还需要有超补偿。由上述可知，一个催化反应的活化能应比相应的非催化反应的要低，使反应在一个能量上更有利的途径进行。

1. 过渡态理论

对于反应

$$A + B \xrightarrow{C} AB$$

无催化剂时，活化能为 E，则反应速率常数 $k = k_0 \exp(-E/RT)$。因为反应的活化能 $E = \Delta G = \Delta H - T\Delta S$，因而在过渡理论中，反应速率常数 k 也可表示为：

$$k = k^0 \exp\left(\frac{-\Delta G}{RT}\right) = k^0 \exp\left(\frac{\Delta S}{R}\right) \cdot \exp\left(-\frac{\Delta H}{RT}\right) \tag{4-1}$$

有催化剂时，可形成过渡态A…C，A…C＋B，A…B…C，使活化能降低为 E_1，使反应速率常数 k 值大大增加了，见图4－1。

2. 碰撞理论

在碰撞理论中，化学反应的速率常数 k 和反应活化能 E 有如下的关系：

$$k = PZ\exp\left(-\frac{E}{RT}\right) \qquad (4-2)$$

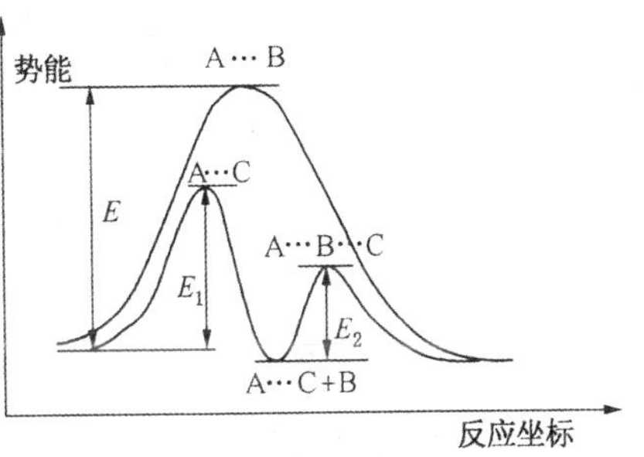

图 4-1　催化反应的活化能

式中，P 是经验的空间因子；Z 是不同分子间的碰撞系数。如果假定反应是单分子的催化转化，而且反应物的吸附是最慢步骤，则反应速率常数 k 就决定于单位时间内反应物分子和催化剂粒子的碰撞次数。由于催化剂浓度较小，所以这种碰撞次数远远小于反应物分子之间的碰撞次数(约小 10^{12} 倍)。对于催化反应来说，反应物分子之间的这种碰撞是无效的。因此，如果催化反应要能有效地进行下去，其指数项必须比非催化反应要大 10^{12} 倍以上，即活化能 E 要降低 65kJ/mol 以上。实际上，有效的催化反应的活化能至少降低 100kJ/mol 以上。

§4.2　多相催化反应历程

4.2.1　多相催化反应的分类

多相催化是指催化剂和反应物被相界面分开进行的催化反应。常见的多相催化组合方式(按催化剂/反应物相计)有：① 液/气型，例如磷酸催化下的烯烃聚合。②固/液型，例如在金催化下的 H_2O_2 分解。③固/气型，例如 Fe 催化的合成氨反应。④固/液、气型，例如 Pd 催化下的硝基苯加氢制苯胺反应。

4.2.2　多相催化反应的机理

多相催化反应是一个非常复杂的表面化学现象。有以下 3 种较典型的机理。

1. Sabatier 中间化合物理论

Sabatier 曾沿用均相催化中的中间化合物理论来解释多相催化历程。根据该理论，催化反应的历程为：首先，反应物与催化剂反应，生成具有正常化合物性质的不稳定中间化合物，然后该中间化合物再转变为产物，同时使催化剂再生。因为这种步骤有较低的活化能，因而使反应变得容易。这种理论的本质是强调反应物和催化剂间的化学相互作用，能够较满意地解释均相催化反应的现象。

但是将中间化合物理论应用于多相催化反应就遇到困难。例如，很难解释催化剂的制备方法及少量添加物(助催化剂或毒物)常常会引起转化率和选择的显著变化，因为在这些情况下催化剂的化学组成并没有明显的改变。于是，人们提出了一些新观点，其中最有意义的是关于固体催化剂结构和性质以及反应物的化学吸附在多相催化中的重要作用。

2. Langmuir 吸附理论

1921 年 Langmuir 提出多相催化反应是通过催化剂上吸附物种间的表面反应而实现的。包括物理吸附和化学吸附，它们均能改善反应物的活性状态。

3. Taylor 活性点理论

1925 年 Taylor 提出活性中心或活性部位(Active Site)的概念，即认为化学吸附和催化反应并不是在催化剂整体表面上，而是在少量的表面活性部位上进行的，而且将催化剂晶体的棱、角和缺陷等一些不饱和价键的位置看作活性部位。1931 年 Taylor 又提出，发生多相催化反应的必要条件是至少有一种反应物分子被吸附，反应物的化学吸附是多相催化反应必经的先行步骤。

根据化学吸附在多相催化反应中的作用，人们合理地假设，多相催化反应历程至少包括反应物的化学吸附、吸附中间物的转化（表面反应）和产物的脱附三个连续步骤，而这些步骤是通过作为独立相存在的活性部位互相偶联起来的。

4. 反应机理的确定

拟设多相催化反应的历程时，一般应遵守下述一些原则：

（1）根据速率理论，实际表面反应的必要条件是吸附物种发生结构重排或碰撞。但是，在催化剂表面上发生三个或三个以上吸附物种同时碰撞的几率是很少的。所以，表面反应极有可能是一个或几个偶联的单分子或双分子反应。因此，表面反应也可能是非基元反应。

（2）根据 Taylor 假设，对于单分子表面反应而言，反应必须发生预化学吸附。对于双分子表面反应，有两种可能情况：或者两种反应物都发生预化学吸附，或者一种反应物发生预化学吸附。在后一种情况中，预吸附的物种与另一种气相反应物分子发生表面反应。

（3）为了保证催化反应能够连续进行，表面活性部位必须在催化循环中获得再生。活性部位再生的途径有两种：一是表面反应生成的吸附物发生脱附；另一种是通过特定反应，例如在金属氧化物催化剂表面上，烃类选择氧化反应而消耗的晶格氧，可以通过与气相中的氧发生反应而再生。

（4）拟设多相催化反应历程时，常常感到困难的是关于表面中间物的假设。为了使假设合理，除了掌握有关化合物在催化剂表面上可能的吸附态构型外，还应进行一些非动力学实验，以求获得某些有用的信息。同时，收集和分析有关资料也是必要的。

§4.3 多相催化反应的催化剂

在多相催化反应中，最常用的是固体催化剂。固体催化剂主要由催化活性物质、助催化剂和载体组成。

4.3.1 固体催化剂的分类

按催化剂活性物质的种类和功能，可将固体催化剂分为 4 大类，见表 4－1。

表 4－1 多相催化剂的分类

类　别	功　能	例　子
分子筛	裂解、歧化	4A，BX，Y，丝光沸石
离子交换树脂	酯化、水解、缩合	阳离子、阴离子型
金属氧化物	氧　化	ZnO，NiO，V_2O_5，Cr_2O_3
金　属	加氢、脱氢	Pd，Pt，Ag，Ru，Rh，Ni，Co

分子筛是一种新型的高效能和高选择性的吸附型催化剂，它既可以做为催化剂活性物质，又可做为催化剂载体，在石油化工中有较广泛的应用。离子交换树脂是一种有机离子交换型催化剂，可以催化酸、碱所催化的化学反应，例如酯化、水解、缩合等几十种反应。金属氧化物属于半导体型催化剂，由于可以制成 P、N 型半导体，在升高温度时可以和氧及许多有机分子交换电子，而成为极优的催化剂。但是一般不能用于加氢反应，因为可能被还原

为金属。半导体型金属氧化物催化剂多用于催化氧化反应。金属(特别是过渡金属)是固体催化剂中较为重要的一种，由于它们具有空的 d 电子轨道，所以是有效的加氢、脱氢催化剂，但一般不用于催化氧化反应，因为它们很容易氧化，只有贵金属(如 Pd，Pt，Ag)可以作为氧化反应的催化剂。

4.3.2　多相催化剂的性能

1. 催化剂的选择性(S)

催化剂的选择性是指特定催化剂对某一特定反应起加速作用的性能。其数值为某一反应物转变为目标产物时，理论消耗的物质的量占该反应物实际消耗的总物质的量的百分比。催化剂的选择性和催化剂的组成、制备方法及反应条件等因素有关。

$$S = \frac{\text{目标产物的物质的量}}{\text{某反应物的物质的量}} \times 100\% \tag{4-3}$$

2. 催化剂的活性(A)

在工业上，催化剂的活性是指单位体积(或质量)催化剂在特定反应条件下，在单位时间内所得产物的质量，单位是 h^{-1}。两种表示方法可以利用催化剂的视密度来换算。上述表示法又称为催化剂的负荷。

$$A = \frac{\text{单位时间内产物的质量}}{\text{单位体积(质量)催化剂}} \tag{4-4}$$

对于某催化反应，催化剂的活性还可以利用在特定的气体空时速度下，反应物的转化率或产率来表示。所谓气体的空时速度(GHSV)是指在一定视体积的催化剂上，每小时所通过的反应气体的体积，单位是 h^{-1}。在这里，气体的体积都是换算成标准状态下的体积。

3. 催化剂的寿命

催化剂的寿命是指催化剂在工业反应器中使用的总时间。催化剂在使用过程中，由于温度、压力、气体、毒物的影响，以及焦油或积炭等因素的影响，都会或多或少地使催化剂发生某些物理或化学变化。例如熔解、粉化及结晶结构或比表面积的变化，这些都会影响催化剂的活性部位，从而影响催化剂的活性和选择性。当催化剂的活性下降到一定程度时，并且不能设法恢复其特性时，就需要更换催化剂。

工业催化剂的寿命与反应类型、催化剂的组成和制备方法等因素有关。有些催化剂的寿命可长达数年，有的只有几小时。催化剂使用一定时间后，因活性下降，需要活化再生。这个使用时间称为催化剂的活化周期。

开发高性能、高选择性、长寿命、长活化周期、损失小的催化剂，是目前所有催化反应的重要研究课题。

4.3.3　催化剂的组成

1. 催化活性物质(主催化剂)

催化活性物质是指对反应有良好催化活性的成分，又称为主催化剂，是催化剂的核心。对于具体反应，其催化活性物质是通过大量实验筛选出来的，它通常由一种、二种或三种成分组成。例如，对于强氧反应的催化剂活性组分通常都是 V_2O_5。又如，碳一化学中的 CO_2 催化反应，可用 $Ru_3(CO)_{12}$ 为主催化剂。

$$CO_2 + 4H_2 \xrightarrow[25℃,101.3kPa]{Ru_2(CO)_{12}/Al_2O_3} CH_4 + 2H_2O \tag{4-5}$$

2. 助催化剂

助催化剂本身没有催化活性或催化活性很小，但是能提高催化活性物质的活性、选择性或稳定性。在催化剂中通常都含有适量的助催化剂，助催化剂是在高温下稳定的各种金属氧化物、非金属氧化物、金属盐和金属元素等。

助催化剂根据它所起的作用，分为结构型和调变型两大类。结构型助催化剂的作用是增加催化活性物质微晶结构的稳定性，从而延长催化剂的寿命。调变型助催化剂的作用是使催化剂活性物质的微晶形成晶格缺陷，产生新的活性中心、新的结晶相，使活性物质有不同的催化活性，产生或增加催化剂中晶格间或微晶间活性界面的数目，从而提高催化剂的活性或选择性。一种催化活性物质常常能催化多种单元反应。例如 Al_2O_3 可以催化脱氢、裂解、脱水等反应，但是加入不同的助催化剂则可以突出对于某一特定反应的催化作用。

有机合成工业催化剂大都是多组分的，要区分每一组分的单独作用是困难的，所观察到的催化性能常常是这些组分相互作用的总效应。尽管许多单元反应的催化活性物质是熟知的，但是要制得性能良好的催化剂，必须筛选适当的助催化剂。助催化剂通常是多组分的，而且各组分的含量也不相同，催化剂的许多专利都是和助催化剂有关的。

3. 载体

载体是催化活性物质和助催化剂的支持物、粘接物或分散体。由于使用载体，在催化剂中的催化活性组分和助催化剂的含量可以很低。例如，在铂重整催化剂中，铂的含量只有0.1%～1.0%。当催化活性组分(铂或氧化钍)或助催化剂(例如氧化钍、氧化钼)的价值较贵时，而且它们本身又不能制成机械性能良好的催化剂时，必须使用载体。反之，可以不用载体，例如 Al_2O_3(活性组分)和 ZnO(助催化剂)价格不贵，又可以制成高比表面积的固体。

载体的机械作用是增加催化组分的比表面，抑制微晶增加，从而延长催化剂寿命，使催化剂有足够高的孔隙度、机械强度(硬度、耐磨性、耐压性等)、热稳定性、比热容和导热率。另外，有些载体(Al_2O_3)还常常与催化活性组分发生某种化学作用，改变了催化组分的化学组成和结构，从而改善了催化剂的选择性和活性。

载体可分为高比表面型(多孔型)和低表面型(表面型)两类。高比表面型载体有相当多的微孔和内表面，使反应主要在内表面上进行。例如硅胶 SiO_2、硅铝胶 $SiO_2-Al_2O_3$、氧化铝等，这类载体有较高的催化剂负荷能力，一般直径小于 20nm，比表面积大于 $50m^2/g$。低表面积型载体的平均直径大于 20nm，或者是几乎没有粗孔的小颗粒，例如釉瓷球、刚玉、SiC、浮石或硅藻土等。在催化剂的活性很高时，使用低表面载体可以防止反应物在微孔的内表面上所进行的进一步反应，提高催化剂的选择性。

4.3.4 催化剂的中毒与再生

催化剂因微量外来物质的影响，使其活性和选择性下降的现象称为催化剂的中毒。这些微量的外来物质称为催化剂的毒物。在工业生产上，催化剂的毒物通常来自反应原料，有时也可能是在催化剂制备过程中混入的。由于中毒通过发生在催化活性组分表面的活性中心上，所以很快引起催化剂活性下降。因此，对于具体反应，要认真研究哪些是催化剂的毒物，如何防止催化剂中毒，如何筛选不易中毒的催化剂，如何使中毒催化剂再生，这些问题也是研制催化剂时必须注意的问题。

催化剂中毒是由于毒物与催化活性组分发生了某种作用，遮盖或破坏了催化剂的活性中心。催化剂中毒可分为："暂时中毒"和"永久中毒"两种。暂时中毒时，毒物在活性中心的吸附或化合较弱，可以用简单的方法恢复其活性。永久中毒时，毒物与活性中心结合很强，不能用一般方法使毒物除去，需要更换新鲜催化剂。

为了避免催化剂的中毒，一种新型催化剂在使用前，都应指明哪些物质是毒物，以及这些毒物在反应原料中的最高允许量。当原料中有害物质的含量超过规定时，必须对原料进行精制，或改用其他原料。例如，硝基苯在气相加氢还原制苯胺时，所用 Cu/Al_2O_3 催化剂的毒物是硫，原料硝基苯中的含硫量必须低于 2.5μg/g。因此，在制备硝基苯时，不能用含有噻吩的焦油苯，而应使用含硫量极低的石油苯。

催化剂的暂时中毒，可以用空气、水蒸气或氢气在一定温度下通过催化剂，除去积炭、焦油物或硫化氢等毒物，使催化剂再生。当使用的催化剂活性下降较慢时，使用较长时间才需要进行再生，这时再生过程可以就在反应器中进行。例如，萘氧化制邻苯二甲酸酐反应中的催化剂 $V_2O_5-K_2SO_4/SiO_2$。如果催化剂活化周期短，则需要频繁活化。所以用固定反应器时，就需要用多个反应器，使其中一个反应器进行催化剂的轮换再生。对于流化床反应器，就需要配上一个流化床再生器，进行连续再生。例如氯苯气相水解制苯酚的催化剂 $Ca_3(PO_4)_2/SiO_2$，活性下降很快，使用几分钟即需活化，所以使用 4 台固定床反应器轮换活化，才能保持连续生产。

4.3.5　催化剂的制备

一种优良的催化剂应具有以下性能：①活性高、选择性好、对热和毒物稳定、使用寿命长、容易再生。②机械强度和导热性好。③具有合适的宏观结构，例如：比表面、孔径分布、颗粒度、微晶结构。这些宏观结构既要提供足够的催化表面，又要能使反应物和产物在反应过程中顺利扩散。④制备简单、价格便宜。

在制备催化剂时，常常使用一系列化学的、物埋的、机械的专门处理方法。一种催化剂尽管组分和含量完全相同，但是只要在处理细节上稍有差异，就使催化剂的微观结构改变，从而导致催化性能有很大差异，甚至不符合要求，例如：用于催化苯胺和甲醇 *N*－烃化反应的催化剂 $Cu-Zn-Al_2O_3$。

催化剂的制备方法有以下几种：

1. 干混热分解法

将容易分解的金属盐类（硝酸盐、碳酸盐、甲酸盐、乙酸盐、草酸盐）进行焙烧热分解，制成金属氧化物催化剂。例如天然气脱硫用的 ZnO 催化剂就是由 $ZnCO_3$ 热分解制成的。将几种金属的盐类按比例混合，再加热熔融、焙烧热分解，就可以制得多组分催化剂。

2. 共沉淀法

向可溶性金属盐的水溶液中加入碱性沉淀剂，生成含有催化活性成分、助催化剂成分和载体成分的共沉淀物，然后经过滤、水洗、干燥、挤压成型、焙烧热分解活化，而制成所需要的催化剂。此法是常用的制备方法之一。以 Al_2O_3 为载体或活性组分的各种催化剂一般都是用此法来制备的。

3. 浸渍法

向可溶性盐类的水溶液中加入多孔性载体，当浸渍达到平衡后，除去多余的溶液（通常是完全浸渍），再经干燥、焙烧热分解、活化，制得所需催化剂。此法也是常用的方法之一。以 SiO_2（硅胶）为载体的各种催化剂大都用此法来制备。

4. 涂布法

此法是将含有催化活性成分、助催化剂成分和增稠剂(例如淀粉)的浆状水溶液涂布到低比表面载体上，再经干燥、焙烧、活化，得到所需的催化剂。例如用固定床反应器由邻二甲苯制邻苯二甲酸酐所用的 $V_2O_5-TiO_2$/瓷球催化剂就是用该法制备的。

5. 还原法

用上述方法制得的催化剂，主要成分大都是金属氧化物或金属盐。为了制备含有金属元素催化活性组分的催化剂，可以把共沉淀法或浸渍法制备得的催化剂放到还原反应器中，然后在一定条件下通入 H_2 使某些金属氧化物还原为金属元素。例如，用于硝基苯加氢制苯胺的催化剂 Cu/SiO_2 就是用这种方法制备的。

4.3.6 分子筛催化剂(Molecular Sieve Catalyst)

分子筛本是一种新型的高选择性的吸附剂，近年来广泛应用于化学工业中的催化剂或催化剂载体中。分子筛作为催化剂或催化剂载体时，其特点是选择性高、活性高、抗毒性强、热稳定性好。此外，在某些烃类加氢和脱硫时，分子筛引起的裂化反应小。分子筛常用的型号有 A 型、13X 型、Y 型和丝光沸石等。

1. 分子筛的组成和结构

分子筛也叫泡沸石，是以 SiO_2 和 Al_2O_3 为主要成分的结晶硅酸盐。分子筛的孔道通常被吸附水和结晶水占据，加热失水后可以用作吸附剂。在分子筛晶体内部有许多相同的“孔穴”，孔穴之间又有许多直径相同的孔，也称窗口。由于它具有强的吸附能力，可以将比孔径小的物质分子通过窗口吸附到孔穴内部，而把比孔穴大的物质分子排斥在外部，从而把分子大小不同的混合物分开，就像筛子一样。因此将这种晶体吸附剂称为分子筛。

分子筛的组成物质为：Na_2O，Al_2O_3，SiO_2。由于三者的数量比例不同，而有不同类型的分子筛。根据晶型和组成的硅铝比不同，可以将分子筛分为 A、X、Y、L 等类型。根据孔径的大小，又可将分子筛分为 3A、4A、5A 等型号。常用的几种分子筛的化学组成如下：

4A 型：$Na_2O \cdot Al_2O_3 \cdot 2SiO_2$，13X 型：$Na_2O \cdot Al_2O_3 \cdot 2.5SiO_2$

Y 型：$Na_2O \cdot Al_2O_3 \cdot 5SiO_2$，丝光沸石型：$Na_2O \cdot Al_2O_3 \cdot 10SiO_2$

由此可见，分子筛类型的不同，主要是由于组成中 SiO_2 的含量不同。

为了适应分子筛的各种不同用途，特别是用作催化剂时，需要把分子筛的 Na^+ 交换成其他阳离子，如 Ca、Mg、K 等。分子筛的组成单元是 SiO_4、AlO_4^- 四面体。Si 在四面体的中心，O 原子占据四面体的顶点，见图 4-2(A)，四面体中的 Si 可被 Al 取代而形成铝氧四面体。硅氧四面体或铝氧四面体按一定的方式共用顶点的氧而连接在一起，可以形成链状、环状、层状、笼形骨架。例如四个四面体可形成一个四圆环，见图 4-2(B)。应该指出，SiO_4 四面体中的 Si 是 4 价的，而 AlO_4^- 四面体中的 Al 是 3 价的，它与 4 个氧配位，构成负电性的四面体，为此必须吸附阳离子，如 K^+、Na^+、Ca^{2+} 等，才能保持电中性。这样，每个铝四面体的附近都吸附一个阳离子，使分子筛中的 Na 和 Al 的原子数相同。

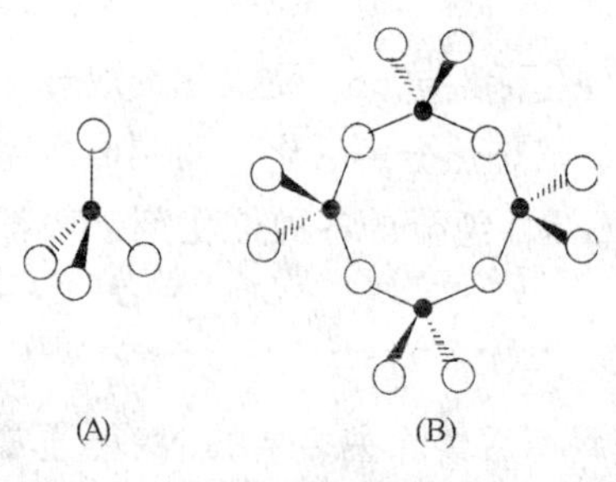

图 4-2 硅(铝)氧四面体和四圆环结构
●为 Si 或 Al；○为氧原子

2. 分子筛产生催化活性的机理

分子筛的催化活性是与其结构有关的。

(1) 分子筛具有空旷的骨架结构，属于多孔物质，可以使分子进入孔内的活性部位进行反应。

(2) 分子筛具有非常大的内表面，比表面积为 600 ~ 1000m^2/g，而且表面有较强的极性，所以对极性分子或可极化的分子具有较强的吸附力。

(3) 分子筛可以作为离子交换剂，其中的 Na^+ 具有离子交换性能。离子交换后可以显著改变其物理化学性能，可以作为良好的吸附剂和催化剂。

(4) 分子筛中的交换金属离子被还原后，处于高度分散的状态，如原子态或微晶态，因而具有较高的催化活性与抗毒性能。

(5) 分子筛具有规则的结晶结构，交换进去的金属离子占据分子筛骨架中的一定位置。离子在不同的位置时，催化活性也不同。因此，分子筛也是研究化学组成、结构和催化活性之间的理想物质。

普通分子筛一般不起催化作用，但是进行离子交换之后，其化学性质有了极大的变化。它和硫酸、磷酸、氯化铝、氟化硼、硅酸铝一样，能够引起正碳离子型反应，广泛用于石油加工及化学工业的酸催化反应中。因此，分子筛属于酸性催化剂，之所以能加速酸催化反应的原因，是由于催化剂中产生了质子酸(Brønst 酸)的酸性中心或非质子酸(Lewis 酸)的酸性中心。

3. 分子筛催化剂的制备

分子筛催化剂的制备分两部分：分子筛的制备和离子交换。

(1) 分子筛的制备：将胶体硅酸、铝酸钠、碳酸钠或氢氧化钠，按一定比例配成一定浓度的液体，加热和搅拌，可以制得分子筛。既可以在高压釜中进行，也可以在常压下进行。反应温度和时间的范围都较大。从工艺上分为：溶液配制、混合结晶、过滤水洗、干燥、研磨过筛、成型和干燥活化。

(2) 离子交换：多价阳离子分子筛是用多价金属盐溶液或金属盐与钠分子筛交换而成。离子交换的方法有：热压釜中交换法、分子筛填充柱交换法、熔融交换法和浸渍交换法。

4. 介孔分子筛的合成及应用简介

介孔是指孔径在 2 ~ 50nm 范围的孔。1992 年美国 Mobil 公司首次合成出了 M41S 系列介孔分子筛，其规整的有序孔道和狭窄的孔径分布，对于一些大分子物质的吸附分离、重质油的催化裂化，显示出广泛的应用前景。同时介孔分子筛的纳米级孔道，可作为纳米粒子的“微型反应器”，迅速引起了材料科学、催化科学等领域学者的高度关注。目前合成的介孔分子筛按结构可分为 6 类：六方相 MCM - 41，立方相 MCM - 48，层状不稳定的 MCM - 50，六方相 SBA - 1，三维六方结构的 SBA - 2，无序排列的六方结构 MSU - n 型。向介孔分子筛 M41S 系列中引入金属、金属氧化物、有机物等催化活性物质，可以制备出新型的催化剂，在某些催化氧化反应中具有独特的择形催化功能。

4.3.7 离子交换树脂催化剂(Ion - exchange Resin Catalyst)

除分子筛外，离子交换树脂是另一类应用较广的催化剂，广泛用于酸、碱催化的反应中。实际上，分子筛属于无机离子交换剂，而离子交换树脂则属于有机离子交换剂。用离子交换树脂作催化剂，与酸、碱均相催化相比，有许多优点：①反应物与催化剂容易分离；②减少了对反应器的腐蚀；③减少副产物，简化生产设备和提高生产率。

长期以来，人们为了改进离子交换树脂的催化性能，对树脂的结构进行了大量的研究，其中合成大孔径离子交换树脂就是一个研究方向。有机大孔树脂的孔径可达几百到几千纳米，比表面积可达几十到几百 m^2/g。因此，离子交换树脂不仅可以催化低分子化合物的反应，而且还能催化高分子的反应。

1. 离子交换树脂的结构和分类

离子交换树脂是具有交联结构的不溶性高分子电解质。它包含 3 个基本组成部分，即：交联结构的高分子骨架、官能团和可交换的离子。该离子能与液相中带有相同电荷的离子进行交换反应，如图 4－3 所示。

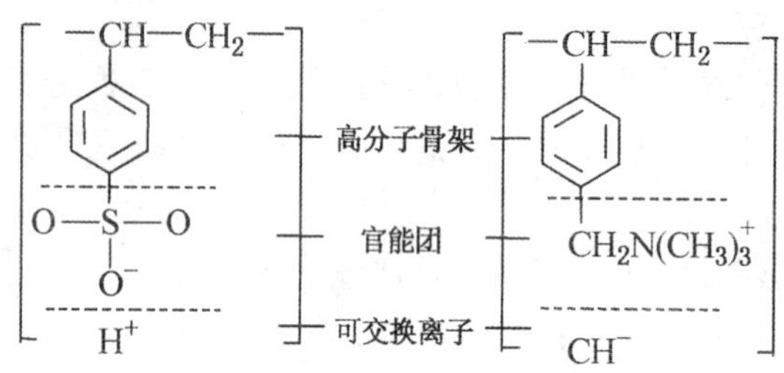

图 4－3　离子交换树脂结构

离子交换树脂应满足两个基本条件：①应具有一定的机械强度和不溶解性；②应具有足够的离子交换能力(包括再生能力)。当作为催化剂时，还要有特殊要求。在应用时，可以将离子交换树脂制成粒状、膜状或流体。

离子交换树脂按其所带官能团的电荷性质及离解程度的大小，可分为 5 类，即：①阳离子交换树脂，指不溶性高分子骨架上带有酸性基团的离子交换树脂，例如—SO_3H、—COOH、—OH、—PO_3H_2等。根据酸性基团中 H^+ 的离解度的大小，可分为强酸性(如—SO_3H、—COOH)，弱酸性(如—OH)及中等酸性(如—PO_3H_2)阳离子交换树脂。②阴离子交换树脂，指不溶性高分子骨架上带有碱性基团的离子交换树脂，例如═NOH、≡N、═NH、—NH_2等。其中可分为强碱性(如═NOH)、弱碱性(如—NH_2)两种阴离子交换树脂。③电子交换树脂，即氧化还原树脂。④螯形离子交换树脂。⑤两性离子交换树脂。

2. 离子交换树脂催化剂的基本概念

(1) 离子交换效率：它代表了离子交换树脂的催化活性。对于同一反应体系，当所用催化剂离子的浓度相等时，非均相(用离子交换树脂)催化体系的反应速率和均相(用酸、碱)催化体系的反应速度之比，称为离子交换效率(q)。它可以大于 1，也可以小于 1，决定于催化剂本身的性质和溶剂的性质。例如反应

$$AB \longrightarrow A + B \tag{4-6}$$

在均相系统中的反应速率为

$$-\frac{d[AB]}{dt} = k_1[AB] \tag{4-7}$$

在离子交换树脂参与下的非均相反应速率为

$$-\frac{d[AB]}{dt} = k_2[AB] \tag{4-8}$$

上两式中的 k_1 和 k_2 分别为均相和非均相反应的速率常数。

离子交换效率为

$$q = \frac{k_2}{k_1} \tag{4-9}$$

实际上，q 就是非均相和均相反应的速率常数之比，代表了离子交换树脂的催化效率。

(2)特性比例：它代表了离子交换树脂的选择性。对于相同化学反应级数的两个转变物质，其离子交换效率之比称为特性比例。假如两个转变物质与催化剂同时接触催化，则特性比例 γ 为

$$\gamma = \frac{q_1}{q_2} \tag{4-10}$$

改变反应条件，可以不同程度地按混合组分的比例影响离子交换效率。改变特性比例，引起了一种物质比另一种物质更有完全的转化。

影响离子交换效率的因素有：①树脂催化剂和反应物的性质；②反应物在树脂和溶液之间的分配系数；③加入到反应系统中的溶剂本性。

利用离子交换树脂为催化剂的化学反应，其催化反应区域是在树脂的“微孔”内进行的。因此，离子交换树脂催化反应速率与反应物分子的大小和离子交换剂“微孔”的比例有关。“微孔”愈多愈大的树脂，反应物愈容易扩散进去，反应速率愈快，反应物也容易通过树脂相回到溶液中。除此之外，影响催化反应速率的因素还有催化剂中可交换的催化活性离子浓度、树脂的粒度、反应温度、搅拌等。

4.3.8　金属氧化物催化剂(Metal Oxide Catalyst)

金属氧化物是半导体型的固体催化剂，广泛用于催化氧化类型的反应中。如萘催化氧化合成苯酐的反应催化剂为 V_2O_5。由于半导体的电子能带结构比较清楚，因此可用能带的概念来解释金属氧化物的催化作用，见图 4-4。能带反映了半导体整体的电性质，能够描述半导体催化剂与反应分子间电子传递的能力。可以解释催化剂从反应物得到电子，或将电子给予反应物分子。但是，没有解释催化剂和反应分子间的化学键性质，而这点对催化反应是很重要的。

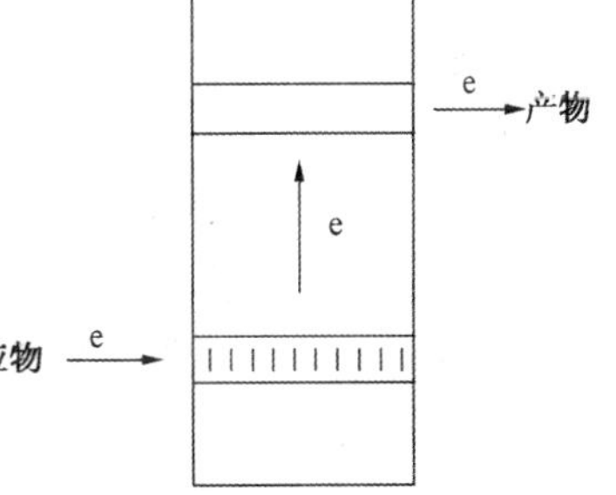

图 4-4　半导体催化氧化反应的机理示意图

金属氧化物催化剂可分为非计量型和计量型两类。

1. 非计量型金属氧化物催化剂

它是一种固体，其中某一元素的组分按化学计量或多一些或少一些。例如 ZnO 中的 Zn 和 O 的原子数目比不是1:1，Zn 比 O 多一些。在非计量化合物中可掺入杂质，也属于半导体催化剂范畴。下面分 5 种情况加以介绍。

(1) 含过量正离子的非计量化合物：例如 ZnO，其中 Zn 过量，过量的 Zn 出现在晶体内的晶隙中，见图 4-5。由于晶体要保持电中性，所以间隙离子 Zn^+ 拉住 1 个电子在附近，形成 eZn^+。这个电子在晶体中基本属于 Zn^+，温度稍增加，该电子即会脱离 Zn^+，成为较自由电子，所以称为准自由电子。温度升高时，准自由电子数目增加。这种半导体称为 N 型半导体，间隙原子 eZn^+ 称为施主。

(2) 含过量负离子的非计量化合物：这种化合物较少，主要是由于负离子半径比较大，不易容纳在晶体孔隙中。

(3) 正离子缺位的非计量化合物：如 NiO，其中正离子 Ni^{2+} 缺位，见图 4-6。出现 1 个

缺位"□"，就相当于少2正电荷，因此附近的两个Ni^{2+}价态发生了变化，以保持晶体的电中性，即：

$$\square + 2Ni^{2+} \longrightarrow 2Ni^{3+} \text{或} Ni^{2+}\oplus \quad (4-11)$$

温度增高时，空穴"⊕"数目增加，并形成导电性的化合物，这种半导体称为P型半导体。

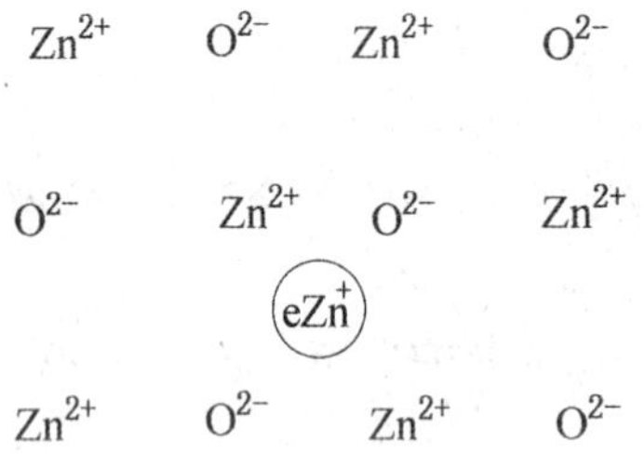

Zn^{2+} O^{2-} Zn^{2+} O^{2-}

O^{2-} Zn^{2+} O^{2-} Zn^{2+}

eZn^{+}

Zn^{2+} O^{2-} Zn^{2+} O^{2-}

图4-5 ZnO中含过量的Zn
（Zn原子以eZn^{+}表示）

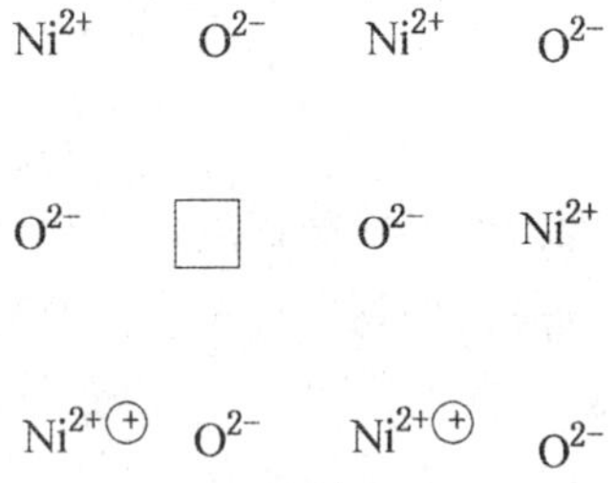

Ni^{2+} O^{2-} Ni^{2+} O^{2-}

O^{2-} □ O^{2-} Ni^{2+}

$Ni^{2+}\oplus$ O^{2-} $Ni^{2+}\oplus$ O^{2-}

图4-6 NiO中的Ni缺位
（□表示缺位）

（4）负离子缺位的非计量化合物：例如V_2O_5，其中氧原子缺位，见图4-7。

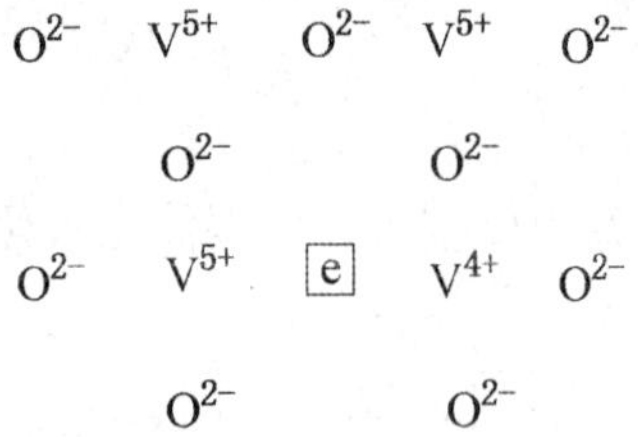

O^{2-} V^{5+} O^{2-} V^{5+} O^{2-}

O^{2-} O^{2-}

O^{2-} V^{5+} [e] V^{4+} O^{2-}

O^{2-} O^{2-}

图4-7 V_2O_5中的氧原子缺位

V_2O_5中的O^{2-}缺位时，缺位"□"要束缚1个电子，形成"[e]"，且附近的V^{5+}变成V^{4+}，以保持晶体的电中性。"[e]"，通常称为F中心，其束缚的电子随温度的升高可更多地变成准自由电子，因此，V_2O_5是N型半导体，F中心为施主。

（5）含杂质的非计量化合物：例如NiO中掺入Li^{+}。当掺入的Li^{+}量少时，将导致NiO的体积膨胀，导电率下降。掺入量超过一定值后，NiO体积缩小，导电率又上升。如果NiO中引入的杂质价态比Ni价态高，例如Cr^{3+}，一般会使NiO的导电率降低。

2. 计量化合物

例如Fe_2O_3、Co_3O_4等，它们具有尖晶石型结构。由于这种计量化合物中没有施主和受主，晶体中的准自由电子或准自由空穴不是由施主或受主提供出来，这种半导体称为本征型半导体。

4.3.9 金属催化剂（Metal Catalyst）

金属催化剂是多相催化剂中的较大一个门类。过渡金属及许多其他金属都可作为催化剂。过渡金属是有效的加氢、脱氢催化剂，见表4-2，尤其是Ⅷ族元素应用更广，Pt和Pd就是其中用途最广的金属。以固体金属作为催化剂时，既可以是单组分的金属，也可以是多组分的合金。它们都可以制成载体型的，例如Pd-Au-SiO_2（1∶4∶95）。由于Ⅷ族元素价格贵，所以常采用载体，其最大好处是成本大大下降了，而且催化剂易与产物分离并可回收催化剂，同时金属颗粒不易烧结。可被金属催化的一些有机反应列于表4-2中。

在反应中，金属催化剂先吸附一种或多种反应物分子，从而使反应物在金属表面发生化学反应。一般地，处于中等吸附强度的化学吸附分子有最大的催化活性。因为吸附太弱，使分子改变很小，不易参与反应。而太强的吸附，又会生成稳定的中间化合物，将催化剂表面覆盖，也不利于反应进行。过渡金属催化剂，规律比较明显。一般说，过渡金属的性能按周期表中的从左到右的顺序递减，这主要是由于过渡金属 d 轨道充填程度依次增加的缘故。Ⅷ族元素(Fe，Co，Ni，Ru，Rh，Pd，Os，Ir，Pt)由于 d 轨道中电子数目未充满，所以具有较高的催化活性。

金属的吸附作用是产生催化活性的主要原因。所以经常测定金属的单层吸附量(用 H_2)，同时采用电子显微镜和 X 衍射测定金属表面的晶格、粒度情况。

表 4－2　金属催化的一些有机反应

有机反应	金属催化剂	有机反应	金属催化剂
烯烃加氢	Ru，Rh，Pd，Pt，Ni	乙烯氧化为环氧乙烷	Ag
芳烃加氢	Pt，Rh，Ru，W，Ni	其他烃类氧化	Pd，Pt
羰基加氢	Pt	醇和醛的氧化	Ag，Pt
腈类加氢	Co，Ni		

§4.4　多相催化反应器

4.4.1　实验用多相催化反应器

一个多相催化反应的实际应用，必须经过实验室工作。因为多相催化理论还不十分完善，许多有关多相催化反应的问题都需要经过实验来完成。例如：催化剂的性能、反应动力学行为、反应条件的优化等。所以有必要了解实验室常用的几种多相催化反应器。

1. 间歇反应器(Batch Reactor)

间歇反应器的特征是：反应物和催化剂一次加入，反应体系与外界没有物质交换。如果将反应器与一气体或液体循环泵相连接，则称为循环间歇反应器。在该反应器中，强制气体或液体循环流动，以达到反应混合物在反应器内呈均匀分布状态。

间歇反应器多用于有物质的量变化，即有压力或体积变化的多相反应。所以在装置中常常连接有压力计或膨胀计。在实验时可以根据压力 P 与反应时间 t 的关系，测定催化反应的速率。设反应器中的反应为：

$$a_1A_1 + a_2A_2 + \cdots + a_mA_m \longrightarrow b_1B_1 + b_2B_2 + \cdots + b_nB_n \tag{4-12}$$

而且 $a_1 + a_2 + \cdots + a_m \neq b_1 + b_2 + \cdots + b_n$，反应速率可表示为

$$r = -\frac{1}{Sa_i} \cdot \frac{\mathrm{d}n_{\mathrm{A}i}}{\mathrm{d}t} = \frac{1}{Sb_j} \cdot \frac{\mathrm{d}n_{\mathrm{B}j}}{\mathrm{d}t} \tag{4-13}$$

式中，S 为催化剂表面积；$n_{\mathrm{A}i}$、$n_{\mathrm{B}j}$是相应反应物 A_i、B_j的物质的量。设总物质的量 n 为：

$$n = \sum_{i=1}^{m} n_{\mathrm{A}i} + \sum_{j=1}^{m} n_{\mathrm{B}j} \tag{4-14}$$

联立上述两个方程式，则有：

$$\frac{\mathrm{d}n}{\mathrm{d}t} = \left(-\sum_{i=1}^{m} a_i + \sum_{j=1}^{n} b_j\right) \cdot S \cdot r \tag{4-15}$$

即：

$$r = \frac{1}{\left(-\sum_{i=1}^{m} a_i + \sum_{j=1}^{n} b_j\right)S}\left(\frac{\mathrm{d}n}{\mathrm{d}t}\right) \tag{4-16}$$

在实验时，反应器(Reactor)、压力计(Manometer)和连接管(Draw tube)中都充满气体，设 n_r，V_r，T_r，n_m，V_m，T_m，n_d，V_d，T_d 分别为反应器、压力计、连接管中气体的物质的量、体积、温度，则根据理想气体定律，有：

$$n = n_r + n_m + n_d = \frac{P}{R}\left(\frac{V_r}{T_r} + \frac{V_m}{T_m} + \frac{V_d}{T_d}\right) \tag{4-17}$$

式中，P 是反应体系的压力(各处是相等的)。对上式微分，则有：

$$\frac{dn}{dt} = \frac{1}{R}\left(\frac{V_r}{T_r} + \frac{V_m}{T_m} + \frac{V_d}{T_d}\right)\frac{dP}{dt} \tag{4-18}$$

联立式(4-16)和式(4-18)，则：

$$r = \frac{1}{\left(-\sum_{i=1}^{m} a_i + \sum_{j=1}^{n} b_j\right)SR}\left(\frac{V_r}{T_r} + \frac{V_m}{T_m} + \frac{V_d}{T_d}\right)\cdot\frac{dP}{dt} \tag{4-19}$$

由此，反应式(4-12)的速率便可由总压力 P 与时间 t 的数据求出。

在测定动力学数据时，间歇反应器的最主要优点是直接给出以时间为自变量的动力学数据。但是由于反应物的混合需要一定时间，因而一般只适用于一些慢反应的场合，同时也不容易判断和估计传质对多相催化反应速率的可能影响。为了克服这个不足，可以将间歇反应器与一气体循环泵相连结，构成一种循环间歇反应器。该反应器的优点是，当气体循环速度远大于多相催化反应的速率时，反应气体从体相向催化剂外表面的传递对反应速率的影响是可以忽略的。循环间歇反应器中反应速率表达方式仍如方程(4-19)所示。

对于没有物质的量变化，即 $\Sigma a_i = \Sigma b_i$ 的催化反应，应选择适当的分析方法(如光谱法等)来测定气体混合组成的变化。反应速率表示应为：

$$r_{Ai} = -\frac{V_r}{SRT_r}\left(\frac{dP_{Ai}}{dt}\right) \tag{4-20}$$

式中，P_{Ai} 为气体混合物中 A_i 组分的分压。

2. 积分反应器(Integral Reactor)

图4-8是积分反应器的图解，反应器一般呈内径均匀的管状，催化剂颗粒均匀地分布在两个惰性固体颗粒层之间。惰性固体层的作用是固定催化剂，同时又使反应气体进入催化剂层之前得到预热或预冷却。在积分反应器中，反应混合物的组成是沿催化剂床层的轴向非线性变化的，因此，反应器出口的组成浓度或转化率具有“积分”性质，这就是积分反应器名称的由来。

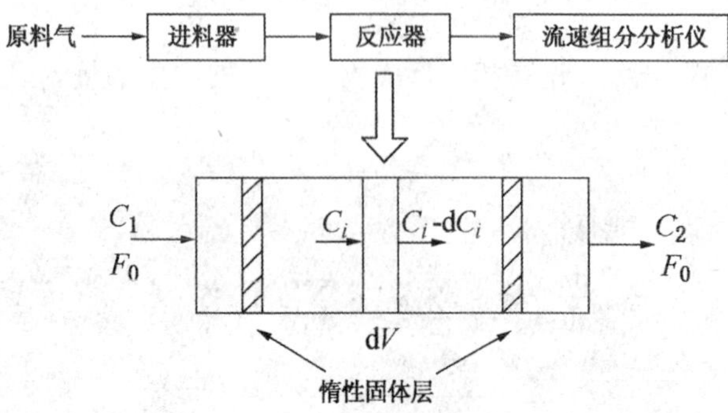

图4-8　积分反应器的图解

积分反应器是一种连续反应器，其反应速率如何测定呢？假定反应气体以活塞流的形式通过催化床并发生反应，则在催化剂床中任一体积元 dV 内的物料平衡(见图 4-8)为：

$$\frac{\partial C_i}{\partial t}\mathrm{d}V = F_0\mathrm{d}C_i - r\mathrm{d}V \tag{4-21}$$

在式(4-21)中，F_0为气体混合物的总流速；C_i为组分 i 的浓度；$F_0\mathrm{d}C_i$代表单位时间内反应物 i 通过体积元 $\mathrm{d}V$ 的净流量；$r_i\mathrm{d}V$ 代表在 $\mathrm{d}V$ 内单位时间反应的量。当体系达到稳定时，方程式左边所代表的单位时间内组分 i 的积累量等于零，即：

$$F_0\mathrm{d}C_i - r_i\mathrm{d}V = 0 \tag{4-22}$$

所以反应速率为：

$$r_i = F_0\frac{\mathrm{d}C_i}{\mathrm{d}V} \tag{4-23}$$

如果设 $C_{i,0}$为反应物 i 的起始浓度，反应物 i 的流速为：

$$F_i = F_0C_{i,0} = F_0\frac{C_i}{1-x_i} \tag{4-24}$$

式(4-23)也可表示为：

$$r_i = -F_i\frac{\mathrm{d}x_i}{\mathrm{d}V} \tag{4-25}$$

积分反应器是一种常用的催化反应器，因为它类似于工业反应器。从动力学观点讲，仪器设备简单，不要求高灵敏度的分析方法，因而可选用的分析方法较多。它的突出缺点是催化剂床层的等温性差，特别是当反应热效应大的时候。

3. 微分反应器(Differential Reactor)

可以设想，当积分反应器中的催化剂床很薄时，反应混合物组成沿催化剂床轴向的变化近似为线性，这种反应器称为微分反应器。其仪器装置与积分反应器相同(图 4-8)，只是反应管管径较小，催化剂用量较小而已。一般认为，当转化率小于 5% 时，就可以把固定床反应器视为微分反应器。此时，反应速率的表达方式可简化为：

$$r_i = \frac{C_i - C_{i,0}}{V/F_0} = F_0\frac{C_i - C_{i,0}}{V} \tag{4-26}$$

由于转化率低，产物浓度对速率的影响可以忽略，所以使得有关动力学数据的处理大大简化。另外，由于转化率低，热效应小，因而催化剂床层的等温性比较容易控制。正是由于微分反应器的以上优点，人们广泛用来研究多相催化反应动力学。

微分反应器的缺点是需要高灵敏度的分析方法，同时低转化率也不利于各种动力学模型间的统计判断。

4.4.2　工业用催化反应器

多相催化反应器比均相反应器要复杂许多。这主要是由于固体催化剂的传质、传热等因素造成的。在大多数情况下，工业用多相催化反应器应该保证工艺所要求的最基本参数维持稳定。主要参数有：反应物与催化剂的接触时间、反应器内各点的温度、反应器中的压力、反应物向催化剂表面传递的速度、催化剂的活性等。同时，工业用反应器还应满足一些基本要求，例如最大的操作强度、最高的产品收率、最小的流体阻力、最有效的利用热能、操作方便、建设费用低等。工业用多相催化反应器主要分两大类：固定床和流化床式反应器。

1. 固定床催化反应器

在多相催化反应中，颗粒状固定床反应器应用最为广泛。其主要优点有：结构简单，建设费用低，操作方便；催化剂在固定床中磨损少，而且催化剂的形状和大小可在很大范围内选择，接触时间可以大幅度的变化，能适合很快和很慢的化学反应；一次通过的转化率高，有利于未反应原料的循环利用。固定床反应器的主在缺点是：不利于采用寿命短的催化剂，在催化剂的轴向和径上有较大的温度梯度，当床层较厚或空速较大时，压力降增加，动力消耗大。为了解决这些问题，采取了许多技术措施，例如改进催化剂的放置方法和反应热的交换方法，所以出现了各种结构的反应器。

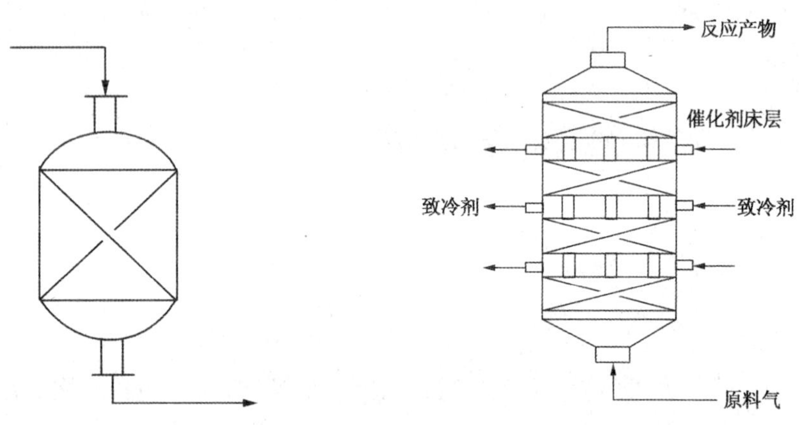

图 4 - 9　单层绝热式反应器　　图 4 - 10　多段绝热式反应器

(1) 单层绝热式反应器：又称容积式反应器，见图 4 - 9。它是绝热式反应器中最简单的一种，多数采用金属材料制成圆筒，筒的下部有一格板，将催化剂堆放在上面。反应气体从上部进入，通过催化剂层后，由下部流出反应产物。该反应器结构简单，空间利用率高，但是没有换热设备，从而使它的应用范围受到限制，只适用于热效应不大的反应，例如乙烯水解制乙醇、丁烷脱氢制丁烯。

(2) 多段绝热式反应器：当反应热效应较大时，常常采用多段绝热式反应器，例如图 4 - 10所示。反应器中有若干层隔板，颗粒状催化剂均匀分布在隔板上。催化剂床层之间装有列管式热交换器。反应气体从下部进入，交替催化床层进入热交换器。反应产物从上部流出，再进行回收、分解和精制。

(3) 列管式反应器：列管式反应器在石油化工中应用较广泛，特别适用于强烈的放热反应，例如烃类的氧化反应，其结构见图 4 - 11。该反应器是将许多单个反应管并联起来，并入反应器壳体内。反应管的管径大小及载热体的选择和循环方式是该反应器最关键的问题。一般地，反应管都是由热导系数大的金属制成，而且管径越小，温差越小。但是管径越小，管数就要增加，设备费用增加，催化剂装卸也不方便，流体阻力也大。所以，工业上采用的管径一般为 20 ~ 30mm。载热体可采用水、饱和水蒸气、加压水、矿物油、联苯、联苯醚、熔盐等。常用的循环方法有沸腾法、内部和外部强制循环法等，见图 4 - 11。

列管式反应器的优点有：反应气通过催化剂床层接近活塞流，返混小，催化剂选择性高，容易掌握放大规律。缺点有：结构复杂，加工不方便。特别是大型反应器，要有几千根到几万根管子。

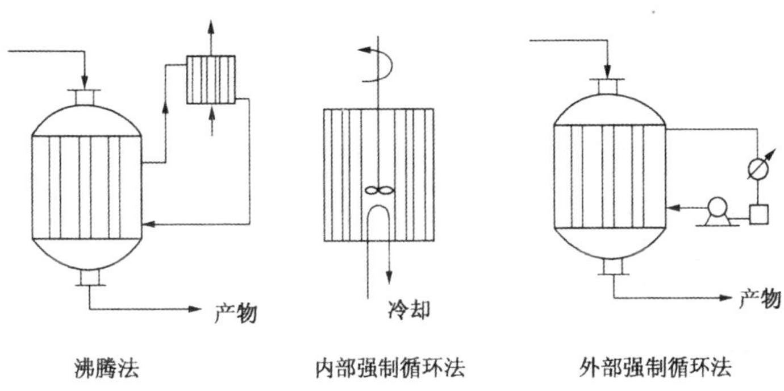

图 4-11　列管式反应器及载热体的循环方法

(4) 其他类型反应器：固定床反应器的类型较多，除上述 3 种外，还有本身热交换型反应器、径向反应器、薄层反应器，它们都有各自的优缺点，分别适用于不同类型的反应。

2. 流化床催化反应器

从多相催化角度上看，流化床反应器可以改善催化工艺、发挥催化剂的更大效能，以达到提高产量和降低成本的目的，在精细有机合成中的应用日益增加。按催化剂床层的数目，可将流化反应器分为单层反应器和多层反应器；根据热交换形式，可分为没有内部交换单元的反应器和有内部热交换单元的反应器。图 4-12 是单层有内部交换单元的反应器，这种反应器对不可逆放热反应特别有利，例如萘氧化制邻苯二甲酸酐的反应。它主要由扩大段、反应段和圆锥体组成。

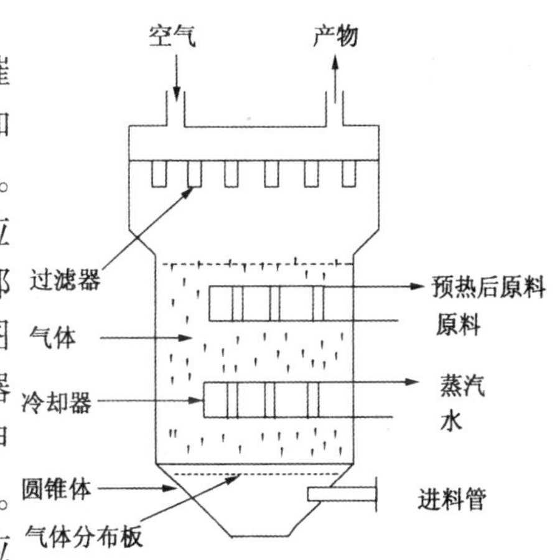

图 4-12　萘氧化的流化床反应器示意图

萘蒸气和空气的混合物由下部的圆锥体进入反应区，并与催化剂(V_2O_5)接触进行反应。反应区有冷却器以取走反应热。反应后的气体混合物经过热交换器冷却到所需温度后，经过多孔陶瓷制成的过滤器，使气体与夹带的催化剂分开。

§4.5　多相催化反应的应用

多相催化反应的应用领域较广，包括精细化工、石油化工、环境保护等。本节介绍一些多相催化反应在精细化工中的应用例子。

4.5.1　人造奶油的生产(催化加氢)

人造奶油由于脂肪含量低，味正，而受到人们的普遍欢迎。自然界中具有许多种营养价值高的油料，它们可以经适当的处理，成为人造奶油等可食用的营养品。油料一般来源于植物组织和动物组织，例如橄榄油、蓖麻子油、豆油、鱼肝油等。这些油类经过催化加氢反应，可以使混合物分子上的不饱和键饱和，消除怪味，改变物理状态。其中豆油是一种产量最大的油料，它的大致组成如下：

亚麻酸(三不饱和键)：8%；亚油酸(二不饱和键)：50%；油酸(一不饱和键)：27%；硬脂酸：4%；棕榈酸：10%；其他：1%

其中前三种都是含有不饱和双键的羧酸。加氢处理的目的是尽量减少亚麻酸的含量，适当减少亚油酸的含量，从而增加油酸的含量，但又不能生成太多的硬脂酸和反油酸。所以应该选择有控制的部分加氢反应来完成上述过程。

在实际生产中，食用油加氢反应大多采用间歇式操作的多相催化反应工艺，固体催化剂有 Ni 和 Cu。Ni 催化加氢的选择性好，但也是较好的顺反异构化催化剂，从而使不需要的亚油酸含量增加，见图 4－13 的豆油典型 Ni 催化加氢进程图。近年来研究的 Cu 催化剂，其优点是对单烯烃(油酸)的还原无活性，而且双键数越多，还原性越大。但是产物中残留的痕量铜可以催化不饱和化合物的自氧化，使产物气味变坏。在间歇式反应器中，氢气、油料和催化剂(Ni/硅胶等)有较好的接触，反应温度为 180℃左右。反应完成后，停止供氢，温度降到 100℃以下，将产物和催化剂微粒分离。

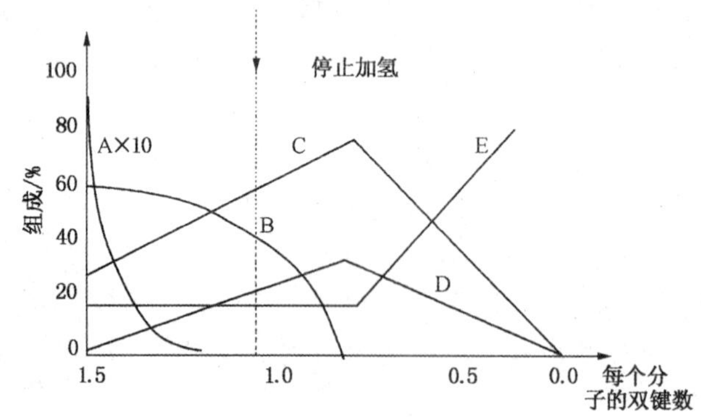

图 4－13　豆油在 Ni 催化剂上的加氢过程

A—亚麻油；B—亚油酸；C—油酸和异油酸；D—反油酸；E—硬脂酸

4.5.2　催化酯化反应

工业上的酯化反应多采用浓硫酸作催化剂，但由于浓硫酸腐蚀设备，产物分离费用高，副产物多，环境污染严重，所以近年来人们开始重视固体强酸性催化剂在酯化反应中的应用，取得了较好的效果。

1. 氯乙酸乙酯的合成

氯乙酸乙酯常用作有机溶剂，医药中间体及有机合成的原料。固体超强酸 $Ni-TiO_2/SO_4^{2-}$ 对催化合成氯乙酸乙酯是一个效果良好的催化剂(见湖南化工，1995，1:36)。用氯乙酸和乙醇为原料，环己烷为带水剂，加热回流反应，产率可达 89.8%，固体催化剂可回收循环使用，反应式为：

$$ClCH_2COOH + C_2H_5OH \xrightarrow{催化剂/\triangle} ClCH_2COOC_2H_5 + H_2O \qquad (4-27)$$

2. 羧酸酯化

活性 SnO－ZnO 固体催化剂可以催化许多种脂肪酸或芳香酸与醇的酯化反应，生成相应的羧酸酯(化学世界，1995，3:138)，而且选择性高，副反应少，催化剂容易分离，对设备无腐蚀，酯化反应产率列于表 4－3 中。从表中可以看出，SnO－ZnO 固体催化剂对脂肪酸的酯化反应有很好的催化效果。而芳香酸的酯化效果略有下降，尤其是苯环上有供电子基团(如氨基)时，酯化产率明显下降；当苯环上有吸电子基团(如硝基)时，则酯化产率又明显上升。

表4-3 羧酸在SnO-ZnO催化剂下的酯化反应产率 %

反应物	产率	反应物	产率
邻苯二甲酸	71.2	十一烯酸	99.9
偏苯三甲酸	66.1	十二烯酸	99.9
对硝基苯甲酸	97.5	十八烯酸	99.9
对氨基苯甲酸	20.6	己二酸	99.9
油酸	99.8	顺丁烯二酸	99.9

3. 糠酸酯的合成

糠酸酯也称呋喃甲酸酯，具有令人愉快的水果香味，广泛适用于食品、化妆品和烟草中。常规合成方法是在浓硫酸催化下反应，但是高温产生大量树脂类化合物，使产品颜色变深，有异味。如果用ZSM-5固体分子筛为催化剂合成糠酸酯，产品质量明显变好，而且催化剂用量小，无环境污染(精细石油化工，1995，1:38)。以乙醇为例，反应式为：

$$\text{(呋喃环)}-COOH + CH_3CH_2OH \xrightarrow{\text{ZSM-5}} \text{(呋喃环)}-COOCH_2CH_3 + H_2O \quad (4-28)$$

收率可达90%以上，生成的水可由过量的乙醇或加入的苯带出，催化剂可循环使用。

4.5.3 丙烯腈的合成

丙烯腈是合成纤维、橡胶、塑料的重要原料。它的合成一般采用丙烯氨氧化法，即：

$$CH_2=CH-CH_3 + NH_3 + \frac{3}{2}O_2 \xrightarrow[440℃]{\text{Cat}} CH_2=CHCN + 3H_2O \quad (4-29)$$

采用的催化剂有钼酸盐系列、含锑和含碲系列三种催化剂。反应器为固定床或流化床式，工艺方法有Ohio、OSW、SNAM等。上述反应工艺的丙烯腈收率为60%~75%。

近年来，由于丙烯原料的限制，以丙烷为原料合成丙烯腈的新工艺开始得到重视，反应式为：

$$CH_3CH_2CH_3 + NH_3 + 2O_2 \xrightarrow[500\sim1000℃]{\text{Cat}} CH_2=CHCN + 4H_2O \quad (4-30)$$

该方法工业化的关键是催化剂。目前研究较多的催化剂有：Bi-V-Mo-O、V-Sb-O、Ce-Mo-O等(精细石油化工，1995，1:45)。但是反应的转化率(60%)、收率(35%)和选择性(25%)还无法和丙烯法相比，而且反应温度较高。所以丙烷法的工业化还需要一段时间。但是由于丙烷来源丰富，价格低廉，该工艺仍具有很大的竞争力和发展前景。

习 题

1. 什么是催化剂，催化剂的作用是什么？
2. 论述多相催化的活性点或活性部位理论。
3. 在拟定多相催化反应历程时，应遵循哪些原则？
4. 固体催化剂分几类？各对哪几种反应有催化作用？
5. 催化剂中毒分几种类型？如何才能恢复催化剂的活性？
6. 多相催化剂应具备哪些性能？

7. 常用的制备固体催化剂方法有哪些?

8. 硝基苯气相固定床加氢生产苯胺，反应式为:

$$PhNO_2 + 3H_2 \xrightarrow{Cu/浮石} PhNH_2 + 2H_2O$$

每2h生产1t苯胺，所用硝基苯1.35t，氢气70kg，Cu/浮石催化剂12kg，求该催化剂的选择性及活性各是多少?

9. 固相催化剂由哪些部分组成?各部分有何作用?举两例说明。

10. 什么是分子筛催化剂?结构有何特点?

11. 什么是离子交换树脂?结构有何特点?催化机理如何?

12. 什么是离子交换树脂的离子交换效率和特性比例?它们表示的是什么性能?

13. 指出下列几种金属氧化物的半导体类型及载流子:

ZnO　　NiO　　V_2O_5　　Fe_2O_3

14. 金属催化剂为什么可以催化加氢或脱氢反应?为什么Ⅷ族元素是较好的金属催化剂?

15. 什么是积分反应器和微分反应器?它们是如何进行动力学研究的?

16. 查文献，综述丙烷法合成丙烯腈的进展情况。

第5章 均相配位催化有机合成

均相配位催化是近40多年发展起来的催化技术。特别是用于烯烃、二烯烃聚合和齐聚的Ziegler－Natta型催化剂的应用，引起了人们的广泛兴趣，该催化剂发明人K. Ziegler和G. Natta还获得了1963年的诺贝尔化学奖。

从实用角度上看，均相配位催化的发展和两个因素有关：

① 以煤为主要原料的C_1化合物和以石油、天然气为主要原料的烯烃化合物的综合利用，要求开发高活性的催化剂以抵消这类化合物较低的化学反应活性。

② 均相配位催化可在低温、低压下操作，而且效率较高，比使用高温、高压、选择性又不好的多相催化剂有明显的优越性。

与多相催化剂相比，均相催化剂有许多优点，见表5－1。

表5－1 均相与多相催化比较

项 目	均相催化	多相催化
催化剂形态	可溶性过渡金属配合物	负载在无机氧化物上的金属或金属氧化物
催化剂热稳定性	低	高
反应相	液	气/固
温 度	<200℃	250～550℃
催化活性	低	高
反应选择性	高	低
催化剂分离	困难	容易
反应机理	能在分子水平上解释	不能在分子水平上解释

均相配位催化剂多是过渡金属的配合物、原子簇和金属有机化合物等，这些不同的催化剂可以催化不同类型的有机合成反应，下面分别进行介绍。

§5.1 均相配位催化剂

均相配位催化反应的奥秘在于催化剂可以提供金属原子的各种价态，并且能与多种配位体以共价键或配位键的形式相结合，形成各种功能的催化剂。均相配位催化剂都是分子态的，能与反应物分子发生特定的一系列基元反应，并通过催化循环得到目的产物，重新生成催化剂。按照配合物的形式，可以将均相配位催化剂分为以下4种类型。

5.1.1 Werner配合物

A. Werner(1866～1916，瑞士化学家，1913年诺贝尔化学奖获得者)，于1893年在《无机化学领域中的新见解》一书中首次提出络合物的配位理论和配位数这个重要概念，用主价(Primary Value)和副价(Secondary Value)解释配合物的价态。

配位化合物是指具有一定稳定性、在溶液中仅部分离解或不离解的一部分“分子化合物”，它既可以是离子型的化合物，如$[Ag(NH_3)_2]Cl$，也可以是分子型的化合物，如$Pt(NH_3)_2Cl_2$。

Werner 配合物是指由 Lewis 酸和碱(配体)直接作用而生成的一种简单配合物。可以作为 Lewis 酸和 Lewis 碱的物种列于表 5-2 中。

表 5-2 常见 Lewis 酸和 Lewis 碱的物种

类 型	物 种	例 子
Lewis 酸	卤化物分子	$BeCl_2$, BF_3, $SiCl_4$, $TiCl_4$, VCl_4, $TaCl_4$
	阳 离 子	H^+, Ag^+, Cu^{2+}, Al^{3+}
Lewis 碱	有孤对电子的分子	NH_3, NEt_3, $P(C_6H_5)_3$, H_2O, Me_2S, en
	有 C—C 不饱和键的分子	$CH_2=CH_2$, $HC\equiv CH$, C_6H_6
	阴 离 子	OH^-, F^-, CN^-

Werner 配合物是由表 5-2 中的 Lewis 酸和 Lewis 碱生成的各种化合物，主要有：

(1) 阳、阴离子反应生成的配合物

$$Ag^+ + 2Cl^- \longrightarrow [AgCl_2]^- \tag{5-1}$$

$$Fe^{3+} + 6CN^- \longrightarrow [Fe(CN)_6]^{3-} \tag{5-2}$$

(2) 阳离子和有孤对电子的分子反应生成的配合物

$$Ag^+ + 2NH_3 \longrightarrow [Ag(NH_3)_2]^+ \tag{5-3}$$

$$Cu^{2+} + 6H_2O \longrightarrow [Cu(H_2O)_6]^{2+} \tag{5-4}$$

(3) 阳离子(多数为Ⅷ族元素的卤化物)和不饱和分子反应生成的配合物

$$[PtCl_4]^{2-} + C_2H_4 \longrightarrow [PtCl_3(C_2H_4)]^- + Cl^- \tag{5-5}$$

(4) 卤素分子和阴离子反应生成的配合物

$$BeCl_2 + 2Cl^- \longrightarrow [BeCl_4]^{2-} \tag{5-6}$$

$$BF_3 + F^- \longrightarrow [BF_4]^- \tag{5-7}$$

(5) 卤素分子和有孤对电子的分子反应生成的配合物

$$BeCl_2 + 3Et_2O \longrightarrow BeCl_2(Et_2O)_3 \tag{5-8}$$

$$BBr_3 + Et_3N \longrightarrow BBr_3(Et_3N) \tag{5-9}$$

$$VCl_4 + 2Py \longrightarrow VCl_4(Py)_2 \tag{5-10}$$

除了以上介绍的 Lewis 酸、碱分类法外，还可以按参加配位的原子数进行分类。含有一个配位原子的配体称为单齿配体，如吡啶(Py)和 H_2O。含有两个配位原子的配体称为二齿配体，如乙二胺(en)和 2，2-联吡啶(bipy)。含有三个以上配位原子的配体称为多齿配体，如 EDTA、卟啉、冠醚、Schiff 碱。该类配合物具有独特的物理和化学性质，也是近年研究的热点。

5.1.2 金属原子簇配合物(Metal Cluster Coordination)

由原子直接键合、组成以分立的多面体或缺顶多面体骨架为特征的分子或离子，称为原子簇。例如 Rh_{13}原子簇结构(图 5-1)。

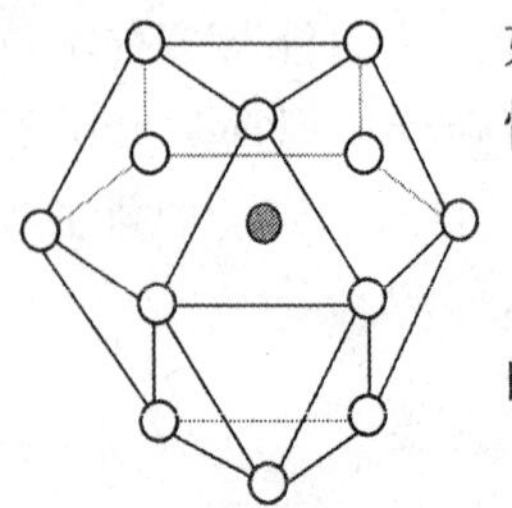

图 5-1 Rh_{13}原子簇结构示意图 ●为中心原子

原子簇以独立的分子状态存在，每个金属原子簇含有 3 个或更多金属原子相互成键，它们的分子结构往往是三角形面或其他几何构形的多机体，骨架内部几乎为空穴，骨架上的金属原子则被朝外的配位体包围。

金属原子簇可以看成是微观的金属颗粒，外层被配体化学吸附，而这些配体是活动的。骨架的形状和大小与原子簇的性能有关。原子簇化合物具有选择性催化、活化小分子的性能，如羟基亚甲基九羰基钴 $HOCH_2Co_3(CO)_9$ 能催化引发烯烃聚合，该类催化剂兼有均相和多相催化剂的某些优点，比多相催化剂的选择性高。

金属原子簇配合物是近年来配位化学中的一个新兴领域。通常的配合物总是由一个金属和其周围的配体组成的，其物理和化学性质是由金属和配体的性质、金属－配体之间键的性质、配体的几何排列所决定。在20世纪60年代才提出的金属原子簇配合物是指含有金属－金属键的配合物，其中金属－金属键可以是单键、双键、三键和四键等，配合物中的金属原子个数从3个到30个不等。目前，结构上最大金属原子簇配合物中含有19个Pt原子，即：$Pt_{19}(CO)_{22}^{4-}$。金属原子簇配合物实际是由3个以上同类或异类金属原子借金属－金属键结合在一起的原子基团和各种配体配位而成的多核金属分子，典型的金属原子簇配合物列于表5－3中。

表5－3　典型金属原子配合物

类　型	例　子			
三角形体	$Os_3(CO)_{12}$	$Pd_3(CNR)_6$	$[Re_3Cl_{12}]^{2-}$	$Fe_3(CO)_{12}(RC\equiv CR)$
四面体	$Ni_4(C_5H_5)_4H_3$	$Ir_4(CO)_{12}$	$Li_4(CH_3)_4$	$Ni_4(CNR)_7$
五原子	$Pt_3Sn_2(1,5-C_8H_{12})_3Cl_6$	Bi_5^{3+}	$Fe_5\underline{C}(CO)_{14}$ *	$[Ni_5(CO)_{12}]^{2-}$
六原子	$[Co_6(CO)_{14}]^{2-}$	$[Mo_6Cl_{14}]^{2-}$	$Ru_6\underline{C}(C_6H_6)(CO)_{14}$ *	$[Au_6(PR_3)_6]^{2+}$
七原子	$[Rh_7(CO)_{16}]^{3-}$	$[Rh_7(CO)_{16}I]^{2-}$		
八原子	$Os(CO_2)_3$	$[Au_8\underline{Au}(PR_3)_8]^{3+}$ *	Bi_8^{2+}	$Co_4B_4H_4(C_5H_5)_4$
九原子	Bi_9^{5+}	Sn_9^{4+}	$[Pt_9(CO)_{30}]^{2-}$	
十原子	$Au_{10}\underline{Au}[SCN]_3[PR_3]_7$ *			
十二原子	$[Pt_{12}(CO)_{24}]^{2-}$	$[Rh_{12}Rh(CO)_{24}H_3]^{2-}$		
十五原子	$[Pt_{15}(CO)_{30}]^{2-}$	$[Rh_{15}\underline{C_2}(CO)_{28}]^{2-}$ *		
十七原子	$[Rh_{17}(CO)_{32}(S_2)]^{3-}$			
十九原子	$[Pt_{19}(CO)_{12}(MeCO)_{10}]^{4-}$			

注：*表示金属笼；—表示该原子为多面体的中心。

近30年来，金属原子簇化学已得到了很大发展。在合成化学方面，它可以作为新的有机试剂，合成了一系列新的化合物。在催化化学方面，既可以直接作为均相催化剂，又可以用来制备高活性的多相催化剂。

5.1.3　π－配位化合物

配体和过渡金属以π配位键而形成的配合物，叫π－配合物。由于成键方式的不同，该配合物可分以下三种。

1. π－酸配合物

配体同时提供一个充满的成键 σ 轨道和一个空的反键 π^- 轨道与金属的有关轨道相作用。

例如，CO和金属离子M形成π－酸配合物时，CO提供一个被孤对电子占据的成键 σ 轨道与金属的空 σ 轨道相作用，形成不易极化的 σ 键(图5－2a)。同时还提供一个空的反

键 π^- 轨道，与金属的一个充满的 d 轨道相作用，形成易极化的 π 键(图 5 - 2b)。

也可将图 5 - 2 的 π - 酸配合物表示为：

$$M \underset{\sigma 键}{\overset{\pi 键}{\rightleftharpoons}} CO(\pi 酸)$$

由于 π 键有极性，且易极化，对配合物的极性有较大影响。π - 酸配合物中 π 键电子由金属 M 提供，配体 CO 以 π^- 轨道接收电子，所以称为 π 酸。具有以低能态空轨道接受电子能力的配体叫 π - 酸。包括许多种，例如 CO、CNR、膦、胂、硫化物、氧化氮以及各种带有离域 π 轨道的分子(吡啶、邻菲咯啉)。由 π 酸与过渡金属形成的配合物就叫 π - 酸配合物。既包括双元分子型，如 $Cr(CO)_6$ 和 $Ni(PF_3)_4$，混合分子型，如 $Co(CO)_3NO$ 和 $(C_6H_5)_3PFe(CO)_4$，又包括配离子型，如 $[Fe(CN)_5CO]^{3-}$、$[Mo(CO)_5I]^-$ 等。由 π - 酸配体的两种协同作用而产生的 σ - π 配位键，将 M—C 键加强(键长缩短)，C—O 键削弱(键长增大)。

2. π 配位化合物

配体同时提供一个充满的 π 轨道和一个空的反键 π^- 轨道和金属的有关轨道相作用，形成的配合物称为 π - 配位化合物。由于配体和金属之间的电子供受都是由 π 轨道来完成的，所以金属离子位于分子平面之外，这一点和 π - 酸配合物不同。例如乙烯和金属离子 M 相作用时的情况，见图 5 - 3 所示。

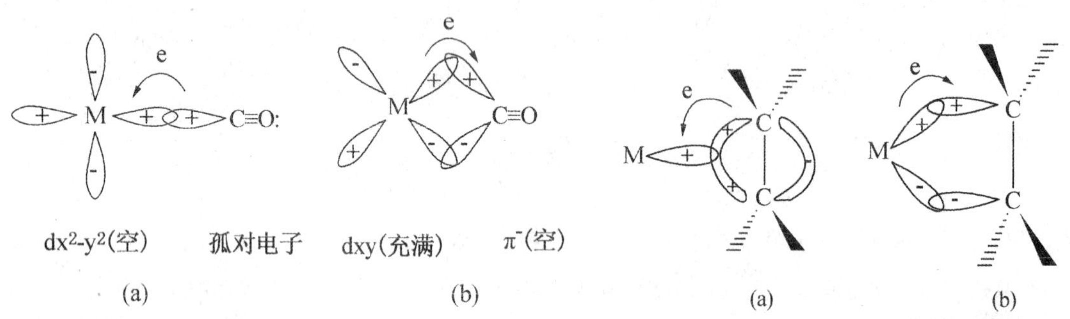

图 5 - 2 π - 酸配合物的形成示意图

图 5 - 3 π - 配合物的形成

可以形成 π - 配合物的配体都具有多重键(如 C═C、C≡C、C═O、C═N、S═O、N═O)，其中最重要的是 C═C。关于金属 - 烯烃键最重要的是该键的二重性：既有 C═C 的 π 键向对称性适当的金属轨道提供电子的过程(图 5 - 3a)，又有电子从对称性适当的金属充满轨道向 C═C 的反键 π^- 轨道反馈的过程(图 5 - 3b)。而且这种作用是协同的，即增大一种作用的同时又增大另一种作用。根据理论计算和测定，金属 - 烯烃键一般呈电中性，即供受的电子密度大致平衡。

除了烯烃和金属形成的 π - 配合物外，还有 π 电子数为 2、6、10 的芳烃体系与金属形成的配合物，如二茂铁、二苯铬等(图 5 - 4)。

3. 双氧或双氮配合物

包含 π 键的第 3 类配体有氧或氮，在与金属形成的多重键(π 键)中，电子的流动方向恰好与 π - 酸配体键中的相反，即氧或氮的 P 轨道电子流向金属的 d 轨道。如 $OVCl_3$，MnO_4^-。

5.1.4 有机金属化合物

金属有机化学是有机与无机化学的交叉学科，金属有机化合物的应用领域逐年扩大。包

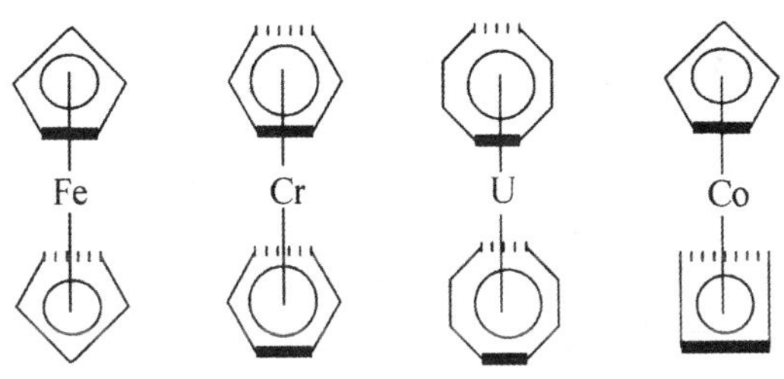

图 5-4　几种芳烃 π-配合物的结构式

括新型催化剂：如 Ziegler-Natta 催化剂(1953 年)，二茂铁催化剂(1951，金属有机化学的诞生标志)；新的合成及分析试剂：如 RMgX(1901 年)，有机 Li 及有机 Pb；新的药物有机 Pt，是抗癌杀菌的良药。

碳原子是多种配体中的重要配位原子，由有机基团中的碳原子和金属原子键合而形成的化合物，称为有机金属化合物。它并不包括那些碳原子通过其他原子(如 O，N，S)和金属键合的化合物，如 $Ti(C_3H_7O)_4$。而像 $C_6H_5Ti(OC_3H_7)_3$、格氏试剂 RMgX、四乙基铅 $(C_2H_5)_4Pb$ 等含有 C—M 键的化合物称为有机金属化合物。有机金属化合物大体分三大类。

1. 离子型化合物

碱金属和碱土金属(ⅠA，ⅡA)所形成的烃基化合物大多为离子型的，其通式为 RM、R_2M，它可以看作是烷烃 RH 的盐类。它们具有离子化合物的典型特征，如不溶于烃类溶剂，其溶液可以导电。该化合物对空气敏感，遇水发生强烈水解，有很高的反应活性。

2. σ 键化合物

ⅠB、ⅡB 以及Ⅲ～ⅦA 族元素与烃类形成的化合物属于 σ 键化合物。由于这些元素的电负性较大，有机基团以 σ 键与它们键合，例如 R_2Hg、$(C_2H_5)_4Pb$、$(CH_3)_3SnCl$ 等。σ 键化合物对空气稳定，一般溶于非极性溶剂。

3. 非经典键化合物

这种化合物中的 M—C 键不能用普通的离了键或 υ 键来描述。非经典键化合物可分为两类：一类是由过渡元素和不饱和基团通过金属轨道和 π 电子之间的相互作用而生成的 π 配位化合物；另一类是属于多中心键型化合物，其特点是均含有桥连烷基，如 $AlEt_3$ 在苯中是二聚的，桥连是通过 Al—C—Al 完成的。

§5.2　均相配位催化反应中的基元反应

任何催化剂在完成一个反应过程中，都要经历多个基元反应，组成催化循环，生成产物并重新生成催化剂。均相配位催化中的基元反应，也是配位化学和金属有机化学中的一些基元反应。主要基元反应有以下 4 种。

5.2.1　配位与解离

配位是指一个配体以简单的共价键或配位键与过渡金属离子结合而生成配位化合物的反应。解离是配位的逆反应，即金属-配体之间的共价键或配位键发生断裂，使配体从配合物中解离出来的反应。

在均相配位催化的整个循环过程中，常常包括多种配位和解离的平衡过程。因此弄清楚这些过程对了解均相配位催化反应是十分必要的。一般地，与配位－解离有关的均相配位反应有两种机理。

1. 解离式配体取代机理

设 A、B 两种分子在金属配合物 ML_n 的催化下发生反应，则 ML_n 应先发生配体解离，从而形成两个空的配位点：

$$ML_n \rightleftharpoons ML_{n-2} + 2L \tag{5-11}$$

式中，M 代表金属；L 代表配体；n 代表配位数。然后 A、B 顺式与金属配位，开始催化反应。

2. 缔合式配位取代机理

即反应物分子 A、B 先与金属配合物 ML_n 缔合，然后被取代的配体 L 再从配合物中解离，即：

$$ML_n \xrightarrow{A,B} \overset{A}{\underset{B}{ML_n}} \longrightarrow \overset{A}{\underset{B}{ML_{n-2}}} + 2L \tag{5-12}$$

例如在烯烃的均相催化反应中，催化剂 $RhClL_3$（L = PPh_3，即三苯基磷）与烯烃（$C^=$）和氢气（H_2）的反应就包含了许多个解离式和缔合式配位取代反应，即：

(1) 配体解离 $$RhClL_3 \rightleftharpoons RhClL_2 + L \tag{5-13}$$

(2) 离解二聚 $$2RhClL_3 \rightleftharpoons [RhClL_2]_2 + 2L \tag{5-14}$$

(3) 烯烃配位 $$RhClL_2 + C^= \rightleftharpoons RhCl(C^=)L_2 \tag{5-15}$$

$$[RhClL_2]_2 + 2C^= \rightleftharpoons 2RhCl(C^=)L_2 \tag{5-16}$$

(4) 氧化加成 $$RhClL_3 + H_2 \rightleftharpoons RhH_2ClL_3 \tag{5-17}$$

(5) 配体解离 $$RhH_2ClL_3 \rightleftharpoons RhH_2ClL_2 + L \tag{5-18}$$

(6) 烯烃配位 $$RhH_2ClL_2 + C^= \rightleftharpoons RhH_2Cl(C^=)L_2 \tag{5-19}$$

(7) 生成产物 $$RhH_2Cl(C^=)L_2 \longrightarrow R'H + RhClL_2 \tag{5-20}$$

5.2.2 氧化加成与还原消除

1. 氧化加成

氧化加成是指配体加成至金属原子，并使金属价态升高的反应。例如 H_2 对配合物的加成，H_2 首先离解成 2 个 H，然后金属提供 2 个电子接受 2 个 H 作为配体，因此金属上的价态升高。而像 CO、C_2H_4 这样的分子配位至金属时，并不改变金属的电子云密度，因此它们对金属的加成不属于氧化加成。还原消除是氧化加成的逆反应，二者的平衡过程可表示为：

$$L—M—L + AB \underset{还原消除}{\overset{氧化加成}{\rightleftharpoons}} L—\overset{A}{\underset{B}{M}}—L \tag{5-21}$$

这里，要求金属 M 周围要有 2 个空配位点，并且有差值为 2 的两种氧化态。

在过渡金属中，氧化加成涉及最多的是 d^8 和 d^{10} 电子构型的配合物，主要有 Fe^0、Ru^0、Os^0、Rh^I、Ir^I、Ni^0、Pd^0、Pt^0、Pd^{II}、Pt^{II}。如反式－$IrCl(CO)(PPh_3)_2$ 配合物与 HCl 的加成：

$$\text{反式}-Ir^{I}Cl(CO)(PPh_3)_2 + HCl \rightleftharpoons \text{反式}-Ir^{III}HCl_2(CO)(PPh_3)_2 \quad (5-22)$$

Rh^{I}、Ir^{I}、Pt^{II} 等金属原子都能形成 16 电子体系的不饱和配合物，通过氧化加成产生 18 电子体系，其逆过程将使一个 18 电子体系还原为 16 电子体系。而 18 电子的配合物在没有去除一个配体之前，是不能进行氧化加成反应的。

除 H_2 外，HI、CH_3I 也可以与金属配位发生氧化加成反应，即分子中的 H—H、H—I、CH_3—I 键裂开的同时，形成 2 个与金属配位的新键。而含有重键的分子（如 $CH_2=CH_2$）也能进行氧化加成反应，但是键并不断开，只是形成三元环的配合物，即：

$$ML_n + X{=}Y \longrightarrow ML_n(X)(Y) \quad (5-23)$$

一般地，凡能增加金属原子的电子云密度的配体都有利于氧化加成。而对于金属来说，重金属的高氧化态比轻金属的高氧化态更稳定，例如 Ir^{III} 通常比 Rh^{III} 稳定。

2. 还原消除

还原消除反应是均相催化中的重要基元反应，较常见的有加氢反应的最后步骤，及 C—C偶联反应中形成 C—C 键的步骤，即：

$$M(CH_2R)_2 \longrightarrow M + RCH_2{-}CH_2R \quad (5-24)$$

还原消除反应的能量特征刚好和氧化反应相反。因此，形成能量上稳定的 X—Y 键以及物种 ML_n 中的高促进能将有助于 X—Y 从 L_nMXY 中还原消除。当还原态 L_nM 为某些 π 酸所稳定时，还原消除反应就容易进行。例如顺－二烷基（二吡啶基）镍的热消除烷烃反应，当加入 π 酸（丙烯腈）进行配位时，反应速度大大加快，这种效应就是由于 π 配位对 Ni—C 键的活化引起的，即：

$$R_2Ni{-}L \longrightarrow R-R + Ni=L \quad (5-25)$$

$$R_2Ni=L + CH(CN){=}CH_2 \longrightarrow R_2Ni(H_2C{=}CH{-}CN)=L \longrightarrow R{-}R + CH_2{=}CH(CN)\cdots Ni=L \quad (5-26)$$

式中，R 为烷基；L 为二吡啶基。

5.2.3　插入与挤出反应

1. 插入反应

插入反应是指一个原子或分子插入金属－配体之间的反应，在均相催化反应中是一种重要的基元反应。在插入反应的产物中，如果金属 M 和配体 L 都连到同一原子上，则称为 1，1－加成。如果分别连到相邻的两个原子上，则称为 1，2－加成，见反应式（5－27）和式（5－28）。

$$M-L \xrightarrow{:X-Y} M-\underset{\underset{Y}{|}}{X}-L \tag{5-27}$$

$$M-L \xrightarrow{X=Y} M-X-Y-L \tag{5-28}$$

式中，L 为 H、C、N 等；X ═ Y 可为 C ═ C、C ═ N、N ═ N 等；: X - Y 为 : C≡O、: C≡N、: C≡N—R 和: CR_2等。在 M—H 或 M—C 键中的插入反应还可以称为“氢化金属取代”或“碳化金属取代反应”。

最常见的是 CO 的 1，1 - 加成和对烯烃的 1，2 - 加成。CO 向金属烷基的插入反应，一般都是以烷基向 CO 配体的移动为第一步，如在甲基五羰基锰反应中：

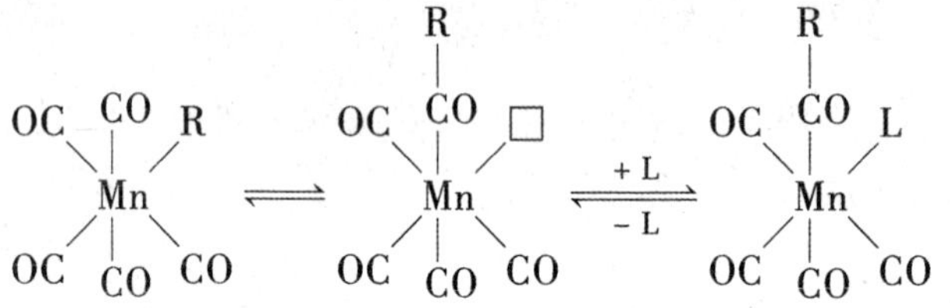

$$(OC)_4(CO)Mn{-}R \rightleftharpoons (OC)_4Mn(\square)(CO{-}R) \underset{-L}{\overset{+L}{\rightleftharpoons}} (OC)_4Mn(L)(CO{-}R) \tag{5-29}$$

式中，L 可以是 CH_3、胺或磷化氢；R 向 CO 的移动可能经历一个过渡态，即：

$$-\overset{\overset{CO}{|}}{Mn}-R \longrightarrow Mn\overset{CO}{\cdots\cdots}R \longrightarrow -Mn-\overset{\overset{O}{\|}}{C}-R \tag{5-30}$$

烯烃向金属 - 烷基间的插入反应模式：

$$L_nMR + CH_2=CH_2 \rightleftharpoons L_n\overset{\overset{R}{|}}{M}\cdots\overset{CH_2}{\underset{CH_2}{\|}} \rightleftharpoons L_nM\cdots CH_2(R{-}CH_2) \longrightarrow L_nMCH_2CH_2R \tag{5-31}$$

即首先烯烃与 M 实现 π 配位，再经过四中心的过渡态，转变为 σ 键的金属烷基化合物。

2. 挤出反应

挤出反应是插入反应的逆反应，见反应式(5 - 27)和(5 - 28)的逆向过程，即原子或分子从金属配体之间移出的过程。

5.2.4 σ - π 重排的反应

σ - π 重排是一种分子内的反应，即一个和金属成 σ 键合的有机基团变成了一个和金属 π 键合的配体。这个过程也可以发生相反过程，即 π - σ 重排。研究最早的是三苯基铬(四氢呋喃)的 σ - π 重排反应：

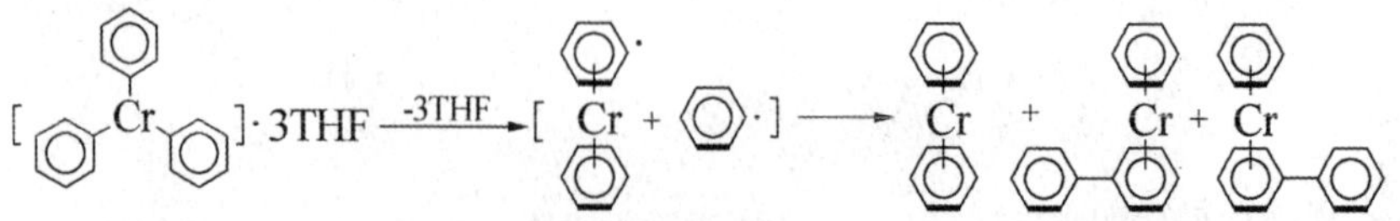

$$[(C_6H_5)_3Cr]\cdot 3THF \xrightarrow{-3THF} [(C_6H_6)_2Cr\cdot + C_6H_5\cdot] \longrightarrow (C_6H_6)_2Cr + (C_6H_6)Cr(C_6H_5C_6H_5) + (C_6H_5C_6H_5)_2Cr \tag{5-32}$$

σ络合物　　自由基(黑色物)　　π络合物

式中，THF 为四氢呋喃；· 表示处于激发态的自由基。关于 σ - π 重排反应在均相配位催化中的作用，已有许多报道，在理论上、实际应用上都有较大的意义。例如在乙炔与醇合成乙烯基醚的催化反应中：

$$HC\equiv CH + ROH \xrightarrow{Zn^{2+}} CH_2=CH{-}R \tag{5-33}$$

由 π 配体烯烃可产生活性的 σ 物种，并与 ROH 反应，即：

$$HC\equiv CH + Zn^{2+} \longrightarrow \underset{H}{\overset{H}{\left[C\equiv C\right]}}\cdot Zn^{2+} \rightleftharpoons H(Zn^{2+})C{=}C^{+}H \xrightarrow{ROH} H(Zn^{2+})C{=}CH(OR) \xrightarrow[-Zn^{2+}]{+H^{+}} CH_2{=}CHOR \qquad (5-34)$$

§5.3　均相配位催化剂的催化作用

5.3.1　Werner 配合物的催化作用

许多反应都是以简单配合物或金属离子为催化剂的，这类反应的根本特征是从生成中间配合物开始，然后再进一步反应生成产物。下面介绍由金属离子(包括简单配合物中的金属离子)催化的两大类反应。

1. 酸、碱反应

配合物做为酸、碱反应中的催化剂主要是金属离子的作用。此时，金属离子可以看作是 Lewis 酸，而反应物则起着配位碱的作用，两者形成 Werner 配合物。在反应过程中，由于 Lewis 酸的诱导作用，使反应物分子中的某些键减弱，以便亲核试剂进攻而引起反应。例如，当有机酸或酯在质子酸催化下进行反应时，质子化的中间化合物中的羰基碳极易被亲核试剂进攻，即：

$$>C{=}O \underset{}{\overset{+H^{+}}{\rightleftharpoons}} >C^{+}{-}OH \xrightarrow[-H^{+}]{NH_2R} >C(OH)(NHR) \qquad (5-35)$$

许多金属离子，如 Mg^{2+}、Zn^{2+} 等的配合物也都能催化这类反应，这时金属离子起着电子阱的作用，可以使中间化合物稳定并有利于亲核试剂的进攻。下面是几个典型的由简单配合物催化的酸碱反应。

(1)水解：以水或羟基为亲核试剂，例如磷酸酯的水解反应，是以 Ca^{2+} 或 Mg^{2+} 的配合物为催化剂下进行的，其中间配合物是一种螯合物：

$$CH_3C(=O){-}O{-}P(=O)(OH)_2 \xrightarrow{Ca^{2+}} CH_3C(=O{\cdot}Ca{\cdot}O=)P(OH)_2{-}O \text{（螯合物）} \xrightarrow{H_2O} (HO)_2P(=O)OH + CH_3COOH \qquad (5-36)$$

磷酸酯的水解反应是在生物体内十分重要的研究酶催化的模型反应。

水解反应的另一个例子是甘氨酸铜(Ⅱ)催化下的苯丙氨酸酯的水解。已经证明，Cu(Ⅱ)的作用和质子的作用完全一样，其中间配合物的形式为：

$$R{-}CH(NH_2{\cdot}Cu^{2+}){-}C(=O{\cdot}Cu^{2+}){-}OR' \xrightarrow{H_2O} R{-}CH(NH_2{\cdot}Cu^{2+}){-}C(O{\cdot}Cu^{2+})(OR')(\overset{+}{O}H_2) \longrightarrow R{-}CH(NH_2{\cdot}Cu^{2+}){-}C(O{-}H{\cdot}Cu^{2+})(OR')(OH) \qquad (5-37)$$

(2)脱羧作用：当β－酮酸脱羧时，CO_2要遗留2个电子，如果脱羧作用不迅速，就必须以某种形式将留在分子上的电子稳定下来。显然，某些金属离子就可以起“电子阱”的作用，以促进这一反应。所以，β－酮酸的脱羧作用可在金属离子的催化下顺利进行，反应机理为

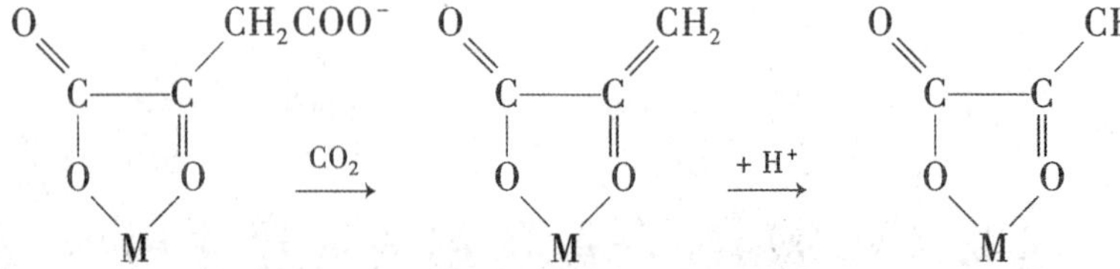

$$\text{(O=)C(-O-M-O-)C-CH_2COO^-} \xrightarrow{CO_2} \text{(O=)C(-O-M-O-)C=CH_2} \xrightarrow{+H^+} \text{(O=)C(-O-M-O-)C-CH_3} \qquad (5-38)$$

而且，金属离子的催化活性与形成配合物的能力有很好的平行关系，催化活性的序列为

$$Al^{3+} > Fe^{3+} > Cu^{2+} > Fe^{2+} > Zn^{2+} > Mg^{2+} > Mn^{2+} > Ca^{2+} \qquad (5-39)$$

(3)醇醛缩合：在碱性溶液中，双甘氨酸铜(Ⅱ)很容易和甲醛缩合，生成丝氨酸铜(Ⅱ)

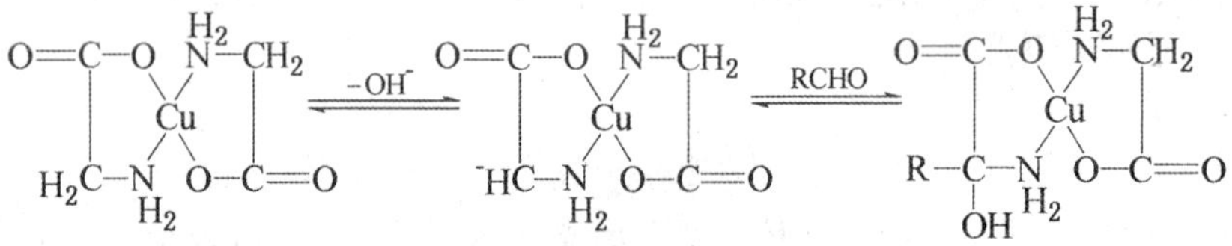

$$\text{Cu(O-C(=O)-CH_2-NH_2)_2} \underset{}{\overset{-OH^-}{\rightleftharpoons}} \text{Cu(O-C(=O)-CH_2-NH_2)(O-C(=O)-{}^-HC-NH_2)} \overset{RCHO}{\rightleftharpoons} \text{Cu(O-C(=O)-CH_2-NH_2)(O-C(=O)-CR(OH)-NH_2)} \qquad (5-40)$$

式中，R为—H或—CH_3。

(4)溴化反应：在乙酰基乙酸乙酯溴化时，加入金属离子，反应就很容易进行，特别是Cu^{2+}效果更显著。

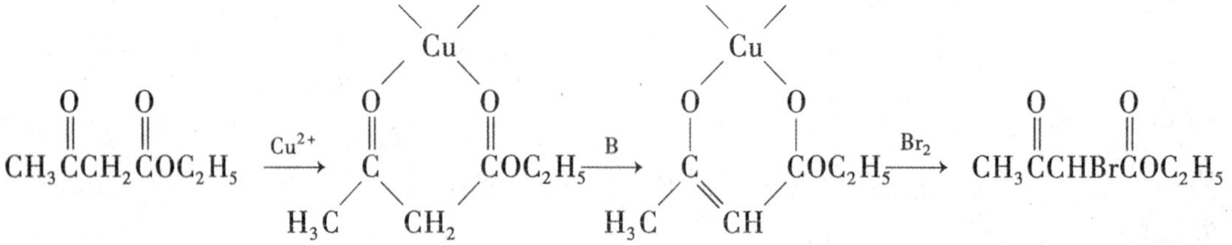

$$CH_3\overset{O}{\overset{\|}{C}}CH_2\overset{O}{\overset{\|}{C}}OC_2H_5 \xrightarrow{Cu^{2+}} \text{Cu(O=C(H_3C)-CH_2-C(=O)OC_2H_5)} \xrightarrow{B} \text{Cu(O-C(H_3C)=CH-C(=O)OC_2H_5)} \xrightarrow{Br_2} CH_3\overset{O}{\overset{\|}{C}}CHBr\overset{O}{\overset{\|}{C}}OC_2H_5$$

(5－41)

这里的B是指体系中的任一种碱，生成的烯醇盐能迅速和Br_2反应。

从上面的例子中可以看出，金属离子的催化作用主要是和反应物的某一重要部位配位，并从反应中受亲核进攻的原子上移去电子。金属离子和反应物之间常形成螯合物来完成上述过程，并要求反应物在活性中心附近有一个供电子的原子。所以，这类反应的速度与螯合物的稳定性之间具有平行关系。

2. 氧化还原反应

在上述的酸碱催化反应中，配合物的作用与一般酸一样，取决于金属离子生成配合物的能力。而在催化氧化还原反应中，金属离子仅限于过渡金属离子，而且关键是金属离子在溶液中有几种氧化态，配位只起次要作用，当然也是必要的作用。过渡金属配合物在氧化还原反应中的催化作用，主要是由于它们既可以从反应物以及中间配合物中夺取电子，也可以给予电子，从而生成离子或自由基，所以能催化离子及自由基反应。另外，有些配合物还能和氢或氧形成配合物并使之活化，因此又可作为加氢及加氧的催化剂。

(1)有机化合物的自动氧化：有机物的自动氧化一般服从自由基连锁反应机理。过渡金属离子及其配合物在这类反应中主要按下列反应式分解过氧化物中间产物，参与自由基的引

发、增长和终止过程。

$$ROOH + M^{n+} \longrightarrow RO\cdot + OH^- + M^{(n+1)+} \tag{5-42}$$

$$ROOH + M^{(n+1)+} \longrightarrow RO_2\cdot + H^+ + M^{n+} \tag{5-43}$$

这就是所谓的“Haber－Weiss”机理。在该机理中，金属离子按照反应：

$$M^{n+} \longrightarrow M^{(n+1)+} + e \tag{5-44}$$

完成催化循环。例如异丙苯过氧化氢在温和条件下被辛酸钴（Ⅱ）催化分解时的反应：

$$Ph-C(CH_3)_2-OOH \xrightarrow{辛酸钴} Ph-C(CH_3)_2-OH + Ph-C(=O)-CH_3 + O_2 \tag{5-45}$$

其催化过程为：

$$Ph-C(CH_3)_2-OOH + Co(Ⅱ) \longrightarrow Ph-C(CH_3)_2-O\cdot + OH^- + Co(Ⅲ) \tag{5-46}$$

$$Co(Ⅲ) + Ph-C(CH_3)_2-OOH \longrightarrow Ph-C(CH_3)_2-OO\cdot + H^+ + Co(Ⅱ) \tag{5-47}$$

$$Ph-C(CH_3)_2-OO\cdot + Ph-C(CH_3)_2-O\cdot \longrightarrow Ph-C(CH_3)_2-OH + Ph-C(=O)-CH_3 \tag{5-48}$$

（2）由过渡金属离子直接氧化的反应：过渡金属离子可以直接氧化反应物，自身被还原。还原后的金属离子通过 O_2 的再氧化又重新进入反应，即整个反应是以金属为催化剂的 O_2 氧化反应。例如以铜(Ⅱ)为催化剂的抗坏血酸的分子氧氧化反应（式中 R =—$CHOHCH_2OH$）：

$$\text{抗坏血酸二阴离子} \xrightarrow{Cu^{2+}} \text{Cu}^{2+}\text{配合物} \xrightarrow{-Cu^+} \text{自由基阴离子} \xrightarrow{H^+,O_2} \text{脱氢抗坏血酸} + HO_2\cdot \tag{5-49}$$

$$HO_2\cdot + Cu^+ \longrightarrow Cu^{2+} + HO_2^- \tag{5-50}$$

（3）分子氧的配位氧化：在生物化学中，人们早就发现单加氧酶能高选择性地催化 O_2 对烷烃、芳烃的羟基化，烯烃的环氧化。关于分子氧的均相配位催化反应，人们进行了较多的研究，尤其是反应过程中，O_2 的活化、配位、参与反应的机理问题。

在均相、多相以及酶催化中，O_2 的活化大都是通过过渡金属离子进行，即与过渡金属离子形成分子氧配合物，之后再与反应物作用形成产物，例如：

$$L_nFe^{Ⅱ} \xrightarrow{O_2} L_nFe^{Ⅲ}-O_2 \xrightarrow{e} L_nFe^{Ⅲ}-O-O^- \xrightarrow{R_3CH} L_nFe^{Ⅲ}-O + R_3COH \tag{5-51}$$

式中，L_n 为配体；R_3CH 为被氧化的烷烃。

目前研究较多的模拟 P_{450} 单加氧酶的金属卟啉和金属酞菁的催化氧化反应，就是按该反应机理进行的。

5.3.2 π-配合物的催化作用

π-配合物主要是指第Ⅳ周期低价过渡金属的配合物以及第Ⅴ、Ⅵ周期过渡金属的烯烃配合物。这些配合物的特点是中心金属离子是低原子价的，或者说是软酸，即中心金属离子的电子密度较高。这类金属离子上的过多电子密度必须排放出去，否则所形成的配合物将是不稳定的。所以与些类金属离子配位的配体，除具有 σ-供体的性质外，还应同时具有接受中心金属离子排放出来的电子的低能轨道。满足这些条件的配体一般是 CO、PR_3、$CR_2=CR_2$ 等化合物。对这类配合物来说，惰性气体构型法则可作为确定其稳定性的依据。

被 π-配合物催化的反应有：①氢分子的配位活化和加氢；②重键转移；③CO 的反应；④分子氮的活化等。

1. 氢分子的配位活化和加氢

尽管烯烃加氢的反应是热力学上允许的，但是 H_2 是比较稳定的分子，不容易极化。因此，没有催化剂的加氢反应是不易观察到的。H_2 的活化要在很苛刻的条件下进行，例如只有在酸性较高的体系中(如 HF-TaF_5 超强酸)，苯才会与 H_2 反应生成环己烷。而各种过渡金属及多种可溶性金属配合物却能在一般温度和 H_2 压力下，使 H_2 活化并与烯烃加氢。在催化剂作用下，最重要的步骤是将 H_2 活化，使之转化为过渡金属氢化物。例如在均相加氢反应中，铱氢化物的形成是一个重要的发现，其结构为：

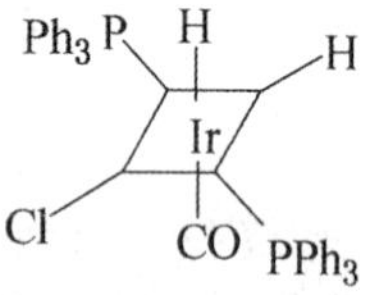

$$\text{Ir}(\text{H})_2(\text{Cl})(\text{CO})(\text{PPh}_3)_2 \quad (\text{Ph}_3\text{P},\ \text{H},\ \text{H},\ \text{Cl},\ \text{CO},\ \text{PPh}_3) \tag{5-52}$$

这种氢化物中，Ir 的 6 个位置都被配体占有，所以并不是最好的加氢催化剂。这里，H_2 是直接加到配合物的，Ir 的表观氧化态增加了 2 个单位，属于氧化加成反应。此外，氢化物的形成还有均裂和异裂等形式，即反应式为：

$$2[\text{Co}(\text{Ⅱ})(\text{CN})_5]^{3-} + H_2 \longrightarrow 2[\text{HCo}(\text{Ⅳ})(\text{CN})_5]^{3-} \tag{5-53}$$

$$[\text{Ru}(\text{Ⅲ})\text{Cl}_6]^{3-} + H_2 \longrightarrow [\text{HRu}(\text{Ⅲ})\text{Cl}_5]^{3-} + \text{HCl} \tag{5-54}$$

氢分子由其过渡金属配合物活化后，便可与烯烃进行加氢反应。一般来说，作为受体的烯烃尚须配位在中心金属离子上。这时反应较易进行，例如以 $RhCl(PPh_3)_3$ 为催化剂的均相加氢反应：

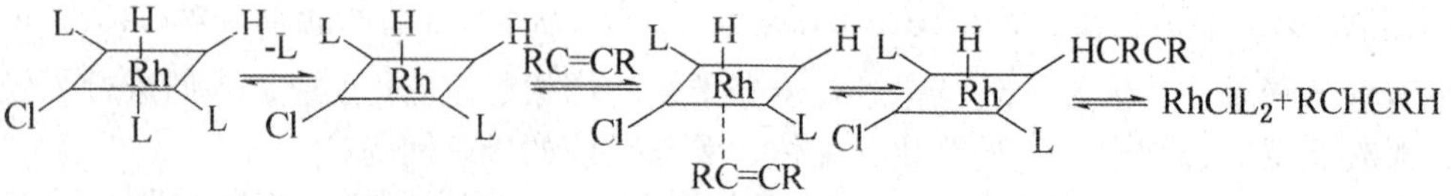

$$\text{RhH}_2\text{ClL}_3 \underset{}{\overset{-L}{\rightleftharpoons}} \text{RhH}_2\text{ClL}_2 \overset{RC=CR}{\rightleftharpoons} \text{RhH}_2\text{ClL}_2(RC=CR) \rightleftharpoons \text{RhH}(\text{HCRCR})\text{ClL}_2 \rightleftharpoons \text{RhClL}_2 + \text{RCHCRH} \tag{5-55}$$

另外，烯烃还可先与配合物配位，之后再与氢反应。例如 $IrCl(CO)(PPh_3)_2$ 催化下的乙烯加氢反应：

$$\text{IrCl(CO)(PPh}_3)_2 + \text{RC}=\text{CR} \longrightarrow \text{IrCl(CO)(PPh}_3)_2$$

$$(RC=CR)\xrightarrow{H_2}IrCl(CO)(PPh_3)_2 + RCH{-}RCH \qquad (5-56)$$

2. 重键转移

重键转移包括分子内和分子间的重键转移。这些反应是多种多样的，下面介绍两个例子来说明 π - 配合物在催化重键转移反应中的作用。

(1)烯烃异构化：催化烯烃异构化反应的催化剂种类繁多，例如固体酸、硫酸等强质子酸。π - 配合物对该反应的催化具有活性高、选择性高和条件温和的特点，近年来在国际上引起了广泛注意。烯烃异构化反应机理可分为两种：即经由烷基金属中间配合物的途径和经由烯丙基中间配合物的途径。

经由烷基金属中间配合物的异构化需要有一个金属氢化物催化剂。烯烃插入 M—H 键后，从另外一个碳原子上转移 β - H 至金属上完成异构化反应，见图 5 - 5 所示。这里，金属没有改变价态。同时，对端烯烃的插入必须按照 Markovnikov 规则进行，否则在 β - H 转移之后将重新得到反应物。

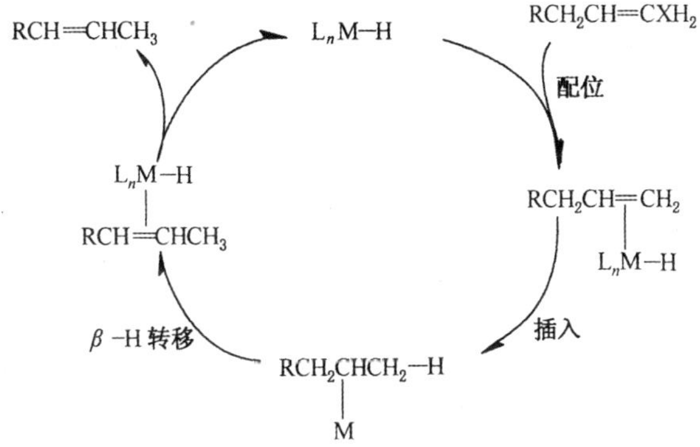

图 5 - 5　烯烃异构化反应的催化循环图

分子内碳骨架上烯烃异构化的反应实例有：

$$+ PdCl_2 \longrightarrow \cdot PdCl_2 \qquad (5-57)$$

$$\xrightarrow{Cat} \qquad (5-58)$$

催化剂均为 π - 配合物，如 $PdCl_2(PhCN)_2$、$Rh_2Cl_2(CO)_4$等。

(2) 烯烃二聚：它属于分子间重键的转移反应，其有效催化剂为 Rh、Ru、Pd 的配合物。例如在乙烯 - $RhCl_3$体系中，生成物中丁烯 - 1 高达 99%，其反应机理可由图5 - 6表示。这一反应的催化循环主要是由 2 个基元反应步骤组成，即烯烃在 M—R(H)键中插入和 β - H 消除。这 2 个反应的相对速度决定着产物的相对分子质量。如果前者大于后者，就将会发生一系列的插入反应，从而生成高相对分子质量的产物。相反，如果 β - H 消除的速度大于插入的速度，则产物主要是二聚物(a)。如果二者相等，则可能生成齐聚物(b 和 c)。

上述反应的主要产物是丁烯 - 1。由于二聚化催化剂又是加氢和异构化催化剂，而且烯烃在 M—H 键中的插入速度大于在 M—R 中的插入速度，所以只要有 H_2存在，就会得到一

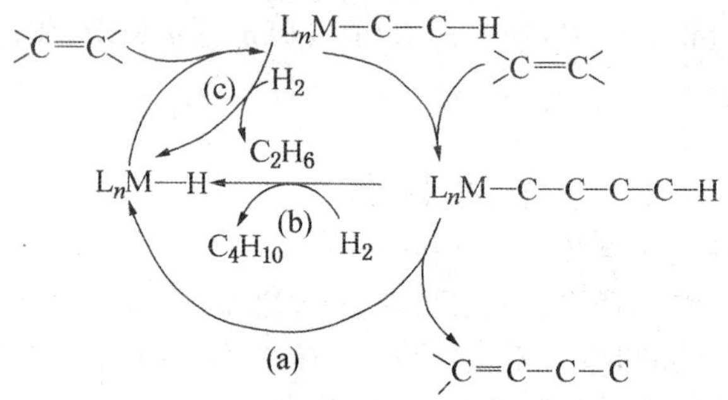

图 5-6　烯烃二聚反应的催化循环图

定比例的饱和烷烃(b 和 c)。

3. CO 的反应(羰基化反应)

在有机物中引入氧原子的最有选择性的方法是那些包含 CO 的催化方法。在大多数情况下，一些过渡金属羰基配合物，如：$HCo(CO)_4$、$HRh(CO)(PR_3)_2$、$Ni(CO)_4$等已从反应体系中检测出来，并被确定为催化剂。这类反应过程一般包括 CO 在 M—R 键中插入，生成酰化金属配合物，随后被含有活泼氢的亲核试剂分解。该反应大致分为两类：一类是通过烯烃插入 M—H 键形成 M—C 键，即：

$$M{-}H + \rangle C{=}C\langle \rightleftharpoons M{-}R \xrightarrow{CO} M{-}\overset{\overset{\displaystyle O}{\|}}{C}{-}R \xrightarrow{HY} M{-}H + R{-}\overset{\overset{\displaystyle O}{\|}}{C}{-}Y \tag{5-59}$$

另一类是通过烷基卤(RX)在配体不饱和的金属上进行氧化加成，即：

$$M + RX \rightleftharpoons M\begin{matrix}X\\R\end{matrix} \xrightarrow{CO} M\begin{matrix}X\\ C(=O){-}R\end{matrix} \xrightarrow{HY} M + HX + R{-}\overset{\overset{\displaystyle O}{\|}}{C}{-}Y \tag{5-60}$$

反应产物因底物和 HY 的不同，可由醛、醇、酸、酯生成酸酐、酰基氯和酰胺。

羰基化反应中最引人注目的还是由甲醇羰基化制取乙酸的反应，这是一个很有工业价值的反应。钴和铑的羰基配合物是最重要的催化剂前身，同时卤化物助催化剂也是不可少的。

$$CH_3OH + CO \xrightarrow[175℃]{Cat} CH_3COOH \tag{5-61}$$

该反应的催化机理甚为复杂。乙酸的选择性高达 99%，这在均相配位催化工艺中是少见的。

5.3.3　金属原子簇催化剂的催化应用

金属原子簇是一种新型催化剂，在基础研究中可以作为分子或原子在金属催化剂表面上吸附及催化反应的模型。它在 C_1 化学方面具有独特的催化性能，有希望开发出高选择性的催化剂。

金属原子簇是界于单核配合物与金属两者之间的一种配合物，应用范围相当广泛，例如：

加氢反应　$C_2H_4 + H_2 \xrightarrow{[Ru]_4} C_2H_6$　(5-62)

氧化反应　$2CO + O_2 \xrightarrow{[Rh]_6} 2CO_2$　(5-63)

同系化　$CH_3OH + CO + H_2 \xrightarrow{[RuCO]_3} CH_3CH_2OH$　(5-64)

水煤气转化　$CO + H_2O \xrightarrow{[Ru]_3} CO_2 + H_2$　(5-65)

费托反应　$3CO + 6H_2 \xrightarrow{[Fe]_3} C_3H_6 + 3H_2O$　(5-66)

醇的合成　$2CO + 3H_2 \xrightarrow{[Rh]_5} HOCH_2CH_2OH$　(5-67)

但是，金属原子簇十分难于掌握，在溶液中极易分解成单核配合物，或者聚集成胶体。一般地，这些物种仍具有催化活性。下面介绍两个有特点的金属原子簇催化反应。

1. 加氢反应

在加氢反应中，单核金属配合物和多相金属催化剂对烯烃和一般不饱和化合物的加氢具有明显的催化活性。单核金属配合物对 $CO + H_2$ 合成烃类以及多醇类化合物的费-托反应并不具有活性。相反，这类反应在多相金属催化剂作用下却极易进行。这二者之间的差别直到发现金属原子簇配合物后才获解决。原来在多相金属表面，由于 CO 在多个金属原子上吸附，使 C—O 键处于松弛或解离状态，即：

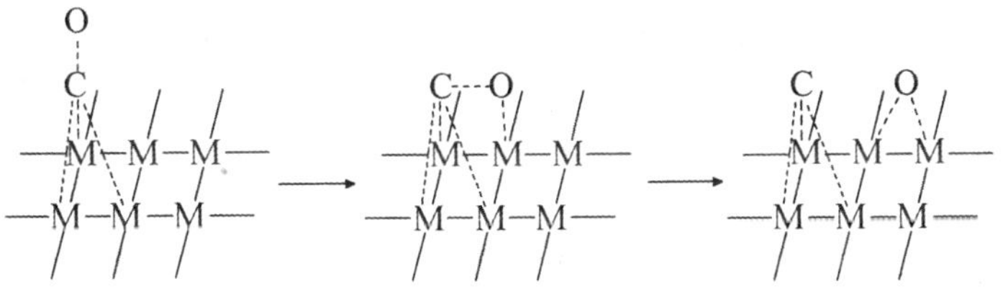

(5-68)

所以要求至少有两个金属原子相邻。而单核配合物自然无法满足这一点，相反金属表面及原子簇配合物可具有多个金属原子供 CO 活化，因此可以催化这一反应。例如锇原子簇催化下的烯烃加氢反应：

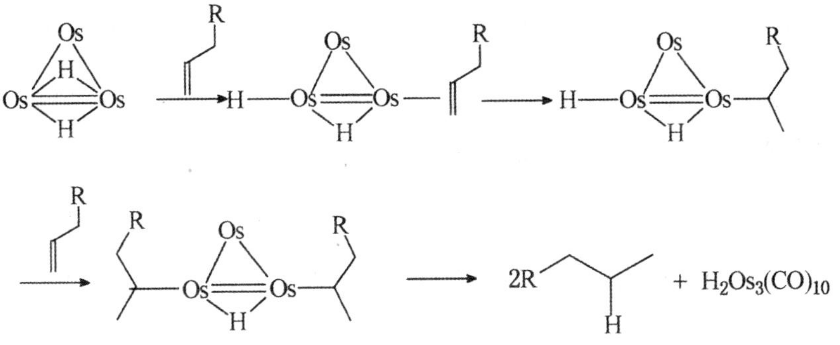

(5-69)

为了简便，式中未列入配体 CO。进入催化循环的催化剂是三锇簇配合物 $H_2Os_3(CO)_{10}$，其主要特征是它的不饱和性，可提供一个与烯烃配位的 Os ═Os 双键。

2. 氢羟甲基化反应

烯烃与 $CO + H_2$ 作用而生成碳原子数多一个的饱和醇，即：

$$RCH{=}CH_2 + CO + H_2 \longrightarrow RCH_2CH_2CH_2OH \quad (5-70)$$

该反应称为加氢－羟甲基化反应，或称为氢羟甲基化反应。反应所用的催化剂是 $Fe(CO)_5$。如果在反应体系中加入少量碱性物质（如吡啶），则直链醇的含量会明显增高。经研究，主要是由于 $Fe(CO)_5$ 催化剂在碱性溶液中生成了铁的原子簇阴离子配合物：

$$[Fe_3(CO)_{11}H]^- \cdot [HPy]^+ \tag{5-71}$$

这类配合物可由羰基铁 $Fe(CO)_5$ 与胺、水直接合成，即：

$$3Fe(CO)_5 + R_3N + 3H_2O \longrightarrow [HFe_3(CO)_{11}]^- \cdot [HNR_3]^+ + 2CO_2 + 2CO + H_2 \tag{5-72}$$

反应中有 H_2 生成，所以可不用加入氢气，直接利用羰基铁和碱性物作催化剂，也可得式(5－71)相同的结果。反应式为：

$$RCH{=}CH_2 + CO + H_2O \longrightarrow \underset{(85\%)}{RCH_2CH_2CH_2OH} + \underset{(15\%)}{RCH_2\underset{\large CH_3}{\underset{|}{C}}HCH_2OH} \tag{5-73}$$

这是一个在反应过程中形成原子簇活性配合物的例子。

5.3.4 有机金属化合物的催化作用

有机金属化合物催化剂在工业上已有不少的应用，如和 CO 有关的金属羰基化合物、和烯烃有关的 Ziegler 催化剂等。而且有机金属化合物催化剂的应用前景广阔，日益受到人们的重视，下面对两种有机金属化合物的催化作用分别介绍。

1. 离子型有机金属化合物的催化作用

离子型有机金属化合物是指ⅠA 和ⅡA 族金属的有机化合物，它们极易形成碳阴离子，可以作为苯乙烯、丙烯酸甲酯等乙烯基单体及其他多种不饱和化合物、环状化合物的阴离子聚合催化剂，反应过程为：

$$M{-}R + CH_2{=}CHX \xrightarrow{\text{引发}} M{-}CHX{-}CH_2R \xrightarrow{nCH_2=CHX} M{-}CHXCH_2(CHXCH_2)_nR \tag{5-74}$$

其中，X 为苯基或丙烯酸甲酯基。对阴离子聚合反应来说，金属的电负性愈小，即碱性愈大，催化活性愈大，聚合单体中的 X 基团吸电子能力愈强，聚合活性便愈大。

由于碱金属、碱土金属的烷基化合物（如 LiBu）都比较昂贵，加上聚合反应中的一般杂质（如 O_2 和空气）对反应都有很大影响，所以阴离子聚合反应还未获得广泛的应用。

2. 共价键型有机金属化合物的催化作用

ⅢA、ⅣA 和ⅤA 族元素的有机化合物多数是共价键型的，M—C 键是以 σ 键形式键合的。这类化合物直接用作催化剂的例子不多，下面以 Zn（ⅡA）、Al（ⅢA）、Sn（ⅣA）、Pb（ⅣA）、P（ⅤA）为例，说明它们的有机化合物在均相催化反应中的应用。

(1)有机锌化合物：有机锌化合物比碱金属和碱土金属有机化合物有更大的共价性，离子性较弱，只有对极性较强的单体（如乙烯基烷基酮）才能催化其阴离子聚合反应，即：

$$nCH_2{=}CH{-}\overset{\overset{\large O}{\|}}{C}{-}R \xrightarrow{ZnEt_2} {-}(CH_2\overset{\overset{\large COR}{|}}{C}H)_n{-} \tag{5-75}$$

$ZnEt_2$ 和醇、酮及胺反应可生成 Zn—O—C、Zn—N—C 键的化合物，例如：

$$ZnEt_2 + t\text{-}BuNH_2 \xrightarrow{60℃} EtZn{-}NH{-}(t\text{-}Bu) \xrightarrow{110℃} EtZn{-}N(t\text{-}Bu)ZnEt \tag{5-76}$$

产物可作为环氧丙烷的定向聚合引发剂。

(2)有机铝化合物：三乙基铝 $AlEt_3$ 有较强的活性，用途较广，是一种重要的有机金属催化剂原料。K. Ziegler 最早就是利用它为催化剂，将乙烯聚合成高分子产物，开始了 Ziegler催化剂这一广阔领域。但是单独使用烷基铝为催化剂时，只能得到低相对分子质量的产物，得不到高聚物，需要加入助催化剂，如 $TiCl_4$。烷基铝催化的主要反应有：

① 乙烯聚合反应：

$$nCH_2 = CH_2 \longrightarrow -(CH_2CH_2)_n- \tag{5-77}$$

② 乙烯、丙烯加成制取甲基戊烯：

$$AlEt \xrightarrow{CH_2=CHCH_3} AlCH_2\underset{\displaystyle CH_3}{\underset{|}{C}H}-Et \xrightarrow{CH_2=CH_2} CH_2=\underset{\displaystyle CH_3}{\underset{|}{C}}-C_2H_5 \tag{5-78}$$

③ 羰基化合物的聚合：由于 Al 对 O 的亲合性较强，故 $AlEt_3$ 和羰基化合物(极性单体)反应而聚合是很容易的，例如对乙烯基烷基酮，由于 C ═O 和 C ═C 是共轭的，故极易打开进行阴离子聚合。乙醛在 $AlEt_3$ 的催化下，可以聚合成立体的聚合物：

$$AlEt_3 + CH_3\overset{\displaystyle O}{\overset{\|}{C}}-H \longrightarrow Et_2Al-O-\overset{\displaystyle CH_3}{\overset{|}{C}H}-Et \xrightarrow{CH_3\overset{O}{\overset{\|}{C}}-H} -(O-\overset{\displaystyle CH_3}{\overset{|}{C}H})_n- \tag{5-79}$$

④ 和活泼氢的化合物反应生成配合物：

$$AlEt_3 + LiOH \longrightarrow Et_2Al\langle_{OLi}^{Et}\rangle AlEt_2 \tag{5-80}$$

$$AlEt_3 + CH_3-\overset{\displaystyle O}{\overset{\|}{C}}-CH_2-\overset{\displaystyle O}{\overset{\|}{C}}-CH_3 \longrightarrow Et_2Al(acac) \tag{5-81}$$

前者是乙醛定向聚合催化剂，后者是环氧丙烷定向聚合催化剂。

(3)ⅣA 族金属有机化合物：这类化合物共价性较强，M—C 键比较稳定，用途最广的是有机锡和有机铅化合物。R_2SnCl_2(R 为烷基)作为异氰酸化合物(RNCO)的加成有较高的催化活性，可实际应用。例如：

$$BuOH + C_6H_5-NCO \xrightarrow{R_2SnCl_2} BuO\overset{\displaystyle O}{\overset{\|}{C}}HN-C_6H_5 \tag{5-82}$$

有机铅化合物，如 $PbMe_4$、$PbMe_2Et_2$ 等，可作为抗震剂。经研究表明，在燃烧时产生的氧化中间体与烷基铅生成了 PbO，而它可以减少醛类和过氧化物的生成和分解，从而达到防震的目的。

(4)ⅤA 族金属有机化合物：该类化合物为共价型化合物，例如 PR_3 和 AsR_3 等。由于 P、As 具有孤对电子，有供电子能力，对接收电子能力弱的乙烯基单体有引发阴离子聚合的作用，即：

$$XCH = CH_2 + :PR_2 \longrightarrow \underset{\displaystyle X}{\underset{|}{C}H}-CH_2PR_2 \tag{5-83}$$

§5.4 均相配位催化反应的应用

5.4.1 均相配位催化反应的特点

1. 选择性高

均相配位催化剂是以分子状态存在的，每一个分子都是具有同等性质的催化活性单位，而且按照其结构突出一种最强的配位作用。另外，分子态的催化剂尺寸小，对于多官能团的有机反应，在同一时刻只能有一个或少数几个官能团靠近催化剂分子，使反应物分子处于有利的反应位置，因而选择性高。而多相固体催化剂则不同，它的表面是非均一的，具有多个活性中心，可以同时发生多种不同方向的反应，因而选择性低。

2. 活性高

由于中心配位原子和配体可广泛地进行筛选，结果使催化剂分子具有高选择性的同时，又具有高活性，所以在溶液中催化剂的浓度远远低于固相催化剂表面活性组分的浓度。

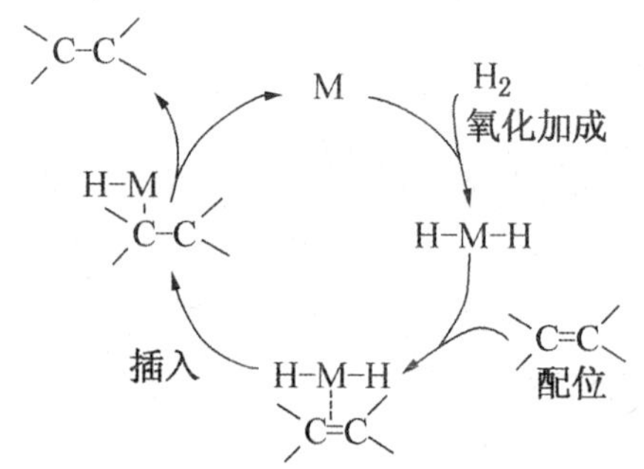

图 5－7 烯烃加氢反应的催化循环图

除了上述两个优点之外，均相配位催化反应也有其缺点：需要有催化剂回收装置，特别是对于贵金属催化剂。多数均相配位催化剂在250℃以上不稳定，所以限制了高温反应的进行。反应一般在酸性介质中进行，所以需要特种耐腐蚀的反应器。有许多反应需要较高压力（例如 CO 的羰基合成要在30MPa 下进行）。

在均相配位催化反应中，常常使用“循环图”表示催化反应过程，即将几种不同类型的单元反应以适当方式连接起来，反应物得到目的产物的同时，催化剂又重新生成，所以又称“催化循环图”。一般地，各步基元反应都是按顺时针方向排列，例如烯烃加氢反应的循环图如图 5－7 所示。

5.4.2 烯烃加氢

采用过渡金属配合物进行催化加氢是研究较多的一类反应，被加氢物有烯烃、芳烃、醛、酮、硝基化合物等。由于均相配位加氢催化剂价格昂贵，不易分离，因此至今这类反应仅限于实验室工作。但均相催化加氢的催化剂可溶于有机溶剂中，选择性高，可通过配体调节催化剂性能，因此近来这方面的研究报告较多，是一个值得重视的新领域。

烯烃加氢所用的均相催化剂结构较简单，H_2消耗是按双键计量的。将烯烃和催化剂均匀混合后，在 25～100℃及 0.1～0.3MPa 下加氢。反应结束后，可采用蒸馏法或水洗法将催化剂与产物分离，一般没有副反应。所用的催化剂主要有以下 4 类：①三苯基膦氯化铑系列，如 $RhCl(PPh_3)_3$；②氯化铂或锡的混合物；③负离子型氰钴配合物；④Ziegler 催化剂，即过渡金属盐和烷基铝混合物。最常用的是第①类催化剂，它的来源丰富，在国外已商品化，反应速度中等，稳定性较好。对端烯烃，如 1－己烯可在室温下和常压下进行加氢，因此较适用于实验室操作。例如，下列化合物在加氢时只发生在端烃上：

$$H_3C\text{–}O\text{–}C_6H_4\text{–}C(CH_3){=}CH_2 \xrightarrow{H_2} H_3C\text{–}O\text{–}C_6H_4\text{–}CH(CH_3)\text{–}CH_3 \qquad (5-84)$$

对于不饱和聚合物的加氢则采用 Ziegler 型催化剂，这种方法具有一定的工业应用前景，其原因在于聚合物通常不易用非均相催化剂进行加氢。在水溶液中，负离子型氰钴配合物，如 $Co(CN)_5^{3-}$ 能催化丁二烯加氢，即：

$$CH_2=CH-CH=CH_2 + H_2 \xrightarrow{Co(CN)_5^{3-}} CH_2=CH-CH_2-CH_3 + CH_3-CH=CH-CH_3 \qquad (5-85)$$

5.4.3　乙烯氧化制乙醛

乙醛是重要的化工原料。20 世纪 50 年代以前，一般采用乙炔水合法或乙醇氧化法制备。50 年代以后，发明了 $PdCl_2-CuCl$ 系列催化剂，由乙烯直接氧化制备乙醛。该方法的特点是产率和选择性高。总反应式为：

$$2CH_2=CH_2 + O_2 \longrightarrow 2CH_3CHO \qquad (5-86)$$

其反应机理可表示为：图 5-8。

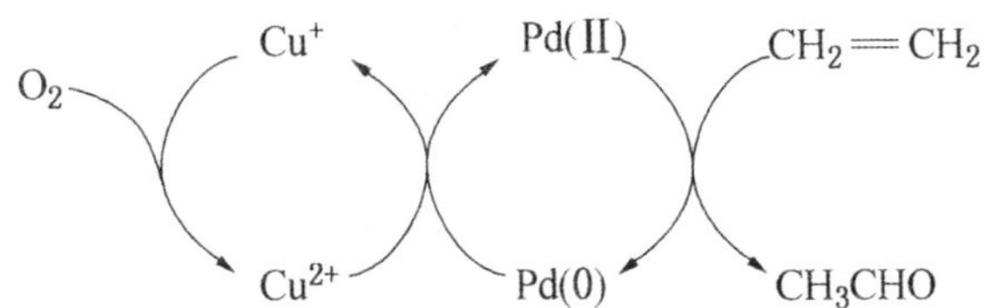

图 5-8　乙烯直接氧化制乙醛反应机理示意图

所用催化剂为 $PdCl_2$、$CuCl_2$ 和 CuCl 的水溶液。工艺上分为一步法和二步法。一步法是指烯烃羰化反应和催化剂中金属氧化反应同时进行。二步法是指烯烃羰基化反应和金属氧化反应在两个反应器中进行，转化率比一步法高。图 5-9 是一步法的流程图。

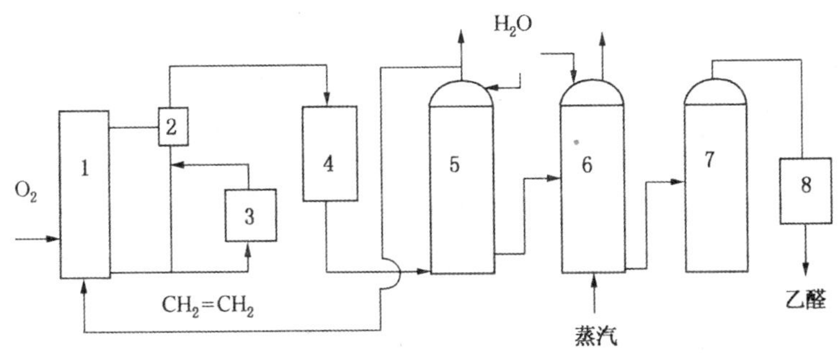

图 5-9　一步法均相配位催化氧化制乙醛工艺流程图

1—反应器；2—除沫分离器；3—催化剂再生器；4，8—冷凝器；5—洗涤塔；6—脱低沸物塔；7—精馏塔

将 99.8% 乙烯和 99.5% 氧气及循环气（惰性气体）分别用压缩机送入立式反应器(1)，混合气中 O_2 的含量 < 9%，以免和乙烯发生爆炸反应。为防止催化剂中毒，原料乙烯纯度（> 99.5%）必须严格控制，乙炔含量 <0.003%，硫化物含量 < 0.0003%，以防止 Pd 催化剂中毒。反应器无内部构件，装有 1/3 ~ 1/2 的均相催化剂，反应温度在 120 ~ 130℃，压力为 0.29MPa。冷却除雾(4)后的气体用水吸收乙醛(5)，乙醛水吸收液再经抽提和精馏(6，7)，去掉 CO_2、N_2、CH_4 和 CH_3CH_2Cl 等副产物，经冷凝即可得产品乙醛(8)，收率按乙烯计为 95%，以氧计为 90%。

除乙烯氧化外，钯系列催化剂还可以催化丙烯的氧化反应，例如 $PdCl_2$ 或 $Pd(OAc)_2$ 可催化下列反应：

$$\text{CH}_2{=}\text{CHCH}_3 + \text{ROH} \xrightarrow{\text{PdCl}_2} \text{CH}_2{=}\text{C(OR)CH}_3 + \text{CH}_2{=}\text{CHCH}_2\text{OR} \tag{5-87}$$

5.4.4 羰基化制丁醇和乙酸

1. 羰基化制丁醇

α-烯烃羰基化反应可在铑配合物催化下生成丁醇和辛醇，即称为氢甲酰基化的反应：

$$CH_3CH=CH_2 + CO + 2H_2 \longrightarrow CH_3CH_2CH_2CH_2OH \tag{5-88}$$

$$2CH_3CH=CH_2 + 2CO + 7H_2 \longrightarrow C_4H_9CH(C_2H_5)CH_2OH + H_2O \tag{5-89}$$

所用催化剂为 $RhCl(CO)(PPh_3)_2$。该催化剂活性高，反应可在较低的压力下进行。反应中间产物均为醛类(正丁醛或异丁醛)，正丁醛一方面继续加氢生成正丁醇，一方面经过α-醇醛缩合为辛醇，异丁醇加氢为异丁醇。总反应可表示为：

$$CH_2CH{=}CH_2 \xrightarrow{+CO/H_2} C_3H_7OH \begin{cases} \xrightarrow{+H_2} C_4H_9OH \\ \xrightarrow{+OH^-} C_3H_7CH(OH)CH(C_2H_5)CHO \xrightarrow[+H_2]{-H_2O} C_4H_9CH(C_2H_5)CH_2OH \end{cases} \tag{5-90}$$

$$CH_2CH{=}CH_2 \xrightarrow{+CO/H_2} CH_3CH(CHO)CH_3 \xrightarrow{+H_2} CH_3CH(CH_2OH)CH_3$$

2. 羰基化制乙酸

羰基化一个重要应用是由甲醇制乙酸，反应为：

$$CH_3OH + CO \longrightarrow CH_3COOH \tag{5-91}$$

工业上采用高压法和低压法两种工艺。

(1)高压法：以羰基钴为催化剂，于210~250℃和65MPa下，使甲醇和CO发生羰基化反应而制备乙酸。此法的主要问题是操作压力高，副产物多，产品精制复杂。乙酸收率以甲醇计为90%，以CO计为70%，目前应用较少。

(2)低压法：又称Monsanto法，以羰基铑为催化剂，并加入碘化物(CH_3I)为助催化剂。由于催化剂活性高，反应可在175℃和3MPa以下的条件下进行。同时催化剂的选择性也高，副反应少。低压法的工艺流程图如图5-10所示。原料甲醇和CO气体进入反应器进行羰基化反应，从反应器出来的气体在洗涤器中用冷却醇洗涤，其中的轻组分及中间产物碘甲烷循环到反应器中，尾气送火炬燃烧。从反应器中部出来的产物首先进入脱轻组分塔，从塔顶出来的轻组分和塔底出来的重组分(含催化剂的产物)均循环到反应器。含水乙酸由中部流出，进入脱水塔精馏。塔顶得到的稀乙酸循环到反应器，塔底得到的无水乙酸经脱重组分塔，由塔底脱出重组分，塔顶产物再送入精制塔进一步精馏，从中部得到高纯度的乙酸产品(含量99.9%)，塔顶和塔底的产物都返回反应器。

低压法生产乙酸是20世纪70年代开发的，具有原料价廉、操作条件缓和、乙酸产率高(以甲醇计99%，以CO计90%)、产品纯度高和工艺简单的优点，是目前生产乙酸工艺中技术指标最先进的方法。但所需的催化剂为贵金属铑，反应介质有严重的腐蚀性，必须使用昂贵的合金钢，所以仍需进一步改进。

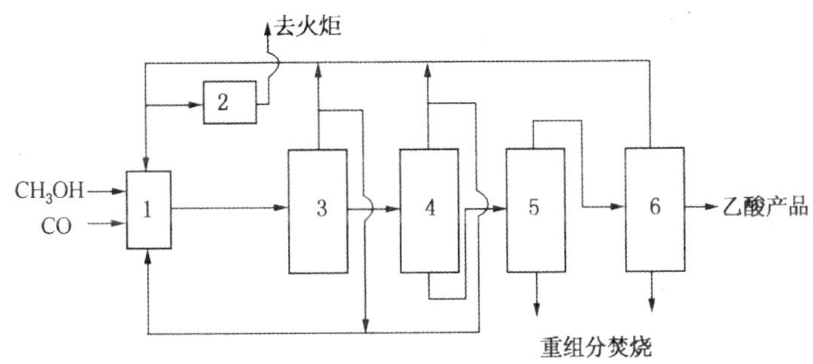

图 5－10　低压法生产乙酸流程图

1—反应器；2—洗涤器；3—脱轻组分塔；4—脱水塔；5—脱重组分塔；6—精制塔

5.4.5　Ziegler－Natta 过程制备高聚物

利用过渡金属配合物催化烯烃定向聚合为规则的高聚物是催化科学的一项光辉成就。Ziegler 首先发现了聚合反应所用的催化剂，而 Natta 研究了高聚物的立体规整性。工业上最常用的催化剂是由烷基金属化合物(如 $AlEt_2Cl$)和 $\alpha-TiCl_4$制成的。

最初，是将乙烯置于 200MPa 压力下聚合，得到的产物是低密度聚乙烯。它是高分支链的，结晶度很低，聚合机理是自由基聚合。而在 Ziegler 催化剂作用下，乙烯可聚合成高密度聚乙烯。它是低分支链的，结晶度高，熔点也高于前者 20℃。这样的产物是等规则聚合物。

丙烯或高相对分子质量的 α－烯烃在 Ziegler 催化剂存在下的聚合将得到具有异常高熔点、高结晶度、高立体规整性的产物聚丙烯。除了等聚丙烯，还有间规和无规聚丙烯，结构特点如式(5－92)，(5－93)和(5－94)所示。

在 Ziegler－Natta 催化剂作用下，丙烯聚合过程大致分为如下几步：

$$\begin{array}{cccccccccccc} & CH_3 & & CH_3 & & CH_3 & & CH_3 & & CH_3 & & CH_3 \\ & | & & | & & | & & | & & | & & | \\ CH_2 & CH & —CH_2— & CH & —CH_2— & CH & —CH_2— & CH & —CH_2— & CH & —CH_2— & CH— \end{array} \qquad (5-92)$$

$$\begin{array}{cccccccccccc} & CH_3 & & & & CH_3 & & & & CH_3 & & \\ & | & & & & | & & & & | & & \\ —CH_2— & CH & —CH_2— & CH & —CH_2— & CH & —CH_2— & CH & —CH_2— & CH & —CH_2— & CH— \\ & & & | & & & & | & & & & | \\ & & & CH_3 & & & & CH_3 & & & & CH_3 \end{array} \qquad (5-93)$$

$$\begin{array}{cccccccccccc} & & & & & CH_3 & & & & CH_3 & & \\ & & & & & | & & & & | & & \\ —CH_2— & CH & —CH_2— & CH & —CH_2— & CH & —CH_2— & CH & —CH_2— & CH & —CH_2— & CH— \\ & | & & | & & & & | & & & & | \\ & CH_3 & & CH_3 & & & & CH_3 & & & & CH_3 \end{array} \qquad (5-94)$$

1. 活性中心的形成

$TiCl_3$和 $AlEt_3$相互作用，交换配体而形成活性中心。$TiCl_3$中的 Ti^{3+}为 6 配位，8 面体结构。作为活性中心的 Ti^{3+}的 6 个配位体 Cl^-中有一个空缺，用“□”表示。其余 5 个 Cl^-中，与“□”相近的一个 Cl^-被乙基 Et 取代，最后形成同时含有 Ti－Et 和 Ti－□的配位球，即活性中心。

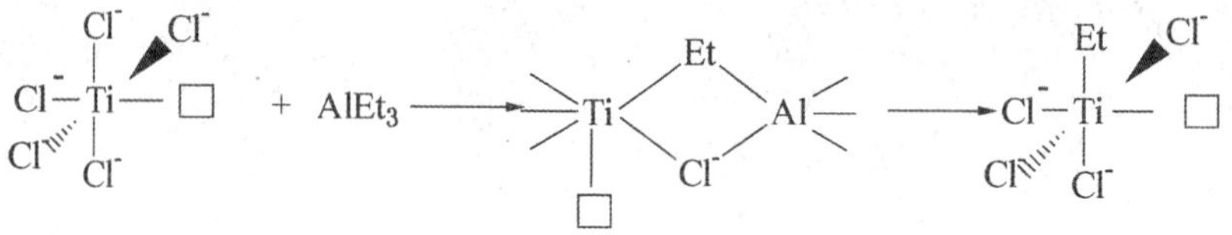

Cl^-, Cl^-, Cl^-—Ti—□, Cl^-, Cl^- + $AlEt_3$ ⟶ Ti(□)(Et)(Cl^-)Al ⟶ Et, Cl^-, Cl^-—Ti—□, Cl^-, Cl^-　(5-95)

2. 单体(丙烯)配位

单体丙烯在 Cl^- 缺位处与 Ti 配位，形成 Ti-丙烯配合物，即：

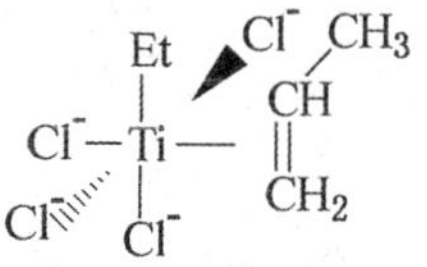

Et, Cl^-, Cl^-—Ti—(CH_2=CH—CH_3), Cl^-, Cl^-　(5-96)

3. 插入反应

丙烯双键上的两个碳顺式插入 Ti—Et 之间，使 Et 上结合一个单体分子，并在 Et 原来的配位处留下一个空穴。如果空穴处重新配位上丙烯分子，并重复上述过程，则能形成愈来愈长的聚合物链(Cl^- 省略未画)，即：

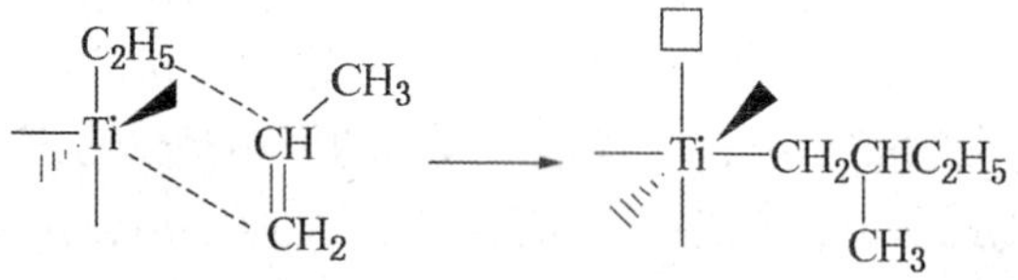

$$\text{Ti}-C_2H_5 + CH_2=CH-CH_3 \longrightarrow \square-\text{Ti}-CH_2CH(CH_3)C_2H_5 \qquad (5-97)$$

4. 空穴复位

以上说明了活性中心的形成和聚合物的形成。而由于丙烯分子配位方式及配位位置不同而造成的聚合物等规或无规性还未涉及。实际上，丙烯与 Ti 配位时，有两种形式，如：

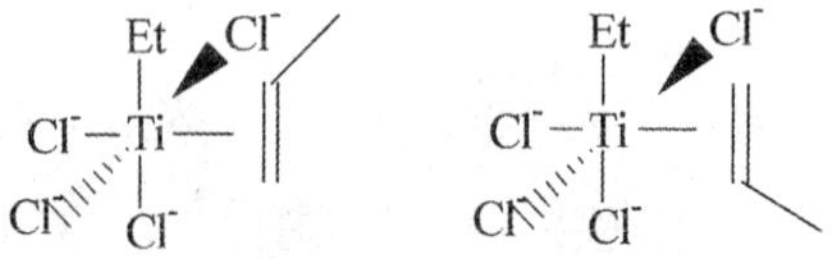

Et, Cl^-, Cl^-—Ti—, Cl^-, Cl^-　　Et, Cl^-, Cl^-—Ti—, Cl^-, Cl^-　(5-98)

即甲基所处位置不一样，如果这两种方式是等价的，那么将得到无规聚丙烯。既使只有一种配位方式，也还由于插入方式的不同而造成甲基依次向内和向外排列，产物的间规也是不等规的，两种插入位置分别为(1)和(2)所示：

Et—Ti—(1)　　Et—Ti—(2)　(5-99)

5.4.6 不对称催化合成

不对称合成的出现开辟了从非手性物质人工合成不对称产物的途径，减少或免除了用一般化学合成所得外消旋产品中对映体拆分的麻烦，引起了人们的很大兴趣，尤其是手性膦铑配合物催化剂成功实现了催化不对称加氢反应，进一步吸引了更多人的注意。虽然不对称合成起步晚，但却发展迅速，在医药、农药、甾体、激素、香料以及具有生理活性的氨基酸和醇等的合成方面，展现出广阔的应用前景。例如左旋多巴胺的合成(L-DOPA)：

$$\text{ArCH}=\text{C}(\text{COOH})(\text{NHCOCH}_3) \xrightarrow{\text{L/Rh, H}_2} \text{ArCH}_2\text{CH}(\text{COOH})(\text{NHCOCH}_3) \quad (5-100)$$

其中催化剂为手性双膦－铑配合物 R，R－DIPAMP/Rh，即：

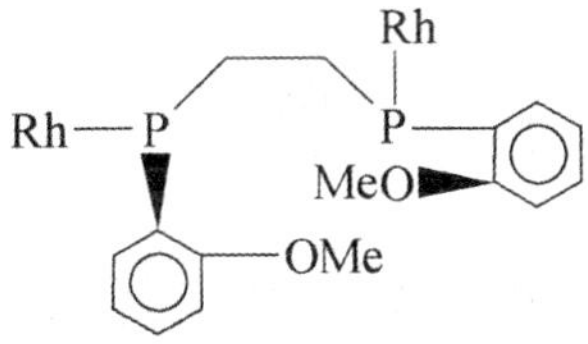

(5－101)

又如左旋薄荷醇的合成。薄荷醇有8种立体异构体，但在医药和香料上可用的只有一种，即左旋光活性的薄荷醇(a)，其中所用的均相催化剂为2，2－双二苯膦－1，1－联萘(b)的铑配合物，化学收率可达98%，光学收率可达98.5%。

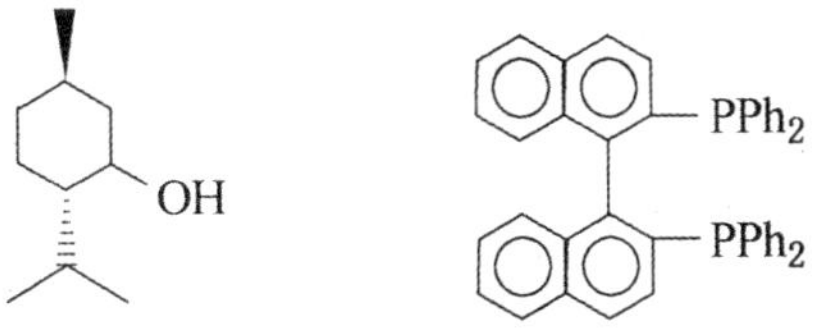

(a)　　(b)　　(5－102)

习　题

1. 均相配位催化反应有什么优点、缺点？
2. 均相配位催化剂分哪几类？
3. 什么是 Werner 配合物？按 Lewis 酸、碱及配位原子数，该配合物又分哪几类？举例说明。
4. 什么是 π－配合物？按配位方式又分哪几类？举例说明配位方式。
5. 什么是金属原子簇配合物？举例说明。
6. 为什么金属原子簇配合物对羰基合成反应具有催化活性，而单核金属配合物无催化活性？
7. 什么是金属有机化合物？按成键方式又分哪几类，举例说明。
8. 在均相配位催化的反应机理中，涉及哪些基元反应？各举一例说明反应过程。
9. 各种均相配位催化剂是如何发挥催化作用的，各举1～2例说明。
10. 说明 $PdCl_2$－CuCl 催化氧化乙烯制乙醛的反应机理。
11. 说明 Ziegler－Natta 催化剂制备聚乙烯、聚丙烯的反应机理。
12. 为什么 Ziegler－Natta 法制备的聚丙烯会有等规、间规和无规形？

第 6 章　相转移催化有机合成

§6.1　概　　论

相转移催化是 20 世纪 60 年代开始形成的一门新技术，多应用于非均相反应体系，可以在温和的反应条件下加快反应速率，简化操作过程，提高产品收率，受到了人们极大的关注。相转移催化最初只是应用于烷基化等几类典型的反应中，现已迅速发展到许多化学化工领域。除了应用于有机合成、高分子聚合反应外，还进入了分析、造纸、制革等领域。这一新技术的推广，对许多化工新产品的开发、老产品生产技术的改造、质量的提高和成本下降产生了较大的影响，特别是在精细化工和制药方面，将带来令人瞩目的经济效益和社会效益。

6.1.1　相转移催化反应的定义

什么是相转移催化有机合成呢？它是指在相转移催化剂作用下，有机相中的反应物与另一相（水相或固体相）中的反应物发生的化学反应，称为相转移催化（Phase Transfer Catalysis, PTC）反应。例如：

$$PhOH + C_4H_9Br \longrightarrow PhOC_4H_9 + HBr \tag{6-1}$$

其中苯酚 PhOH 是固态的，溶于水中，而溴丁烷是液体，溶于有机溶剂中。两种反应物不能同时存在于相同的相中进行接触，所以该反应是属于两相间的亲核取代反应。要完成该反应，可以有以下 4 种方法：

① 将两种反应物分别溶于水和有机相中，进行强烈搅拌，但所用温度和压力较高，产率低。

② 将溴丁烷改成丁醇，用浓硫酸进行催化。但是由于浓硫酸的腐蚀性强，且温度较高（>140℃），所以该方法受到了限制。

③ 用 William 法合成，即在无水乙醚中，用苯酚钠和 C_4H_9Br 直接反应。但是无水操作较麻烦。

④ 用四丁基溴化铵为相转移催化剂，可在 50℃下进行反应，产率 >90%。该方法使用了相转移催化剂，可使两相中的反应物充分接触，且在较低的温度下进行反应，产率较高，是一种先进的合成方法。

6.1.2　相转移催化反应的发展过程

相转移催化有机合成的历史大约有 60 年。从反应类型、反应机理到反应的应用发展很快，已经成为重要的有机合成方法。下面是相转移催化反应发展过程中较重要的几个阶段：

① 1947 年，Wittig 用 $(CH_3)_4NCl$ 催化了油/醇介质中的烷基化反应。

② 1951 年，Jarrousse 在水/油相中完成了 *O*—烷基化反应。

③ 1965 年，Makosza 提出了浓碱水溶液/有机相中的烷基化反应，并称之为“两相催化反应”。

④ 1968 年，Starks 首次提出“相转移催化”概念，并明确了这种反应的应用范围，提出了相转移催化反应的取代机理(详见 JACS，1971，93：195)。

⑤ 1969 年，Brändström 提出了相转移催化反应的萃取机理。

之后，又相继提出了液/固相转移催化、聚合物载体催化的机理，并扩大了相转移催化反应的类型，如烷基化、异构化、加成、消去、水解反应等。同时也出现了许多新型的相转移催化剂，如季铵盐、季鏻盐和冠醚等，使相转移催化反应逐渐被人们了解和重视。

6.1.3　相转移催化反应的优点

相转移催化反应的优点有：

① 不需要昂贵的无水溶剂或非质子溶剂；

② 增加了反应速度；

③ 降低了反应温度；

④ 在许多情况下操作简便；

⑤ 可用碱金属氢氧化物的水溶液代替醇盐、氨基钠、氢化钠或金属钠等强碱性物质；

⑥ 其他特殊的优点，如能进行其他条件下无法进行的反应，改变反应的选择性和产品比率，通过抑制副反应而提高产品收率等。

§6.2　离子对和离子对萃取

相转移催化反应属于两相反应，一相是溶有反应物的有机介质溶液，一相是盐、酸、碱的水溶液或其固体。如果没有催化剂，这类反应的速率较慢、产率较低，甚至不能发生反应。而相转移催化剂能使离子化合物与不溶于水的有机物在低极性溶剂中进行反应，或加速这些反应。最常用的催化剂是鎓盐，或者是能与金属离子络合的络合剂。该反应的本质是将反应盐的阴离子以离子对的形式转移到有机相中。由于该阴离子未被溶剂化，而呈裸露状态，所以有很大的反应活性。

6.2.1　有机相中的离子对

相转移催化反应中，首先是将离子对分子萃取或溶解到有机相中。所以有必要了解离子对的形成与溶剂状态及性质的关系。

典型的无机盐不溶于有机溶剂中。同样，小分子的无机阴离子和有机阳离子(如四甲基铵)组成的盐类也不溶于非极性的有机溶剂中。但这类铵盐却能溶于二氯甲烷和三氯甲烷中。当组成盐的阴离子较大时，还可以使其碱金属盐类溶于苯中，例如正丁基丙二酸乙酯钠盐在苯中的溶解度可达 0.14 mol/L。同样，大的鎓阳离子(如四正己基铵)和小的阴离子(如羟基离子)组成的盐类可溶于碳氢化合物中。

1. 离子对的形成

离子晶体是由晶格中的离子形成的分子，它可以在介电常数高的溶剂中(如水)离解成溶剂化的阳离子和阴离子，它的水溶液是良导体。但在极性低的溶剂中，即使加入强电解质(如 NaCl)，溶液的导电性也很低。这表明溶液中的盐只有部分离解为自由离子，大部分则以离子对形式存在。

离子对(Ionpair)是由两种极性相反的离子缔合而成的中性分子。离子对与自由离子的平衡式为：

$$[Q^+ \cdot Y^-] \overset{K}{\rightleftharpoons} Q^{+-} + Y^- \tag{6-2}$$

其中 K 为离子对的离解平衡常数。离子对是中性分子，其溶液不导电，离子对离解的程度和溶剂的极性有关。这两种离子基本上以库仑力结合在一起，但有时与介质之间会产生强的相互作用。离子对与自由离子处于平衡状态中，自由离子与离子对的重要差别是离子对不导电，而自由离子导电。因此，测量溶液电导率便可估计自由离子的比例。在许多溶剂中，离子对的离解常数是已知的。根据一般经验，在极稀溶液中，溶剂的介电常数大于40，则溶液中主要是离解了的自由离子。当溶液介电常数低于10～15时，即使是极稀溶液，也几乎不存在自由离子。

2. 有机溶剂中离子对的平衡

根据溶剂的极性大小，可以将溶剂分为三大类：

(1)极性质子溶剂(如 C_2H_5OH)　容易使阴离子和阳离子溶剂化。无机阳离子与溶剂分子偶极的负极性端相互作用而溶剂化，而阴离子则借助于溶剂分子间的氢键溶剂化。体积大的季铵阳离子不被溶剂化，或溶剂化不明显，即不存在直接的相互作用。在极性质子溶剂中，盐分子大部分离解成自由的溶剂化离子，溶液可导电。由于溶剂化壳体的屏蔽作用，使许多阴离子呈现较低的亲核反应活性。

(2)极性非质子溶剂(如 DMSO，DMF)　容易使阳离子溶剂化，由于溶剂分子偶极的正端易靠近阴离子，所以阴离子不易被溶剂化，具有较高的亲核反应活性。在这种溶剂中，盐类是高度离解的，溶液导电。

(3)低极性非质子溶剂　相转移催化反应通常在这种溶剂中进行，它们的介电常数较低，例如二氯甲烷(8.9)，三氯甲烷(4.7)，乙醚(4.2)，苯(2.3)和正己烷(1.9)。在这种溶剂中典型的无机盐是不溶解的。但是有机季铵盐、季鏻盐和其他鎓盐通常容易溶解，特别是在二氯甲烷和三氯甲烷中。在这种溶剂中，鎓盐基本上是以离子对形式存在的，自由离子的浓度很小。由于离子对和溶质分子间的作用不强，因此离子对在有机介质中与亲电试剂的反应很快。对于一些较弱的亲电试剂(如乙酸盐)也显示出较强的亲核特性。所以把这种离子对称为“裸”离子。

离子对之间可以聚合成聚集体，例如：二聚体、三聚体或四聚体，这种缔合在非极性介质中极易发生。离子对的缔合有利于把反应盐从水相萃到有机相中。

6.2.2　水溶液中离子对的萃取

1. 离子对萃取原理

离子型物质 NaY 经溶剂萃取，其阴离子 Y^- 可以从水相进入有机相中。总反应为：

$$Na^+ Y^-_{水相} + RX_{有机相} \xrightarrow{[Q^+ X^-]} Na^+ X^-_{水相} + RY_{有机相} \tag{6-3}$$

其中，Q^+ 是催化剂的阳离子；$[Q^+ X^-]$ 表示离子对。整个方程可以分成两部分，一部分是有机相中的化学反应式(6-4)，一部分是水相中的萃取平衡反应式(6-5)。

$$RX_{有机相} + [Q^+ Y^-]_{有机相} = RY_{有机相} + [Q^+ X^-]_{有机相} \tag{6-4}$$

$$[Q^+ X^-]_{有机相} + Na^+ + Y^- = [Q^+ Y^-]_{有机相} + Na^+ + Y^- \tag{6-5}$$

这样，经过离子对从 $[Q^+ X^-]$ 到 $[Q^+ Y^-]$ 的萃取过程，使水相中的 Y^- 和有机相中的 R 生成了目标产物 RY。其中，式(6-5)可以由下列两个简单的萃取组合而成，即：

$$Q^+_{有机相} + X^-_{水相} = [Q^+ X^-]_{有机相} \tag{6-6}$$

$$Q^+_{水相} + Y^-_{水相} \rightleftharpoons [Q^+Y^-]_{水相} \tag{6-7}$$

它们的萃取常数分别为

$$E_{QX} = \frac{[Q^+X^-]_{有机相}}{[Q^+]_{水相}[X^-]_{水相}} \tag{6-8}$$

$$E_{QY} = \frac{[Q^+Y^-]_{有机相}}{[Q^+]_{水相}[Y^-]_{水相}} \tag{6-9}$$

$$K = \frac{E_{QY}}{E_{QX}} = \frac{[Q^+Y^-]_{有机相}}{[Q^+X^-]_{有机相}} \cdot \frac{[X^-]_{水相}}{[Y^-]_{水相}} \tag{6-10}$$

K 值是萃取平衡反应式(6-5)的平衡常数，如果已知 E_{QX} 和 E_{QY}，在任何反应阶段和任何给定的 X^-、Y^- 或 Q^+ 浓度下，可计算出把反应所需的阴离子 Y^- 萃取到有机相中的浓度 $[Q^+Y^-]_{有机相}$ 和离去阴离子 X^- 在有机相中的浓度 $[Q^+X^-]_{有机相}$ 之比，即 $[QY]/[QX]$。如果 $[QY] \gg [QX]$，说明该萃取过程有利于催化反应(6-3)的进行。

2. 有机溶剂对离子对萃取的影响

PTC 操作的溶剂通常不应溶于水，否则会使离子对出现高度水合而产生屏蔽作用，降低反应活性。为了避免与离子对的阴离子形成氢键，所用溶剂必须是非质子性的。表 6-1 列出了四正丁基溴化铵在水和各种溶剂之间的表观萃取常数 $E_{表}$，其中 $E_{表}$ 为：

$$E_{表} = \frac{[NBu_4Br]_{有机相}}{[NBu_4{}^+]_{水相}} \tag{6-11}$$

表 6-1　表观萃取常数 $E_{表}$

溶　剂	$E_{表}$	溶　剂	$E_{表}$	溶　剂	$E_{表}$
CH_2Cl_2	35	C_6H_5Cl	<0.1	$ClCH_2COOC_2H_5$	1.4
$CHCl_3$	47	$O-Cl_2C_6H_4$	<0.1	$NCCH_2COOCH_3$	54
$CDCl_3$	41	$CH_2=CCl_2$	<0.1	$n-C_4H_9OH$	69
CCl_4	<0.1	反 $-ClCH=CHCl$	<0.1	$CH_3CHOHC_2H_5$	23
CH_3CHCl_2	0.5	顺 $-ClCH=CHCl$	33	$ClCH_2CN$	17000
$ClCH_2CH_2Cl$	6.1	$ClCH=CCl_2$	0.2	Cl_3C-CN	2.3
$ClCH_2CHCl_2$	8.6	$C_2H_5OC_2H_5$	<0.1	$CH_2=CHCN$	130
$Cl_2CHCHCl_2$	146	$ClC_2H_4OC_2H_4Cl$	2.8	$ClCH_2CH_2CN$	940
Cl_2CHCCl_3	<0.1	$CH_3COOC_2H_5$	2.8	$n-C_3H_7CN$	13.7

表 6-1 右边的一栏溶剂不适用于 PTC，其中有些溶于水，其余的溶剂又太活泼，对反应有干扰作用。表左边和中间二栏则是 PTC 反应较好的溶剂。从实用上讲，低沸点氯代烃(三氯甲烷、二氯甲烷)是最好的溶剂，它们不仅对标准盐有良好的萃取能力，即萃取常数大，而且价格便宜，也易于除去。若采用三氯甲烷或二氯甲烷作溶剂时出现副反应，可以使用乙醚或乙酸乙酯。不能因为萃取常数低就认为不能使用。萃取常数低意味着在反应的任一瞬间，在有机相中的离子对只有理论量的一小部分，反应速率将下降。有时采用体积大的、亲脂性强的阳离子会抵消这种影响。

3. 鎓阳离子对离子对萃取的影响

在 PTC 反应中，季铵盐是一种重要的鎓阳离子。当铵盐离子中心氮原子周围的碳原子数增加时，将会提高它们的亲脂性，因而会使萃取常数 E_{QX} 增加。例如用二氯甲烷为溶剂，以季铵盐萃取苦味酸时，$\lg E_{QX}$ 和碳原子数 n 有线性关系，即

$$\lg E_{QX}{}^{伯} = -2.04 + 0.63n \quad (6-12)$$

$$\lg E_{QX}{}^{仲} = -1.35 + 0.61n \quad (6-13)$$

$$\lg E_{QX}{}^{叔} = 0.10 + 0.54n \quad (6-14)$$

$$\lg E_{QX}{}^{季} = -2.00 + 0.54n \quad (6-15)$$

式中，Q 为铵盐阳离子；X 为苦味酸盐，伯、仲、叔、季代表铵离子的种类。所以，每增加一个碳原子，$\lg E_{QX}$大约增加 0.54～0.63 单位。应该注意的是，碳原子数不是决定 E_{QX}的惟一因素。因此，上述对未知萃取常数的计算仅对于相关的系列才是有效的。

4. 阴离子对离子对萃取的影响

阴离子亲脂性的大小，决定了水溶液和有机相中的[Q^+]，对 E_{QY}也有影响。在有机季铵盐[Q^+X^-]溶液和 NaY 水溶液形成的萃取平衡中，可以测出各种阴离子亲脂性的大小。反应盐阴离子 Y^-亲脂性越大，对离子对[Q^+Y^-]的萃取能力越大，越有利于 PTC 反应的进行。相反，PTC 催化剂的阻离子 X^-亲水性越大，越有利于[Q^+X^-]盐的离解，即有利于离子对[Q^+Y^-]的形成。所以在选择 PTC 催化剂阴离子时，应保证亲水性大于反应盐的阴离子 Y^-，或者说亲脂性小于反应盐的阴离子 Y^-。例如，在三氯甲烷中/水体系中，可以得出有机季铵盐[Q^+X^-]的阴离子萃取能力从大到小的排列顺序为：

$$ClO_4^- \gg ClO_3^- > NO_3^- > Cl^- > HSO_4^- > OH^- > SO_4^{2-} > CO_3^{2-} > PO_4^{3-} \quad (6-16)$$

对于有机阴离子，乙酸盐和甲酸盐是最亲水性的阴离子。原则上，对于同一系列的阴离子，每增加一个—CH_2基，都会使阴离子的亲脂性增加。除此之外，还有其他亲脂性的取代基，如硝基、氯、溴等也会增加阴离子的萃取常数。

6.2.3 固－液阴离子交换

最初的 PTC 反应是专门在水相和有机相中进行，所以也称该技术为液－液 PTC 反应。但是，有些反应的萃取剂会将水以水合形式协同萃取到有机相中，而可能抑制或改变主反应。在这种情况下，不宜用水作介质溶剂，而应直接用固体盐进行相转移催化反应。

例如用三氯乙酸钠制备二氯卡宾，反应通常是在无水乙二醇二甲醚(该溶剂较昂贵)中进行，即：

$$Cl_3CCOO^- Na^+ \longrightarrow NaCl + CO_2 + [CCl_2] \quad (6-17)$$

生成的二氯卡宾[CCl_2]再与烯烃进一步反应。在一般的液－液 PTC 反应中，可以用季铵盐为催化剂，将三氯乙酸根离子从水溶液中萃取到三氯甲烷溶液中(该相中含有作为卡宾接受体的烯烃)，但是被协同萃取的水会抑制卡宾反应，所以不能用水作介质。然而，如果直接用固体三氯乙酸钠，以及一定量的催化剂季鎓盐、三氯甲烷和烯烃在 25～80℃下搅拌，就能得到二氯环丙烷，而且产率较高。这种反应就称为固液相转移催化反应。

目前，固液 PTC 反应的相转移催化剂不多，一般认为冠醚是惟一合适的催化剂。冠醚可看作是具有多极部位的二维体系，可紧密地靠近固体反应物的晶格，以致阳离子从晶格到配体所需要的距离很小。与此相反，鎓离子则是一种具有立体障碍的阳离子，不能紧密地靠近晶格。但在许多情况下，鎓盐也是非常有效的固－液相转移催化剂。

除了冠醚、鎓盐外，穴醚、开链聚醚、二胺类和多胺类也能作为固体碱金属盐和烷基化试剂之间反应的相转移催化剂。

§ 6.3　相转移催化反应机理

相转移催化反应是指在相转移催化剂存在条件下，固态的盐、酸、碱或它们的水溶液和有机溶剂中的反应物之间进行的两相反应。典型的相转移催化剂有鎓盐或碱金属阳离子的络合剂，如冠醚、穴醚、开链聚醚。反应可在中性、酸性和高浓度无机碱条件下进行，下面分别讨论它们的反应机理。

6.3.1　中性条件下的相转移催化反应机理及动力学

1. 反应机理

由于离子对易于被萃取到非极性有机介质中，而鎓盐在均相溶液中具有较高的活性。所以可以用置换反应机理来描述中性条件下的 PTC 反应机理：鎓盐阳离子 Q^+ 和被萃取进入有机相的阴离子 Y^- 形成离子对 $[Q^+Y^-]$，然后与 RX 迅速置换。新生成的 $[Q^+X^-]$ 盐再返回到水相中，在水相中 Q^+ 又与新的 Y^- 结合成离子对，再进行下一循环，见图 6－1。

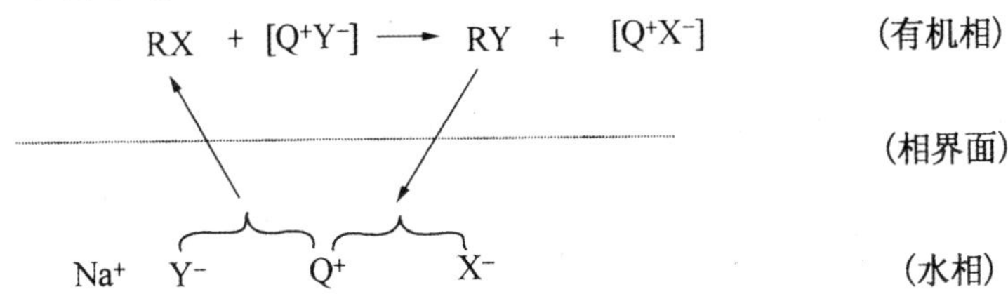

图 6－1　相转移催化反应的置换机理

催化剂为 QX；反应盐为 NaY

2. 动力学方程

在 PTC 反应中，鎓盐类相转移催化剂起到表面活性剂作用，使反应物阴离子 Y^- 萃取到有机相中与另一反应物 RX 反应。整个反应分为萃取阶段(6－18)和化学反应阶段(6－19)：

$$[Q^+X^-]_{有} + Y^-_{水} = [Q^+Y^-]_{有} + X^-_{水} \tag{6-18}$$

$$[Q^+Y^-]_{有} + RX \xrightarrow{k_2} [Q^+X^-]_{有} + RY \tag{6-19}$$

由式(6－10)可知：
$$K = \frac{E_{QY}}{E_{QX}} = \frac{[Q^+Y^-]_{有}}{[Q^+X^-]_{有}} \cdot \frac{[X^-]_{水}}{[Y^-]_{水}}$$

设该催化剂的初始浓度为 q_0，则有下式成立：

$$[Q^+Y^-]_{有} \cdot [X^-]_{水} = K(q_0 - [Q^+Y^-]_{有}) \cdot [Y^-]_{水} \tag{6-20}$$

$$[Q^+Y^-]_{有} = \frac{K \cdot q_0[Y^-]_{水}}{[X^-]_{水} + K \cdot [Y^-]_{水}} \tag{6-21}$$

而有机相中的化学反应（式 6－19）速率为：

$$\frac{d[RX]}{dt} = k_2[Q^+Y^-]_{有} \cdot [RX] \tag{6-22}$$

求积分，得：
$$k_2 t = \frac{1}{C_{0,QY} - C_{0,RX}} \ln \frac{C_{0,RX}}{C_{0,QY}} \cdot \frac{[Q^+Y^-]_{有}}{[RX]} \tag{6-23}$$

式中，$C_{0,QY}$ 和 $C_{0,RX}$ 分别为有机相中 $[Q^+Y^-]$ 和 RX 的初始浓度。将式(6－21)代入式(6－23)，得：

$$k_2 t = \frac{1}{C_{0,QY} - C_{0,RX}} \ln \frac{C_{0,RX}}{C_{0,QY}} \cdot \frac{K \cdot q_0[Y^-]_{水}}{([X^-]_{水} + K[Y^-]_{水})[RX]} \quad (6-24)$$

简化形式为：
$$At = B + \ln \frac{K \cdot q_0[Y^-]_{水}}{([X^-]_{水} + K[Y^-]_{水})[RX]} \quad (6-25)$$

其中 A，B 为常数。这样，如果

$$[X^-]_{水} + K \cdot [Y^-] = 常数 \quad (6-26)$$

则由式(6-25)可知，$\ln([Y^-]_{水}/[RX])$ 对 t 作图，得一直线。

只有当 $K=1$ 时，方程(6-26)才严格满足，例如同位素交换反应。如果 $K \approx 1$，则偏差也不大。在一定条件下，对于二级 PTC 反应，当 $K \gg 1$ 时，将导致 Y^- 在有机相中的浓度过分地大，并且实验出现自催化的迹象。当 $K < 0.1$ 时，反应停止，产生"催化剂中毒效应"，也就是说在反应过程中随着离去基阴离子 X^- 浓度的增加，鎓阳离子 Q^+ 越来越多地与 X^- 阴离子缔合。对于一级 PTC 反应，只有当 K 和过量的 $[Y^-]_{水}$ 乘积使 $[Q^+Y^-]_{有}$ 保持基本恒定时(见方程式6-21)，即 $K \cdot [Y^-]_{水} \gg [X^-]_{水}$，$[Q^+Y^-]_{有} \approx q_0$，才有一级反应的特征。所需的 $[Y^-]_{水}/[RX]$ 的过量值列于表6-2中。

表6-2 符合一级反应动力学测定结果的 $[Y^-]_{水}/[RX]$ 最小摩尔比

K	1	1.33	2	10	100	1000
$[Y^-]_{水}/[RX]$	10	8	4	2	0.8	0.4

必须指出，萃取常数 E_{QX} 和 E_{QY} 以及 K，不仅受到离子活性的影响，还受到许多"副反应"的影响，如有机相中的离子对的缔合，水相中 Q^+ 的水解及缔合等。所以当水相中的反应物或产物盐接近饱和时，K 和 k_2 值总是明显增加。

相转移催化反应的研究结果表明：

① 反应是在有机相中进行的(见图6-1及式6-19)。

② 在有机相中，反应总是通过离子对进行的，动力学方程可由式(6-24)和式(6-25)表示。

3. 催化剂完全脂溶时的反应机理

但是，如果 PTC 反应的催化剂是脂溶性的，即 Q^+ 不溶于水相中，则图6-1所示的反应机理就不能适用，应改为图6-2的形式。

当 PTC 催化剂 QX 完全是脂溶性时，在两相之间来回迁移的是阴离子 Y^- 和 X^-，而不像图6-1中的那样，来回迁移的是 Q^+Y^- 和 Q^+X^-。实际上，催化剂在有机相和水相中的分配程度取决于溶剂和所用鎓盐的亲脂性。在一般情况下，图6-1的反应机理是正确的，只有在催化剂是100%亲脂时，才按图6-2的机理进行反应。所以图6-2是图6-1的一种极限形式。

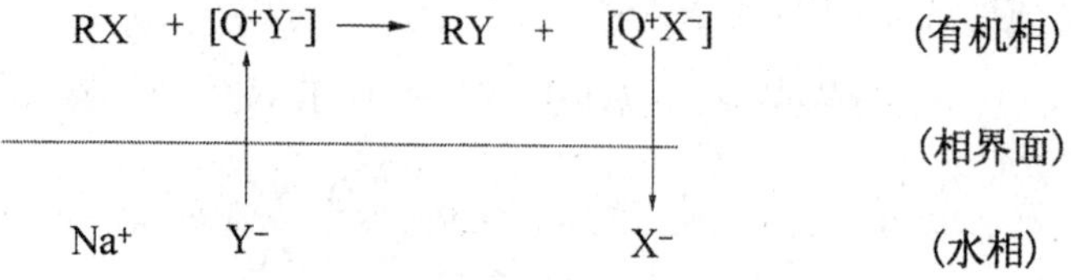

图6-2 脂溶性催化剂作用下的 PTC 反应机理

6.3.2 碱性条件下的相转移催化反应机理

在碱性条件下，相转移催化反应可以完成众多的有机制备过程。例如 C - 烷基化、O - 烷基化(即醚化)、N - 烷基化、异构化、H - D 交换、加成、α - 消去、β - 消去和水解反应等。这里对三种重要的 PTC 反应(烷基化、加成、水解)机理进行讨论。

1. 烷基化反应机理

烷基化反应和有机酸(即 C—H、N—H、O—H)的 pK_a 值有关。比较强的酸，如乙酸丙酮($pK_a=8$)能溶于 NaOH 中，即完全去质子化，并与催化剂正离子形成离子对。因此无论是 C - 烷基化还是 O - 烷基化，相转移催化剂的作用都是以离子对的形式反复将阴离子萃取到有机相中，即符合图 6 - 1 所示的机理。

而对于较弱的酸，例如脂肪醇 ROH($pK_a=18$)，也可证明相转移催化剂的阳离子(Q^+)及其阴离子(X^-)都能被萃取到有机介质中，所涉及的化学平衡有：

$$Na^+\ OH^- + ROH \rightleftharpoons Na^+\ OR^- + H_2O \quad (\text{水相}) \qquad (6-27)$$

$$ROH_{\text{水相}} \rightleftharpoons ROH_{\text{有机相}} \quad (\text{两相}) \qquad (6-28)$$

$$[Q^+\ X^-]_{\text{有机相}} + Na^+\ OR^-_{\text{水相}} \rightleftharpoons [Q^+\ OR^-]_{\text{有机相}} + Na^+\ X^{-\text{水相}} \quad (\text{两相}) \qquad (6-29)$$

之后在有机相中进行不可逆的醚生成反应，即 O - 烷基化反应：

$$[Q^+\ OR^-]_{\text{有机相}} + R'X \longrightarrow R'OR + [Q^+\ X^-]_{\text{有机相}} \quad (\text{有机相}) \qquad (6-30)$$

在上述 PTC 反应中，OR^- 的萃取过程是快速的，在有机相中形成 R′OR 的过程也是比较快的。反应物 ROH 的去质子化作用是在水相中发生的。如果没有催化剂(Q^+X^-)，就会在相界面上产生两层：一层是碱金属离子(Na^+)在相界面的水相层，一层是去质子化的反应物阴离子(OR^-)在相界面的有机相层。由于两相之间彼此互不相溶，离子就不能流通，因而无反应活性，这种情况相当于表面吸附。当有机相转移催化剂(Q^+X^-)存在时，它便可以使“锚合”在相界面中的反应物阴离子(OR^-)脱离相界面，并以离子对(Q^+OR^-)的形式转移到有机相中，从而可以和有机相中的另一反应物(R′X)进行反应(见式 6 - 30)，而相转移催化剂仍回到原来的状态。相转移催化剂的另一个作用是有助于去质子化，在实验室中可以看出相转移催化剂可以加快 H/D 的交换速度。

至此，关于弱酸 PTC 烷基化的反应机理可描述为图 6 - 3 所示的情形。与中性水溶液中萃取$[Q^+X^-]$时相反，这里的离子对$[Q^+Sub^-]_{\text{有机相}}$不能发生大量水合作用，其主要原因是浓碱 NaOH 溶液是强干燥剂。

$$Na^+\ OH^-_{\text{水相}} + HSub_{\text{有机相}} \rightleftharpoons Na^+_{\text{锚合在相界面}} + Sub^-_{\text{锚合在相界面}} + H_2O \quad (\text{相界面})$$

$$Sub^-_{\text{锚合在相界面}} + [Q^+\ X^-]_{\text{有机相}} \rightleftharpoons [Q^+\ Sub^-]_{\text{有机相}} + X^-_{\text{水相}} \quad (\text{两相})$$

$$[Q^+\ Sub^-]_{\text{有机相}} + RX \longrightarrow RSub + [Q^+\ X^-]_{\text{有机相}} \quad (\text{有机相})$$

图 6 - 3　弱酸性 PTC 烷基化的反应机理

使用浓 NaOH 溶液进行 PTC 反应，能顺利地制备含有弱酸(如芴，Fluorene，$C_{13}H_{10}$，$pKa=20.5\sim22.8$)阴离子的离子对稳定溶液。例如在 0.1mol/L 亲脂性盐(四正己基氯化铵，$NHex_4Cl$)的苯溶液与等体积的 50% NaOH 溶液平衡时，该溶液与 NaOH 交换直到 $OH^-/Cl^-=28/27$。但是如果用 1mol/L 芴的苯溶液加 0.1 mol/L 四正己基氯化铵($NHex_4Cl$)后，在苯层中的碱性则为 81%。有芴存在造成碱性的增加，表明“碱性”是以$[NHex_4{}^+\ C_{13}H_9{}^-]_{\text{有机相}}$

离子对形式存在的。

2. 加成反应机理

以二卤卡宾的形成以及和烯烃的加成反应为例。在相界面上，三氯甲烷可以发生去质子化作用，并形成“锚合”在相界面上的三卤甲川离子，水则留在水相中，即：

$$HCCl_{3有机相} + Na^{+}_{水相} \rightleftharpoons CCl^{-}_{3锚合在相界面} + Na^{+}_{锚合在相界面} + H_2O_{水相} \quad (6-31)$$

之后在相转移催化剂的作用下，三卤甲川离子脱离“锚合”状态，使平衡向右偏：

$$CCl^{-}_{3有机相} + [NR_4{}^{+}X^{-}]_{有机相} \rightleftharpoons [NR_4{}^{+}CCl_3{}^{-}]_{有机相} + X^{-}_{水相} \quad (6-32)$$

在有机相中，离子对形成二卤卡宾，然后与有机相中的烯烃进行不可逆的加成反应：

$$[NR_4{}^{+}CCl_3{}^{-}]_{有机相} \rightleftharpoons [NR_4{}^{+}Cl^{-}]_{有机相} + [:CCl_2]_{有机相} \quad (6-33)$$

$$:CCl_2 + \text{>C=C<} \longrightarrow \text{(Cl, Cl 环丙烷)} \quad (6-34)$$

应该指出，卡宾前体的稳定性是由于它以三卤甲川阴离子的形式动态地“锚合”在相界面上。这是该机理的重要特征。同时由于相界面的存在，还存在许多副反应，如不可逆的水解反应及交换反应：

$$[:CCl_2]_{有机相} + OH^{-}_{水相} \longrightarrow [HOC^{-}Cl_2] \longrightarrow 甲酸酯 + CO \quad (6-35)$$

$$[:CCl_2]_{有机相} + H_2O \longrightarrow [HOCHCl_2] \longrightarrow 甲酸酯 + CO \quad (6-36)$$

$$[NR_4{}^{+}CXCl_2{}^{-}]_{有机相} + X^{-}_{水相} \rightleftharpoons CXCl^{-}_{2锚合在水界面} + [NR_4{}^{+}X^{-}]_{有机相} \quad (6-37)$$

$$\downarrow$$

$$HCXCl_2$$

在有机相中也会发生交换竞争反应等：

$$[:CCl_2]_{有机相} + [NR_4{}^{+}X^{-}]_{有机相} \rightleftharpoons [NR_4{}^{+}CXCl_2{}^{-}]_{有机相} \quad (6-38)$$

由于反应的多相性、竞争反应多、平衡复杂，所以研究起来十分不容易。但反应机理的研究实例还是证明了该反应机理是正确的。

3. 水解反应机理

当 PTC 反应萃取的是 OH^- 时，便发生水解反应或皂化反应。如果以二氯甲烷为反应物，NBu_4HSO_4为相转移催化剂，只要没有亲脂性更强的阴离子存在，萃取到有机相中的$[NBu_4{}^{+}OH^{-}]$便会发生相当快的水解反应。例如：

$$\begin{matrix} COOC_2H_5 \\ | \\ (CH_2)_4 \\ | \\ COOC_2H_5 \end{matrix} + 2NaOH \xrightarrow{NBu_4{}^{+}HSO_4{}^{-}} \begin{matrix} COO^- \\ | \\ (CH_2)_4 \\ | \\ COO^- \end{matrix} + 2C_2H_5OH + 2Na^{+} \quad (6-39)$$

PTC 水解反应对许多因素极其敏感，包括溶剂、催化剂以及反应底物的结构。因此可能有几种不同的机理。如果所释放的羧酸是强亲水性的(例如低相对分子质量的二元酸)，则相转移催化剂对加速水解非常有效。反之，相转移催化剂对亲脂性羧酸酯的水解反应是缓慢的。例如，在已二酸二乙酯的水解反应中，反应条件固定不变，而仅改变催化剂的阴离子(阳离子为 $NBu_4{}^{+}$)，则反应速率的大小为：

$$HSO_4{}^{-} > Cl^{-} > Br^{-} > I^{-} > ClO_4{}^{-} \quad (6-40)$$

在用 NBu_4HSO_4催化的反应中，有机相中的离子对为$[NBu_4{}^{+}OOC(CH_2)_4COOH^{-}]$，这显然容易在相界面上与 OH^-发生交换，所以反应速率大。若用其他阴离子(如 $ClO_4{}^{-}$)，则

OH^-或$^-OOC(CH_2)_4COOH$的萃取和转移将会受到亲脂性更强的无机离子ClO_4^-的部分抑制，所以反应速率会下降。

值得一提的是，在己二酸二乙酯的水解反应中，中性的表面活性剂如：$C_{16}H_{33}(OCH_2CH_2)_nR(R=OH, OCOH, OCH_3, Cl)$的催化性能与鎓盐一样强。

§6.4　相转移催化反应的应用

6.4.1　相转移催化反应条件

1. 催化剂

许多季铵盐、鏻、钟、锍盐均可作为 PTC 反应催化剂。但在实际应用中，仅限于数种铵盐和鏻盐。它们都属于精细化学品。目前常用的 PTC 反应催化剂有：

(1)铵盐类：苄基三乙基氯化铵(TEBA)或苄基三乙基溴化铵(TEBA－Br)，苄基三甲基氯化铵、苄基三甲基溴化铵或苄基三甲基氢氧化铵(Triton B)，四丁基氯化铵、四丁基溴化铵、四丁基碘化铵或四丁基氢氧化铵，十六烷基三甲基溴化铵、十六烷基三甲基氯化铵，四正己基溴化铵、四正己基氯化铵等。

(2)冠醚类：15—冠—5，18—冠—6，二苯并—18—冠—6，二环己基并—18—冠—6 等。

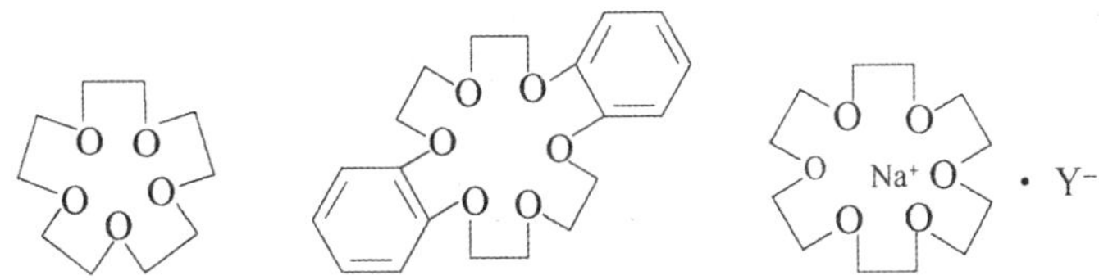

15-冠-5　　二苯并-18-冠-6　　冠醚离子对

冠醚催化剂的催化机理为：冠醚中的 O 原子极易络合碱金属离子，如K^+、Na^+、Li^+，使冠醚成为碱金属离子(如Na^+)配位的阳离子，之后与溶液中阴离子Y^-结合成为离子对，见上图右。之后该离子对进入有机相，与 RX 反应，生成 RY，催化剂返回水相继续催化反应。用冠醚为相转移催化剂的优点是：冠醚与碱金属离子形成的配合物较稳定，可以提高反应温度。

(3)鏻盐类：三丁基十六烷基溴化鏻，乙基三苯基溴化鏻，四苯基氯化鏻等。

在选择 PTC 催化剂时，主要应从以下四点来考虑，即：活性、用量、稳定性和易分离性。在中性介质中，优良的相转移催化剂应该具有 15 个或更多的碳原子。当开始研究一种新的 PTC 反应时，在中性或碱性介质中可选用四丁基铵盐。在浓碱溶液存在下，首先应选用 TEBA。其他的催化剂如鏻盐、冠醚和穴醚也是较有效的催化剂。苄基三丁基溴化铵容易在实验室制备，而且十分有效，所以是用得最多的 PTC 催化剂。

在不同的体系中，催化剂的用量可在 0.01%～10%(摩尔)之间变动。因为反应速率决定于催化剂浓度，因此只有是强放热或者催化剂非常昂贵时，催化剂用量才很少。一般正常情况下，用量为 1%～3%(摩尔)。在某些情况下要求催化剂用量在摩尔级。例如，不活泼的烷基化试剂参与的 PTC 反应、烷基试剂容易引起副反应的 PTC 反应、希望多官能团分子发生有选择性的 PTC 反应等。

催化剂的稳定性也是很重要的。一般条件下，PTC 反应催化剂的功能很好。但也有的催化剂不稳定，如高温分解或发生副反应。例如：四丁基铵盐在浓 NaOH 水溶液中，60℃或 100℃的条件下，7h 之后分别分解出 52% 和 92% 的三丁基胺。鏻盐催化剂在浓碱水溶液中要比铵盐稳定，除非被活化进行 Wittig 反应，或者带有苯取代基，才会分解出三苯基氧化膦。

在多数情况下，只有催化剂可溶于水。所以合成反应后，很容易将催化剂从产品中分离出来，有时用水反复洗涤反应混合液即可。在某些反应中，可将催化剂的溶液蒸馏，残留物用水处理，再用溶液(如醚)反复萃取。为了再生催化剂，可将不同来源的四丁基铵盐收集并溶解在二氯甲烷中，用 $pH<3$ 的过量 NaI 水溶液在一起振荡，除去溶剂后，形成的碘化物可用甲乙酮结晶而回收。催化剂的回收在大规模或连续操作时，尤为重要。

2. 溶剂

反应底物为液体时，可用该液体作为有机相使用。原则上，许多有机溶剂都可使用，但要求它们与水的互溶性必须很小，以确保离子对不发生水合作用。但是也应该注意的是，溶剂对离子对应有一定的溶解度，否则进入有机相的离子对含量将很少，而无法进行反应。例如 TEBA 在苯/水体系中的效果极差，在二氯甲烷/水体系中也是很差。所以应改用四正丁基铵或更大的离子，如四正戊基铵和四正己基铵等。

一般而言，在二氯甲烷、1，2-二氯乙烷和三氯甲烷中，有利于离子对的进入，反应速率也较快。在碱性条件下，如果不希望有卡宾反应，一般不使用三氯甲烷。使用上述氯代烃为溶剂时，可不必严格选择催化剂。但是对于强亲核性试剂存在时，就不能用氯代烃作溶剂，因为二者会发生反应，使副反应比例增加，即：

$$2NR_4^+ \ OOCR^- + CH_2Cl_2 \longrightarrow RCOOCH_2OOCR + 2NR_4^+ \ Cl^- \qquad (6-41)$$

3. 搅拌

多数情况下，PTC 制备反应用电磁搅拌。但应该注意，搅拌太慢时，尤其是在高黏性的 50% NaOH 中，反应结果有时不能重现。一般地，在水/有机质中的中性 PTC 反应搅拌速度应大于 200r/min，对于固液反应以及有 NaOH 存在下的反应搅拌速度应大于 750～800 r/min。目前，超声波在相转移催化中的搅拌和空化作用也受到了人们的重视，它对于提高产物的收率、降低催化剂使用量、提高反应效率有很好的作用。

4. 其他

在水/有机相两相体系中，为了有助于离子对萃取到有机相中，水溶液应具有相当的浓度。同时为了防止某些 PTC 反应的放热，应准备冷却浴，或者采用逐步加入试剂的办法。在浓 NaOH 的反应中，常出现稳定的乳化现象，这时可用中和或离心分离的办法，也可用水反复洗涤反应液以除去过量的碱。

6.4.2 中性条件下的 PTC 置换反应

主要是指不用碱的置换反应，通式为：

$$RX + Y^- \longrightarrow RY + X^- \qquad (6-42)$$

根据产物的不同，分为 5 种置换反应，即卤代烷的形成、腈的制备、酯的制备、硫醇或硫醚的制备以及其他类型的置换反应。

1. 卤代烷的制备

PTC 反应制备卤代烷主要有以下 5 种类型的取代反应，即：烷基卤化物→不同的卤化物(卤素交换)；烷基磺酸酯→卤代烷；伯醇 + HCl→氯代烷；二芳基重氮甲烷→二芳基氟代甲烷；亲核芳基取代反应等。

(1) 由烷基卤化物制备不同的卤化物　对于卤素交换反应，主要受两个平衡的限制：一是 Q^+X^- 和 Q^+Y^- 离子对的萃取平衡，二是 $RX + Y^- \longrightarrow RY + X^-$ 反应的化学平衡。例如，要将溴代烷转化为氯代烷，就必须使用过量的氯化钠水溶液，一旦达到PTC平衡，水相就得用新鲜的NaCl溶液来替换。制备碘代烷时，可将氯代烷(或溴代烷)与NaI水溶液在百分之几摩尔的季铵盐存在下，在108℃分别加热5h或2h即可。若加入摩尔量的催化剂，则反应会更快。

在PTC反应中，氟化物离子难于溶剂化，同时还具有亲核性和碱性，因此在PTC交换反应时，会存在取代、水解和消除反应间的竞争。有人将一级、二级烷基溴化物在饱和KF溶液中加入催化剂三丁基十六烷基溴化磷，在100～160℃下搅拌7～16h，结果一级烷和苄基化合物产生的氟化物收率为70%～90%，而二级烷基化合物反应的收率很低。

(2) 由烷基磺酸酯制备卤代烷　如果用甲磺酸作为离去基团，就会大大加速PTC置换反应。例如用二环已烷并－18－冠－6为催化剂的反应：

$$n-C_8H_{17}OSO_2Me + KX \longrightarrow n-C_8H_{17}X + KOSO_2Me \quad (6-43)$$

X不同，反应活性不同，其顺序为：

$$X = I^- > Br^- > Cl^- > F^- \quad (6-44)$$

最快的反应在100℃下7min后就结束，而最慢的反应在115℃下42h后才完成65%。另外，下列化合物也可以用PTC置换反应来制备：

$$\text{2-OCH}_3\text{-3-CH}_3\text{-6-CH}_3\text{-C}_6\text{H}_2\text{-CH}_2-SO_2-CH_3 \xrightarrow[C_5H_6/KCl(aq)]{\text{Aliquat 336/20min}} \text{2-OCH}_3\text{-3-CH}_3\text{-6-CH}_3\text{-C}_6\text{H}_2\text{-CH}_2Cl \quad (6-45)$$

(3) 由伯醇和HCl反应生成氯代烷　直链饱和醇在酸性介质中，以磷盐为PTC催化剂，在适当条件下可以转化为卤代烷。例如，在105℃条件下将直链饱和醇、5molHCl和0.1mol三丁基十六烷基溴化鏻共热30～45h，可以转化为对应的氯化物。C_6～C_{16}醇的收率超过90%，而与水部分混溶的醇卤化时的反应速率和收率都较低。在碱性条件下，醇也可通过PTC二氯卡宾反应转化为卤化物。

2. 腈的制备

在以冠醚为催化剂的PTC反应中，可制备三甲基硅烷基氰化物、苄基氰化物、氰基甲酸酯，即：

$$(CH_3)_3Si-Cl \xrightarrow[KCN]{18-冠-6} (CH_3)_3Si-CN \quad (6-46)$$

$$RO-C(=O)-Cl \xrightarrow[KCN]{18-冠-6} RO-C(=O)-CN \quad (6-47)$$

其中，R＝苯基、苄基、烷基。在有的反应中，也可以用鎓盐代替冠醚，例如：

$$C_6H_5-C(=O)-Cl \xrightarrow[NaCN/H_2O,\ 0℃]{NBu_4Br/CH_2Cl} \underset{(60\%)}{C_6H_5-C(=O)-CN} + \underset{(40\%)}{C_6H_5-C(CN)_2-O-C(=O)-C_6H_5} \quad (6-48)$$

一般难以合成的丙烯腈类化合物也能方便地制备，收率极高(90%)，且具有立体专一性。例如在乙烯基卤化物和 2mol/L KCN 的苯溶液中，加入少许 $Pd(PPh_3)_4$ 和 18－冠－6，在 75℃下反应，则有：

$$\begin{matrix} R^1 & & R^3 \\ & C=C & \\ R^2 & & X \end{matrix} + KCN \xrightarrow[C_6H_6]{Pd(PPh_3)_4,\ 18-冠-6} \begin{matrix} R^1 & & R^3 \\ & C=C & \\ R^2 & & CN \end{matrix} \tag{6-49}$$

室温下用十六烷基三甲基氯化铵或 TEBA 作催化剂，将偕氯化亚氨类在氯仿和 KCN 水溶液中搅拌，可制得 α－亚氨基腈类(也称偕亚氨氰化物)：

$$C_6H_5-C(Cl)=N-C_6H_5 \xrightarrow[KCN,\ 室温]{TEBA} C_6H_5-C(CN)=N-C_6H_5 \tag{6-50}$$

3. 酯的制备

(1) 以羧酸为反应物，在非极性非质子溶剂中，由 PTC 反应产生的羧酸盐离子对具有较好的反应活性，可以和有机相中的卤代烷生成相应的酯。例如，由邻苯二甲酸制备邻苯二甲酸二正辛基酯和二苄基酯，且收率都是 91%。

$$C_6H_4(COOH)_2 + 2n-C_8H_{17}X \longrightarrow C_6H_4(COOC_8H_{17})_2 \tag{6-51}$$

这里用的 PTC 催化剂是三甲基辛基溴化铵或氯化铵，将水溶液/含过量烷基化试剂的有机混合液进行共沸蒸馏，除去水/烷基化试剂，最后在 150～160℃下回流。由于所用的催化剂不是非常亲脂性，所以采用的条件可能不是最佳的。

以下是有关 PTC 反应制备酯的反应实例(M 为金属离子，水溶液为有机酸盐溶液，催化剂为鎓盐)：

$$CH_2=CR-COOK + H_2C\overset{O}{—}CH-CH_2Cl$$

$$RCOOM\ 或\ R(COO)_2M + H_2C\overset{O}{—}CH-CH_2Cl$$

$$RCOOM\ 或\ R(COO)_2M + ClCH_2-CH=CH-CH_2Cl$$

$$RCOOM\ 或\ R(COO)_2M + R'X$$

$$C_nF_{2(n+1)}-CH_2CH_2X + RCOOK$$

$$CH_3CH=CH_2-COOK + ClCH_2-O-CH=CH_2$$

$$CH_2=CR-COOM + ClCH_2COOCH_2CH_3$$

$$XCH_2CH—O—COR—CH_2X + R'COOM \longrightarrow \text{甘油酯}$$

$$HO—C_6H_4—C(=CCl_2)—C_6H_4—OH + ClO—C_6H_4—COCl$$

3,5,6-三氯-2-吡啶醇钠（Cl、Cl、Cl、N、ONa） $+ (RO)_2PSCl$

间苯二甲酸钠（COONa、COONa） $+ ClCOOCH_2CH_3$

$$BrCH_2—C_6H_4—CH_2Br + KCO_3(\text{冠醚}) \longrightarrow \text{聚碳酸酯}$$

（2）以卤化物为反应物，在甲基三辛基氯化铵（Aliquat336）催化剂作用下，1－溴癸烷与过量 8 倍的乙酸钠水溶液，在 105℃下即能转化为它的乙酸酯，该反应 1h 内即可完成。即：

$$n-C_{10}H_{21}Br + NaOAc \longrightarrow n-C_{10}H_{21}OAc + NaBr \tag{6-52}$$

Aliquat336 也可将顺式 3，5－二溴－1－环戊烯（A）在四氯化碳/醋酸钾水溶液中转化为顺式二乙酰氧基化合物（B）：

Br—(环戊烯)—Br (A) ⟶ AcO—(环戊烯)—OAc (B)　　(6－53)

在 60℃时，5h 后转化率为 68%；在 42℃，9h 后转化率为 75%。

应该指出，从水介质中萃取出来的离子对总会带有一些水分子，其活性要比严格无水条件下的要低。所以在烷基化之前，最好将催化剂季铵盐进行分离并干燥。反应一般是在二氯甲烷中进行，因为二氯甲烷是较安全的，它自身是一种非常缓慢的烷基化试剂。在分析工作中，可用冠醚来催化酯化反应，以便提高检测的灵敏度。

4. 硫醇和硫醚的制备

由于硫化物和硫醇盐的阴离子是强亲核试剂，可以用季鎓盐的阳离子方便地从水溶液中萃取到有机相中，因此，这些阴离子是理想的 PTC 反应底物。有关苯硫醚/烷基化体系 PTC 反应机理及不同催化剂的作用已经作了许多基础研究。例如：苄基硫醇，可用聚乙二醇二甲醚作为络合剂/催化剂，在苯中由溴苄和硫氢化钾（KHS）在 0.5h 内于室温反应制备：

$$C_6H_5—CH_2Br + KHS \longrightarrow C_6H_5—CH_2SH \tag{6-54}$$

PTC 还可以制备二烷基硫醚，例如：

$$RX + Na_2S \longrightarrow R—S—R \tag{6-55}$$

该一级烷基卤化物（RX，X ═Cl，Br）和硫化钠水溶液在三丁基十六烷基溴化鏻或四丁基氯化铵催化下，在70℃剧烈搅拌40min，获得几乎定量收率的对称硫醚。而二级卤代烷反应较慢，须在110℃反应2h。如果硫醇盐和卤代烷反应，可制备不对称的二烷基聚硫醚：

$$RSNa + R'X \longrightarrow R{-}S{-}R' \tag{6-56}$$

5. 其他置换反应

除了制备卤化物、腈类、酯类和硫醇(醚)类的反应外，还有许多反应也与PTC有关，催化剂和反应条件都一样适用。但应注意，在非极性、非质子溶剂中离子对的反应活性次序与在乙醇水溶液中的离子对活性次序是不同的。有些"弱"亲核试剂却可有较好的亲核活性，例如：

$$R{-}X \xrightarrow{SCN^-(aq)} R{-}SCN \tag{6-57}$$

当用一级或二级卤代烷进行上述反应时，回流1～24h，产率可达90%，所用催化剂可以是季铵盐、冠醚、伯胺、仲胺或叔胺。但后3种催化剂在反应混合液中须先进行季碱化，因此反应时间较长。

用卤代烷制备叠氮化合物也可用PTC反应进行。当溴代烷在25% NaN_3水溶液中，用Aliquat336作为催化剂时，在100℃下反应6h，就可得到叠氮化合物：

$$R{-}X \longrightarrow RN_3 \tag{6-58}$$

而氯代烷反应稍慢，碘代烷反应较快。

用PTC反应，可以制备异氰酸酯，例如：

$$RCOX \xrightarrow{NaN_3(aq)} RCON_3 \longrightarrow RNCO \tag{6-59}$$

也可以用直接置换反应获得异氰酸酯，即：

$$RX + OCN^- \longrightarrow R-N=C=O + X^- \tag{6-60}$$

该反应不用溶剂或在DMF中，用四丁基碘化铵催化，在170℃下很快使氯苄和氰酸钠反应，制备出苄基异氰酸酯。

PTC反应还可以制备砜类化合物：

$$RX + NBu_4^+\ O_2^-S{-}C_6H_4{-}CH_3 \longrightarrow RSO_2{-}C_6H_4{-}CH_3 \tag{6-61}$$

该反应在二氯甲烷中以四丁基氯化铵为催化剂，在10～40℃时可顺利地制备相应的砜。

以上都是中性水溶液中进行的PTC反应，反应物之一溶于有机相中，另一反应物则溶于水相中(呈电离状)，催化剂大多为铵盐和冠醚。

6.4.3 碱性条件下的PTC置换反应

在碱性条件下的PTC烷基化反应是最重要的，它可以制备许多精细化学品。反应类型包括*O*-烷基化、*N*-烷基化、*C*-烷基化、异构化、C—C重键加成、C═O和C═N加成、*β*-消除反应和水解反应等

最常用的无机碱是浓的碱金属氢氧化物水溶液或固体。根据有机化合物的p*K*a值标准，一般NaOH水溶液/铵盐催化剂能使p*K*a值达22～25的反应底物除去质子。常用的PTC催化剂有季铵盐、冠醚等。

1. *O*-烷基化反应(醚的制备)

许多芳醚都是采用*O*-烷基化PTC反应来制备的。例如，*α*-萘酚醚的制备，是由*α*-萘酚和卤代烷反应制备的，所用的PTC催化剂有四丁基溴化铵，产率可达84%，即：

$$\text{2-萘酚(OH)} + C_2H_5Br \xrightarrow[20\%NaOH/75℃]{Bu_4NBr/C_6H_6} \text{2-萘基}-OC_2H_5 \qquad (6-62)$$

产物 α-萘酚乙醚也称橙花素，是一种合成香料，可用于肥皂和化妆品中(精细化工，1997，14(6)：35)。

O-烷基化常用的PTC催化剂有季铵盐、聚乙二醇、高分子交联的季铵盐。反应大多在浓碱(50% NaOH或KOH)水溶液中进行。伯、仲醇(或酚)与伯氯化物、硫酸二烷酯反应，大多会得到高收率的醚，例如：

$$C_6H_5-OH + C_2H_5Br \xrightarrow[50\%\ KOH/CH_2Cl]{\text{聚乙二醇}-400} C_6H_5-OC_2H_5 \qquad (6-63)$$

而卤代烷分子则可以通过 *O*-烷基化生成对称的醚，即：

$$RX \xrightarrow[NaOH(aq)]{PTC} R—O—R \qquad (6-64)$$

例如1-溴辛烷在2mol/L NaOH(8%)和季铵盐存在下，生成75%的辛醚及20%的1-辛醇和5%的1-辛烯：

$$C_8H_{17}Br \xrightarrow[8\%\ NaOH]{} C_8H_{17}OC_8H_{17} + C_8H_{17}OH + C_6H_{13}CH=CH_2 \qquad (6-65)$$

如果反应中加入一些醇，则会提高醚的形成速度和收率。这表明反应的第一步是1-溴辛烷的水解。同时，应该注意的是：PTC反应中，醚是主要产物，而一般水解反应中1-辛醇是主要产物。这是由于在PTC反应中，电离的烷氧负离子比羟基的亲酯性强许多，而容易被萃取到有机相中，同时烷氧负离子又是较强的亲核试剂，所以主要生成的是醚。

形成非对称醚(反应式6-62)的最佳PTC条件，是使50% NaOH比醇过量几倍，催化剂浓度为3%~5%(摩尔)，对于伯醇，产率为80%~95%。

在PTC反应中，酚盐离子的 *O*-烷基化比脂族醇更为容易。例如，四丁基铵酚盐与溴丁烷反应要比普通的钾盐快 3×10^4 倍，但如果钾离子被二环己烷并-18-冠-6络合，速度还要快2~3倍。

下面介绍两种醚的制备方法：

(1)甲基醚：将0.5mol醇和lg四丁基卤化铵在200mL石油醚(b.p. 50~70℃)的溶液中，与1.3mol 50%的NaOH水溶液一起剧烈搅拌15~30min，使达到平衡，反应有微热产生。冷却后，在1h内滴入0.6~0.75mol的硫酸二甲酯，调节滴加速度，使反应温度不超过45℃。搅拌2~3h后加入10mol浓氨水，室温下继续搅拌30min，最后把混合物倒入水里，分出有机相，用水洗涤，用无水 Na_2SO_4 干燥。

(2)酚醚：50mLCH_2Cl_2、50mL水、10mmol酚、15mmol的NaOH、20~30mmol的烷基化试剂和0.1~1mmol苄基三正丁基溴化铵的混合物，用振动式混合器，室温下搅拌2~12h，分出有机层，并用20mLCH_2Cl_2萃取水层两次，合并有机萃取液，蒸去有机溶剂，加入水，再用醚或戊烷萃取。有机相用2mol/L NH_3洗涤两次，以除去硫酸二甲酯，或必要时用甲醇的氨液处理，以破坏硫酸二乙酯，最后用饱和NaCl溶液处理。用无水 Na_2SO_4 干燥后，蒸去溶剂，残留的醚经蒸馏或结晶进行提纯。

2. *N*-烷基化反应

N-烷基化反应是在含有碳酸钠或者碱性氢氧化物的两相体系中进行。形成的仲盐或叔

铵盐必须扩散到相界面以便转化成胺。反应速率由胺的亲核性决定，PTC 催化剂对正常胺的反应没有很大影响。NaOH 水溶液的碱性不足以使非活化的胺去质子化。然而如果NH—基团通过邻近吸电子基团使 N 上的 H 酸性增强，就可能进行去质子化作用，例如：下列化合物的 pKa 值分别为：

$$NH_3：34 \sim 36，ArCONH_2：25，PhSO_2NH_2：10$$

其中最后一种胺可形成 $PhSO_2NH^-$，与催化剂正离子形成离子对，并与有机相中的 RX 发生 *N*－烷基化反应。

催化剂可以通过下述两种途径形成亲核性很强的酰胺阴离子：

(1)把 OH^- 转移到有机层中起去质子化作用，即：

$$[Q^+X^-]_{水} + OH^- \longrightarrow [Q^+ \cdot OH^-]_{有} + X^- \qquad (6-66)$$

$$[Q^+ \cdot OH^-]_{有} + RNH_2 \longrightarrow [RNH^- \cdot Q^+]_{有} + H_2O \qquad (6-67)$$

$$[RNH^- \cdot Q^+]_{有} + R'X \longrightarrow RNHR' + Q^+X^- \qquad (6-68)$$

(2)从相界面脱离去质子化的分子离子对，即：

$$RNH_2 + OH^- \to RNH_2 \cdot OH^- \longrightarrow [RNH^- \cdot Q^+]_{有} + H_2O + X^- \qquad (6-69)$$

苯腙(A)能够用 PTC 的 *N*－烷基化反应生成化合物(B)，反应是在50% NaOH 水溶液，过量烷基化试剂及 5%(摩尔)四丁基氯化铵中进行，在 30～60℃ 下搅拌 0.5h，收率为 43%～98%。继续用硫酸水解则得到 1－烷基－1－苯肼(C)，即：

$$(R^1)(R^2)C{=}N{-}NH{-}C_6H_5 \longrightarrow (R^1)(R^2)C{=}N{-}N(R^3){-}C_6H_5 \longrightarrow H_2N{-}N(R^3){-}C_6H_5 \qquad (6-70)$$

(A)　　(B)　　(C)

在 NaOH 存在下，*N*－烷基化反应可只用1%～5%(摩尔)的催化剂，反应时间和温度随烷基化试剂而改变，例如：

$$m\text{-}R^1C_6H_4{-}NH{-}C(=O){-}R^2 \xrightarrow[TEBA]{R^3X/NaOH} m\text{-}R^1C_6H_4{-}N(R^3){-}C(=O){-}R^2 \qquad (6-71)$$

如果 R^3X 为 $(CH_3)_2SO_4$，则在室温下用 45min。如果 R^3X 为 $n-C_4H_9I$ 时，则在 80℃下用 22h，收率为 80%～95%。

环酰胺如吡咯烷酮、ε－己内酰胺和 ω－辛内酰胺在浓 NaOH、苯和 TEBA 存在下，40～50℃也能够烷基化，环中原子数越多，需要的反应时间越长：

$$\overbrace{CO{-}NH{-}(CH_2)_n}^{\text{环}} \xrightarrow[TEBA]{RX/NaOH} \overbrace{CO{-}NR{-}(CH_2)_n}^{\text{环}} \qquad (6-72)$$

同样，吲哚、咔唑、吡咯、苯并三唑和二苯基胺在 TEBA 存在下都能进行 *N*－烷基化反应。吲哚中—NH 氢不活泼，必须在 Na 或 $NaNH_2$ 作用下才能去质子化。但在 PTC 反应中，50% NaOH 水溶液便可去质子化，产率也较高(＞90%)。

N－烷基化反应的典型实验操作如下（乙酰苯胺烷基化反应）：

①摩尔量的催化剂：0.1mol 四丁基硫酸氢铵溶解在 100mL 2mol/L 的 NaOH 中，再加入 0.1mol 乙酰苯胺和溶于 100mL CH_2Cl_2 中的 0.18mol 碘甲烷，加热回流 30min。两相分离后，将有机相浓缩，加 100mL 醚到残留物里，过滤掉四丁基碘化铵，除去溶剂便得到 N－乙酰基－N－甲基苯胺，收率为 90%。

②少量的催化剂：0.02mol 乙酰苯胺、0.001mol TEBA、50mL 苯、0.1mol NaOH 和 4mL 水的混合物在室温下剧烈搅拌使成糊状物。在 60～70℃下，滴加 0.04mol 的 1－溴丙烷，将混合物溶液加热并搅拌 200min 后，反应物溶解。分离有机相，用 2moL/L HCl 和水洗涤、干燥，除去溶剂后，产物即结晶析出，溶点 45～48℃，收率 82%。

3. C－烷基化反应

负碳离子的 PTC 烷基化反应是最重要的有机合成方法之一。早在 1951 年，Jarrousse 就发现苯乙腈能够用氯乙烷和氯苄在浓碱液和 TEBA 存在下烷基化。现在，这个方法已经具有普遍性。PTC 方法与普通的操作方法相比有很大优点，它不用昂贵的碱（氨基钠、叔丁醇钠、金属氢化物等），也不用无水溶剂（无水乙醚、苯、二甲亚砜、二甲基甲酰胺等），而且操作方便，选择性高，纯产品收率也高。最常用的催化剂是 TEBA。例如：

$$C_6H_5\text{—}CH_2CN + C_2H_5Br \xrightarrow[1\%(\text{摩尔})TEBA]{NaOH} C_6H_5\text{—}\underset{}{\overset{CN}{\overset{|}{C}}}HCH_2CH_3 \qquad (6-73)$$

该反应是最典型的 N－烷基化反应，有轻度的放热，在 28～35℃下反应 3～5h，收率为 78%～84%。为了将产物从反应液中分离出来，待反应完成后，往反应混合液中加入苯甲醛，使未反应的原料转化为 α－苯基肉桂腈。

一般地，在强吸电子基（—CN，═CO，═SO）时，与之相联的甲基或亚甲基上的 H 被活化，可以成为 C^-。按吸电子基不同，C－烷基化 PTC 反应可分为 2 大类：

（1）腈类的 C－烷基化反应，通式为：

$$R\text{—}CH_2CN + R'X \xrightarrow[NaOH]{Q^+X^-} R\text{—}\overset{R'}{\overset{|}{C}}HCN + HX \qquad (6-74)$$

其中，R′X 为烷基化试剂，伯卤代烷＞仲卤代烷＞叔卤代烷；Br＞Cl。

腈类 C－烷基化反应可以制备许多不同取代基的芳基乙腈衍生物，见图 6－4。

（2）醛酮类化合物的 C－烷基化。除腈类外，还有许多其他化合物可以进行 PTC 烷基化反应，如醛、酮、酯、砜类化合物等。醛酮类化合物的 α－位置活泼氢，可以与有关的卤代烷或其他化合物进行 C－烷基化反应，但一般需要在强碱下进行。即：

$$R\text{—}\overset{O}{\overset{\|}{C}}\text{—}\underset{H}{\underset{|}{C}}H\text{—}R' + R''X \xrightarrow[NaOH]{Q^+X^-} R\text{—}\overset{O}{\overset{\|}{C}}\text{—}\underset{R''}{\underset{|}{C}}H\text{—}R' \qquad (6-75)$$

醛的 α－C 烷基化较为少见，因为醛在碱性催化下容易发生羟醛缩合。所以一般将醛转变为烯后再进行烷基化。而采用相转移催化剂可以不要经过烯胺转换而直接进行烷基化，并可用 NaOH 代替强碱，收率也有所提高。

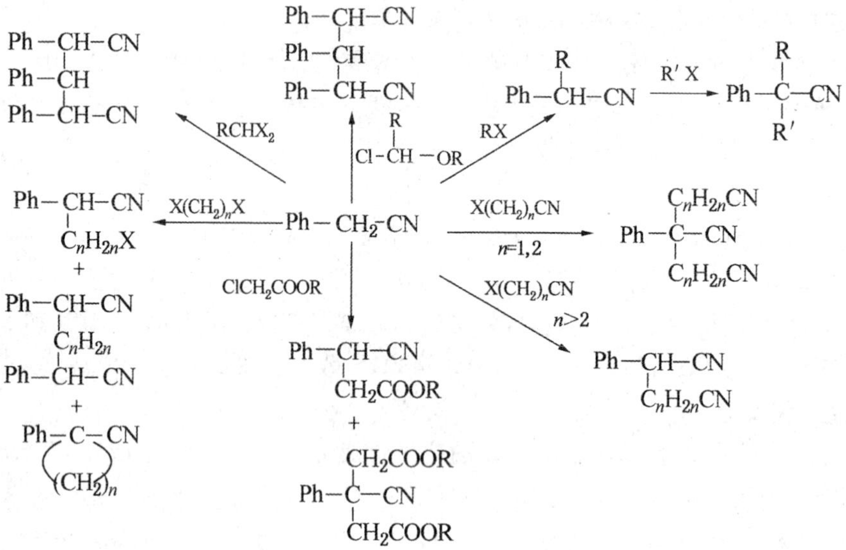

Ph—CH—CN（中心原料 $Ph-CH_2-CN$）的 PTC 烷基化：

- $RCHX_2$ → $Ph-CH(CN)-CH(Ph)-CH(CN)-Ph$
- Cl—CH(R)—OR → $Ph-CH(CN)-CH(Ph)-CH(CN)-Ph$
- RX → $Ph-CH(R)-CN$ $\xrightarrow{R'X}$ $Ph-C(R)(R')-CN$
- $X(CH_2)_nX$ → $Ph-CH(CN)-C_nH_{2n}X$ + $Ph-CH(CN)-C_nH_{2n}-CH(CN)-Ph$ + $Ph-C(CN)$（环 $(CH_2)_n$）
- $X(CH_2)_nCN$，$n=1,2$ → $Ph-C(CN)(C_nH_{2n}CN)_2$
- $X(CH_2)_nCN$，$n>2$ → $Ph-CH(CN)-C_nH_{2n}CN$
- $ClCH_2COOR$ → $Ph-CH(CN)-CH_2COOR$ + $Ph-C(CN)(CH_2COOR)_2$

图 6－4　苯乙腈的 PTC 烷基化产物

丙酮的 α－H 酸性较弱，需要在很强的碱中进行反应。而采用季铵盐为 PTC 催化剂，可以在 60% NaOH 溶液中进行烷基化反应，如用三辛基甲基氯化铵为催化剂，与氯代异戊烯反应，可得到异戊烯基丙酮，收率为 45% ~50%，反应式为：

$$CH_3-\overset{O}{\overset{\|}{C}}-CH_3+ClCH_2CH=C(CH_3)_2\xrightarrow[60\%\ NaOH/40℃]{(C_8H_{17})_3CH_3NCl}CH_3-\overset{O}{\overset{\|}{C}}-CH_2CH_2-CH=\overset{CH_3}{\overset{|}{C}}-CH_3 \tag{6－76}$$

酯中的 CH 键在 PTC 中很容易进行 *C*－烷基化。砜中的 CH 键也是弱酸性的，在温和条件下无副反应发生，烷基化反应很容易进行。虽然 PTC 烷基化并不是烷基化的惟一方法，酯和砜类化合物也可以通过其他方法顺利地烷基化，但只有 PTC 方法具有方便和经济的特点。例如，医药麝香酮中间体——甲基丙二酸二乙酯的合成，若采用丙二酸二乙酯在乙醇钠存在下与硫酸二甲酯反应，收率为 62%。若采用 PTC 催化剂，在反应中用 NaOH 代替乙醇钠，产品收率可达 80.7%，反应式为：

$$CH_2(COOC_2H_5)_2\xrightarrow[C_6H_6/50\%\ NaOH/Me_2SO_4]{NEt_3{}^+\ CH_2C_6H_5Cl^-}CH_3-CH(COOC_2H_5)_2 \tag{6－77}$$

二酯、酮砜(Ketosulfone)等具有二个活性基团的反应物也很容易达到期望的烷基化。在两个反应位置(C 和 O 上)，到底在哪个位置上烷基化，主要由溶剂的极性决定，同时也与无、有冠醚有关，即：

$$CH_3-\overset{O}{\overset{\|}{C}}-CH_2-\overset{O}{\overset{\|}{C}}-OC_2H_5\xrightarrow[KOH/C_6H_6]{CH_3CH_2OTs}CH_3-\overset{O}{\overset{\|}{C}}-\underset{C_2H_5}{\underset{|}{CH}}-\overset{O}{\overset{\|}{C}}-OC_2H_5 \tag{6－78}$$

$$CH_3-\overset{O}{\overset{\|}{C}}-CH_2-\overset{O}{\overset{\|}{C}}-CO_2H_5 \xrightarrow[\text{冠醚}/C_6H_6]{CH_3CH_2CTs/KOH} CH_3-\overset{O}{\overset{\|}{C}}-\underset{C_2H_5}{\underset{|}{CH}}-\overset{O}{\overset{\|}{C}}-OC_2H_5 + CH_3-\overset{OC_2H_5}{\overset{|}{C}}=CH-\overset{O}{\overset{|}{C}}-OC_2H_5 \quad (6-79)$$

C - 烷基化典型实验操作如下：

①芳乙腈烷基化(催化剂为 TEBA)制备 4 - 溴 - 2，2 - 二苯基丁腈：0.025mol 的二苯基乙腈，0.06mol 的 2，6 - 二溴乙烷，0.1g TEBA 和 10mL 50% NaOH 水溶液一起搅拌，有温热产生。5h 后分离有机相和水相，用水蒸馏除去过量的 1，2 - 二溴乙烷。残留物用石油醚萃取和结晶，熔点 68 ~69℃，收率 94%。

②苯基乙酸叔丁酯烷基化制备 2 - 苯基己酸叔丁酯：0.025mol 苯基乙酸叔丁酯、0.038mol 1 - 溴丁烷、12mL 50% NaOH 水溶液、0.1g TEBA 和 5mL DMSO，在 60℃下搅拌 3h。混合物用水稀释，用苯萃取、干燥、除去溶剂后，真空蒸馏纯化产品，沸点为 129 ~131℃，收率 45%。

③丙二酸酯烷基化制备乙基丙二酸二乙酯：溶于 50mL 水的 0.24mol NaOH 加到溶于 50mL 水的 0.12mol 四丁基硫酸氯铵中，再加入含 0.1mol 丙二酸二乙酯、0.2mol 碘乙烷的 75mL 二氯甲烷溶液，搅拌回流 20min，分离水相与有机相，有机溶剂用旋转蒸发器除去。把 200mL 的醚加到残留物中，滤除不溶的 NBu_4I。除去溶剂后，几乎获得定量的产物(收率 100%)。

4. 碳 - 碳重键的加成反应

碳 - 碳重键的 PTC 加成反应包括苯乙炔的加成、Michael 加成和非活化双键的加成。

(1)苯乙炔的加成。例如苯基乙炔与硫化钠或乙基硫醇盐的水溶液进行 PTC 加成反应，催化剂可用二苯并 - 18 - 冠 - 6 或 TEBA(但效率低)：

$$Ph-C\equiv CH \begin{cases} \xrightarrow{Na_2S} (Ph-CH=CH_2)_2S \\ \quad + \\ \xrightarrow{RSNa} Ph-CH=CH-SR \end{cases} \quad (6-80)$$

苯基腈也可以和炔烃进行加成反应，即：

$$Ph-\overset{CN}{\overset{|}{CH}}-R \xrightarrow{HC\equiv C-R'} Ph-\underset{H}{\underset{|}{\overset{CN}{\overset{|}{C}}}}-\underset{H}{\underset{|}{C}}=\underset{H}{\underset{|}{C}}-R' + Ph-\underset{H}{\underset{|}{\overset{CN}{\overset{|}{C}}}}-\underset{H}{\underset{|}{C}}=\overset{H}{\overset{|}{C}}-R' \quad (6-81)$$

其中，R'═H、Ph、S—R。反应可采用粉末状 KOH，在 DMSO 中加入 TEBA，反应收率为 60%左右，而且顺式结构体多于反式化合物。

(2)Michael 加成。活性亚甲基化合物和 α，β - 不饱和羰基化合物在碱性催化下发生的加成缩合反应，称为 Michael 反应。在发生反应的两个反应物中，碱的催化能使活性亚甲基化合物形成负碳离子，该活性亚甲基化合物称为 Michael 供电体，例如丙二酸酯(a)、乙酰丙酮(b)、硝基烷烃等。

$$CH_3-O-\overset{\overset{\large O}{\|}}{C}-CH_2-\overset{\overset{\large O}{\|}}{C}-O-CH_3 \qquad CH_3-\overset{\overset{\large O}{\|}}{C}-O-CH_2-\overset{\overset{\large O}{\|}}{C}-CH_3$$

(a)　　　　(b)　　　　(6－82)

而α，β－不饱和羰基化合物及其衍生物则称为 Michael 受电体，它是一类亲电的共振体系，如α，β－烯醛(或酮)、α，β－炔酮(或酯)、杂环α，β－烯烃、α，β－不饱和硝基化合物以及对醌类等，即：

$$CH_2=CH-CO-CH_3 \text{ 和 } CH_2=CH-N\rightarrow O \qquad (6-83)$$

环酮与α，β－不饱和酮在碱催化下首先发生 Michael 加成，紧接着发生分子内醇醛缩合，闭环产生一个新的六元环，再接着消除、脱水生成二环或多环不饱和酮，即：

(6－84)

这类反应广泛用于甾体合成、萜类药物的合成。

但对于 Michael 受电体为硝基烯烃时，则不能使用碱作催化剂，因为硝基烯烃对一般碱极其敏感，所以改用氟化物离子作催化剂，例如：

$$>C=C<(NO_2) + H_3C-CN \xrightarrow[\text{室温}]{NEt_4F} -\underset{\underset{CH_2CN}{|}}{\overset{|}{C}}-\overset{\overset{NO_2}{|}}{CH}- \qquad (6-85)$$

(6－86)

5. C ═O 和 C ═N 键的加成反应

这类加成反应的典型例子是安息香缩合和醇醛缩合。安息香缩合是在室温下，通过苯甲醛和四丁基氰化铵一起在水相中搅拌，收率为70%左右，即：

$$2ArCHO \xrightarrow[H_2O]{NBu_4CN} Ar-\overset{\overset{O}{\|}}{C}-\overset{\overset{OH}{|}}{CH}-Ar \qquad (6-87)$$

也可以用 KCN 水溶液/纯芳香醛，或固体 KCN/溶于苯或乙腈的醛，在25℃到60℃下，用18－冠－6 作为催化剂进行反应。

醇醛缩合是指在催化剂作用下，含有α－氢的醛或酮相互作用，生成羟基醛或酮。芳香醛和 *N*－苄叉－苄胺通过 50% NaOH/TEBA 在室温下缩合，生成 2－氨基－1－芳基－*N*－苄叉－2－苯基乙醇，即：

$$ArCHO + PhCH=N-CH_2Ph \longrightarrow ArCH(OH)-CH(Ph)-N=CHPh \qquad (6-88)$$

醇醛缩合还可以制备前列腺素的前体，反应在40℃下进行20min，便有较高收率，该反应属于分子内醇醛缩合。即：

$$H_3C(C=O)-C(SCH_3)(OHC)-(CH_2)_6-COOR \xrightarrow[LiOH(aq)]{C_6H_6/Adogen464} \text{(3-hydroxy-5-oxocyclopentenyl)}-(CH_2)_6-COOR \quad (6-89)$$

6. 水解反应

酯的水解反应中皂化反应是最典型的。例如：

$$R'-\underset{R''}{\overset{X}{C}}-COOEt \xrightarrow[\text{室温}]{KOH/18-\text{冠}-6} R'-\underset{R''}{\overset{X}{C}}-COOK \longrightarrow R'-\underset{R''}{\overset{X}{C}}-H \quad (6-90)$$

其中，X =—COOEt，—COR，—CN。该反应的第一步即是水解或皂化反应。

对 PTC 皂化反应，可用 Aliquat336 作催化剂，在 50% NaOH 水溶液中进行，见表 6-3。

表 6-3　用 Aliquat 336 作催化剂在标准条件①下的 PTC 酯化反应

序　号	酯	无催化剂的收率/%	有催化剂的收率/%
1	己二酸二乙酯	11	50
2	癸酸乙酯	7	7
3	硬脂酸乙酯	13	20
4	硬脂酸正丁酯	5	13
5	3-苯基丙酸乙酯	20	32
6	对硝基苯甲酸乙酯	10	47
7	苯甲酸正丁酯	27	33
8	苯甲酸苄酯	40	56
9	苯甲酸乙酯	5	24
10	水杨酸甲酯	95	100
11	苯基乙酸乙酯	20	98
12	乙酸正辛酯	6	42
13	丙酸乙酯	37	85
14	2，2-二甲基丙酸异丙酯	54	72
15	对甲苯磺酸乙酯	9	12

① 指 10^{-2}mol 酯，5mL 石油醚，3mL 50% NaOH，10^{-2}mol Aliquat 336，1h，室温。

在水解反应中，含有亲水性羟基的羧酸酯和二羧酸酯的水解比简单的长链羧酸酯的水解快得多，对于后者，铵盐的催化效果非常小。有效的 PTC 催化剂有四丁基硫酸氢铵、硬脂酸氢铵、硬脂酸钠和冠醚或穴醚。后者对有空间位阻的酯的皂化反应很有价值。

7. 鏻内鎓盐和锍内鎓盐的制备和转化

这类反应主要与 Wittig 反应和 Norner 反应有关。

(1) Wittig 反应：硫、磷等第Ⅲ周期元素与碳结合，使碳带负电荷，硫或磷带正电荷，且彼此相邻，称为邻位两性离子或内鎓盐(Ylide)离子。由磷形成的内鎓盐称为鏻内鎓盐，结构式为：

$$(C_6H_5)_3P^+-{}^-CH_2 \longleftrightarrow (C_6H_5)_3P=CH_2 \quad (6-91)$$

内鎓盐的制备可由四级鏻盐在强碱性作用下，失去一分子卤化氢而成，即：

$$(C_6H_5)_3P+CH_3Br \longrightarrow (C_6H_5)_3P^+-CH_3Br^- \xrightarrow[\text{干燥乙醚}]{C_6H_5Li} (C_6H_5)_3P^+-CH_2^- \quad (6-92)$$

由于鏻内鎓盐很活泼，可以和负碳离子发生亲核反应。

由于 P 可以形成 5 价化合物，它的外层可以有 10 个电子。P 可以利用 3d 轨道与相邻的 C 上的 p 轨道重叠形成 pd－π 键。该 π 键具有很强的极性，可以和酮、醛的羰基进行亲核加成反应，形成烯烃，称为 Wittig 反应。例如：

$$(C_6H_5)_2C{=}O + {}^-CH_2{-}{}^+P(C_6H_5)_3 \longrightarrow (C_6H_5)_2C{=}CH_2 + (C_6H_5)_3P{=}O \qquad (6-93)$$

鏻内鎓盐对水和空气都不稳定，因此在合成时一般不将它分离出来，而是直接进行下一步反应。

在浓碱/有机溶剂中，也可以进行 PTC Wittig 反应，所用的催化剂有铵盐、冠醚。在不同的溶剂中(THF、苯、二氯甲烷)，鏻内鎓盐和不同的醛在碱溶液或固体碱作用下，无论有无催化剂均能反应，生成烯烃。对于鏻内鎓盐反应：

$$(C_6H_5)_3P^+{-}CH_2{-}R \cdot X^- + C_6H_5CHO \longrightarrow C_6H_5CH{=}CH{-}R \qquad (6-94)$$

当 R＝芳基时，烯烃收率为 60%～80%；当 $R=CH_3$时，烯烃收率仅为 20%～30%。

用苯作有机相时，烯烃收率和 NaOH 浓度有关，先升到最大值，然后随浓度增加而减小。最佳条件不仅和 R 有关，而且也和鏻内鎓盐的阴离子 X^- 有关，见表 6－4。

表 6－4 关于 C_6H_5CHO 和 $RCH_2P(C_6H_5)_3X$ 反应的最佳 NaOH 浓度及收率

R	X	NaOH 浓度/$mol \cdot L^{-1}$	收率/%	R	X	NaOH 浓度/$mol \cdot L^{-1}$	收率/%
C_6H_5	Cl	6	80	H	Cl	1	70
H	I	6	80	$CH_2=CH_2$	Cl	1	60

PTC Wittig 反应还能扩展到与酮的反应，但收率低。有关 PTC Wittig 反应的详细机理还有待进一步研究。

(2) Horner 反应：用亚磷酸酯代替三苯基膦去制备鏻内鎓盐，并与羰基化合物进行亲核加成，称为 Horner 反应。例如亚磷酸乙酯和溴代乙酸乙酯反应，生成膦酸酯：

$$(C_6H_5)_3P + BrCH_2COOC_2H_5 \longrightarrow (C_6H_5O)_2\overset{OC_2H_5}{\underset{Br^-}{P^+}}CH_2COOC_2H_5$$

$$\xrightarrow{-C_2H_5Br} (C_6H_5O)_2\overset{O}{\overset{\|}{P}}CH_2COOC_2H_5 \xrightarrow{NaH} (C_6H_5O)_2POCH^-COOC_2H_5\ Na^+ \qquad (6-95)$$

用膦酸酯负碳离子代替鏻内鎓盐，有以下三个优点：①膦酸酯负碳离子的亲核性较强，而且能和更多类型的醛和酮在温和条件下反应。②水溶性较好，易于从反应混合物中分离出来。③价格低且易得。

和鏻内鎓盐一样，膦酸酯也可以和羰基化合物反应，与丙酮反应生成 α，β－不饱和酸酯。例如：

$$(C_6H_5O)_2POCH^-COOC_2H_5\ Na^+ + (CH_3)_2CO \longrightarrow (CH_3)_2C{=}CHCOOC_2H_5 + (C_6H_5O)_2\overset{O}{\overset{\|}{P}}ONa \qquad (6-96)$$

近年来，人们研究了 PTC Horner 反应。有的加催化剂(如铵盐、冠醚等)，有的不加催化剂，并得知形成的烯烃以反式占优势。例如在 50% NaOH/CH_2Cl_2 和无催化剂下，$(EtO)_2POCH_2X$ (X = COOR, SO_2CH_3, $PO(Oet)_2$)和醛反应可形成纯反式异构体。如果加入催化剂，则仅用于芳醛，而不适用于脂肪醛和酮。对于反应：

$$(EtO)_2POCH_2(\overset{O}{\overset{\|}{S}})_nR + R'CHO \longrightarrow R'CH{=}CH(\overset{O}{\overset{\|}{S}})_nR \tag{6-97}$$

当 $n=2$ 时，则产生 100% 的反式化合物；$n=0$，1 时，则为顺/反异构体混合物。

PTC Horner 反应对于合成共轭二烯烃及多烯烃是有用的。在 NaOH 水溶液/苯中用NBu_4I催化，通过两种途径可以合成二烯烃：

$$(EtO)_2POCH_2Ar + Ph{-}CH{=}CH{-}CH_2 \longrightarrow ArCH{=}CH{-}CH{=}CH{-}Ph \tag{6-98}$$

$$(EtO)_2POCH_2CH_2CH{=}CHPh + ArCHO \longrightarrow ArCH{=}CH{-}CH{=}CH{-}Ph \tag{6-99}$$

(3)锍内鎓盐：锍内鎓盐可由二甲亚砜或二甲硫醚与碘甲烷反应制备：

$$CH_3\overset{O}{\overset{\|}{S}}CH_3 + CH_3I \longrightarrow CH_3{-}\overset{O}{\overset{\|}{\underset{CH_3}{\underset{|}{S^+}}}}{-}CH_3 \cdot I^- \xrightarrow[(CH_3)_2SO]{NaI} (CH_3)_2\overset{O}{\overset{\|}{S^+}}{-}CH_2^- \tag{6-100}$$

锍内鎓盐和非共轭的醛或酮反应，得到环状化合物。反应首先是亲核加成，然后是发生分子中的取代反应：

$$(CH_3)_2\overset{O}{\overset{\|}{S^+}}{-}CH_2^- + \text{环己酮} \longrightarrow \text{(1-氧负离子环己基)}CH_2{-}\underset{O}{\underset{\|}{S^+}}(CH_3)_2 \longrightarrow \text{(环氧螺环化合物)} + (CH_3)_2SO \tag{6-101}$$

和 α，β-不饱和酮反应，发生共轭加成，然后再发生分子内取代反应，得到环氧丙烷衍生物：

$$\text{(环己烯基)}{-}\overset{O}{\overset{\|}{C}}{-}CH_3 + {}^-CH_2{-}\underset{O}{\underset{\|}{S^+}}(CH_3)_2 \longrightarrow \text{(2-}CH_2{-}\underset{O}{\underset{\|}{S^+}}(CH_3)_2\text{-环己基)}{-}\overset{O}{\overset{\|}{C}}{-}CH_3 \longrightarrow \text{(双环)}{-}\overset{O}{\overset{\|}{C}}{-}CH_3 + (CH_3)_2SO \tag{6-102}$$

在 PTC 条件下，锍内鎓盐和羰基化合物的反应可在无催化剂和有催化剂下进行。例如，在无催化剂下，月桂基二甲基锍碘化盐和苯甲醛在 15mol/L NaOH 中反应，收率为 81%：

$$ArCHO + C_{12}H_{25}S^+(CH_3)_2I^- \longrightarrow Ar{-}\overset{O}{\triangle} \tag{6-103}$$

在有催化剂时，苯甲醛和氧代锍内鎓盐反应，也会生成苯基环氧丙烷，并伴有醇醛缩合反应：

$$ArCHO + (CH_3)_2S^+I^- \longrightarrow Ar{-}\overset{O}{\triangle} + \text{(2,6-二芳基-1,4-氧硫杂环己烷-4-氧化物)} \tag{6-104}$$

有关 Wittig 和 Horner PTC 反应实例：

① Wittig 反应：将 3mmol 苯甲醛、5mmol 烷基三苯基卤化鏻、5mL 苯和 10mL NaOH 水溶液的非均匀混合物，室温下搅拌几分钟至几天，然后再以通常方法处理。

② Horner 反应：在室温下，把溶于 5mL 苯中的 20mmol 膦酸酯和 20mmol 醛，加到含有 1mmol NBu_4I 催化剂的 200mL 苯/20mL 50% NaOH 水溶液的两相体系中，激烈搅拌混合液，回流约 30min，再作处理。

③ 2－苯基环氧乙烷的制备：100mL 50% NaOH 水溶液加入搅拌中的 0.1mol 苯甲醛、0.1mol 三甲基锍碘化盐、1mmol NBu_4I 和 100mL 二氯甲烷形成的混合液中。该反应液在 50℃加热，搅拌 48h，处理后可得 92% 的 2－苯基环氧乙烷。

8. α－消去反应

碱催化形成二卤卡宾（碳烯，Cabenes）是最常见的 PTC 反应之一。形成二卤卡宾主要靠 α－消去反应，即两个原子或基团从一个原子上除去的反应。例如二氯卡宾的形成：

$$HCCl_3 \xrightarrow[-H^+]{t-BuO^-} :CCl_2 + HCl \qquad (6-105)$$

二卤卡宾的稳定性和卤素的电负性有关，电负性越大，二卤卡宾越稳定。所以稳定性为：

$$:CF_2 > :CCl_2 > :CBr_2 > :CI_2 \qquad (6-106)$$

制备二卤卡宾的 α－消去反应类型主要有：①三卤甲烷脱卤化氢；②三卤乙酸在 80℃下脱 CO_2；③$LiCCl_3$在 73℃以上分解；④Seyferth 试剂（$PhHg-CBrCl_2$）在 80℃分解；⑤四氯化碳和丁基锂反应等。

在所有条件下形成的二卤卡宾的寿命都非常短，它是一个非常活泼的活性中间体。其典型反应有 π 键加成和 σ 键插入反应，见反应式（6－107）和（6－108）。但反应历程及结果和反应物种类、催化剂有关。表 6－5 是 PTC－CCl_2对单烯烃加成反应的结果。表 6－6 是 PTC—CCl_2的 C—H 插入反应结果。除二氯卡宾外，其他二卤卡宾（如二溴卡宾、二氟卡宾）也能用 PTCα－消去反应制备，其应用正在逐步扩大。

$$Cl_2C: + X{=}Y \longrightarrow \text{(三元环 } X{-}Y{-}CCl_2\text{)} \qquad (6-107)$$

$$Cl_2C: + X{-}Y \longrightarrow X{-}CCl_2{-}Y \qquad (6-108)$$

表 6－5 对单烯烃的加成反应

反应底物	收率	备注
脂族烯烃和芳族烯烃	一般非常高	如有位阻则较低
$Ar(R_1)C{=}C(R_2)R_3$ （R_1，R_2，R_3 = H，烷基，芳基）	一般非常高	四苯乙烯不反应

续表

反应底物	收　率	备　注
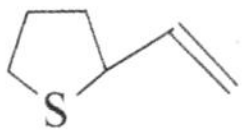 S	42%	
二茂铁取代烯烃	一般非常高	加成产物不太稳定
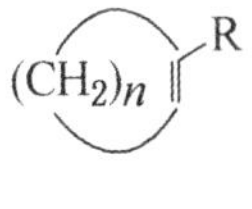 $(CH_2)_n$ R （n=3，4，5，6，10）		
甾族化合物	一般非常高	侧链部位反应
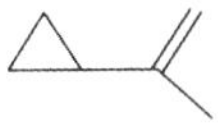	82%	
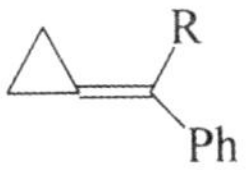 R Ph (R=H, Me, Ph)	一般非常高	
$RC{=}C(R')—COOR''$ （R′≠H）	92%	
$H_2C{=}C(CH_3)—CN$	42%	

表 6－6　PTC CCl_2 的 C—H 插入反应

化合物	插入位置	收率/%	化合物	插入位置	收率/%
对异丙基苯	叔—H	24	二苯甲基醚	叔—H	17
乙　苯	CH_2	2	对氯苄基甲基醚	CH_2	18
萘　满	1	21	二苄基醚	CH_2	26
异戊烷	叔—H	12	乙　醚	CH_2	8
甲基环己烷	叔—H	5	甲氧基环己烷	叔—H	5
顺－萘烷	9	29	THF	2	18
反－萘烷	9	3			
金刚烷	1	54	二异丙基醚	叔—H	43

习　题

1. 什么是相转移催化反应，它具有哪些优点？
2. 影响离子对从水相萃取到有机相的因素有哪些？都是如何影响的？
3. 中性条件下，PTC 反应的机理如何？
4. 碱性条件下的 PTC 反应中，烷基化、加成、水解反应机理如何？举例说明。
5. PTC 催化剂有哪几类？它们都是如何发挥催化作用的？选择 PTC 催化剂应遵循哪些原则？
6. 在 PTC 反应中，选择有机溶剂和水相时，应遵循哪些原则？

7. 指出碱性条件下，PTC 反应的主要应用，为什么这些反应不能在中性条件下进行？
8. 什么是 Michael 加成反应？
9. 什么是 Wittig、Horner 反应？它们都是用于制备何种化合物的？
10. 在下列反应中，写出主要产物并说明原因：

(1) $C_8H_{17}Br + NaOH \longrightarrow$

(2) $C_8H_{17}Br + NaOH \xrightarrow{\text{季铵盐}}$

第7章　酶催化有机合成

§7.1　概　　论

自然界中存在着生物和非生物，处于二者之间的就是酶。酶是一种由活细胞产生的、具有高催化活性和高选择性的特殊蛋白质。由于它具有复杂的三维结构，使它与底物具有特殊的高效催化作用。在生物的新陈代谢、物质合成、能量转换和生物降解等过程中，酶都是不可缺少的催化剂。同一般的化学催化剂一样，酶能加速反应进程，降低反应的活化能，而本身不发生变化，能多次使用。同时，酶又与一般催化剂不同，它可以在常温、常压和低浓度条件下，将复杂的有机反应和生化反应完成。

早在19世纪初，人们就积累了许多有关酶学的知识，认识到酶来自于生物细胞。1887年，人们首次使用“酶”(enzyme)这个词，它的意思是“酵母中的”(in yeast)。之后不但发现了更多的酶，而且酶的提纯、分离等方法又有了很大进展，对酶的本质进行了深入的探讨，所有酶都是蛋白质，但并非所有蛋白质都是酶。还了解到不少酶在催化作用中需要小分子物质(辅酶)的参与。1926年，J. B. Sumner首次成功地从洋刀豆中提取了脲酶的结晶，并证明该结晶具有蛋白质的化学性质，它能催化尿素分解为氨和二氧化碳。不久以后，胃蛋白酶、胰蛋白酶、胰凝乳蛋白酶等多种酶也被分离为晶体状态，并从实验上证明了它们的化学组成也是由氨基酸组成的，具有蛋白质的化学性质，于是人们对酶的概念就更明确了。目前，人们已经鉴定出2100种以上的酶，并有200多种酶已得到了结晶。酶的晶体状态可为进一步研究酶的化学结构和作用机理创造有利条件。不少酶已在工业、农业、医药卫生和环境保护等方面得到了广泛的应用。

为了更好地利用酶的高效催化作用，科学家们还对酶进行了工程开发与研究。主要内容有：开发生产各种新的酶；研究各种酶的分离、提纯技术；将酶或含酶细胞固定化；利用固定化的酶进行生产、催化反应等；利用酶开发生物电子器件，如生物反应器、生物传感器、生物芯片等。由于酶是一种不稳定的蛋白质，如何保持其稳定性是酶催化活性的先决条件。所以，20世纪70年代以来，有关酶的固定化研究较多，提出了多种酶固定化方法。用固定化酶做成的酶催化反应器，既可以有效地延长酶的使用寿命，提高催化活性，又能在反应中反复、连续使用。

开发酶的新品种，是生产发展的需要。目前的基因工程技术为生产新的工业酶开辟了一条新途径。现在科学家只要将目标基因载体转移到宿主细胞中，就能生产所需要的蛋白质(酶)。近来，由于光谱分析等新手段的应用，人们已经能够精确地分析出细菌中基因的结构，然后根据需要对某些基因进行修饰，这样就可以通过细菌来生产目标蛋白质(酶)。人胰岛素是细菌生产的第一种酶产品。

酶改造新技术属于蛋白质工程的重要内容之一。该工程是借助于计算机的图像显示和辅助设计功能，运用DNA合成和定向突变技术，有目的地改变蛋白质的分子结构，以获得变性的或具有全新功能的蛋白质。这项工程具有重大的科学价值和广泛的应用前景，改造蛋白质酶只是其应用的一个重要方面。酶通过改造，可以改变对底物的亲合性、专一性，从而改变催化作用；还可以改变酶对温度、pH 值的适用性；也可以按工程设计合成某种新型酶。

酶在化学工业中具有逐渐扩大的应用领域。工业酶的生产已成为新兴的生产门类，新型生物化学产品层出不穷，同时为传统工业的改造和发展提供了一条节能降耗的新途径。工业酶的研究、开发和生产已成为化学工业发展的一个热点。世界上工业酶的生产主要集中在发达的西方国家，按市场占有率分别为丹麦（50%）、美国（20%）、荷兰（20%）和德国（10%）。产量最大的是蛋白质水解酶，占工业酶总产量的 60%，主要用于去污剂、乳制品和制革工业中。其次是糖酶，约占 30%，主要用于面包、饮料、淀粉和纺织工业中。

对石油化工产品及工艺的取代也是工业酶的重要应用领域。利用工业酶的催化技术，可由新的原料生产多种精细化工产品。例如，1980 年美国一家公司首先利用生物技术在常温、常压下将乙烯和丙烯氧化，生产环氧乙烷和环氧丙烷，并进一步生产出甘二醇和丙三醇，成功地取代了部分传统石油化工工艺，而且成本降低近一半。之后，科学家们又陆续开发了一系列工业酶催化生产技术，如木糖转化为丁二醇、淀粉和糖类转化为聚酯、丙烯转化为环氧丙烷等。

随着生物技术向化学工业的不断渗入，可以由酶催化技术生产的品种不断增多，如溶剂类的甲醇、乙醇、异丙醇、丁醇、丙酮、甲乙酮、乙酸、环氧乙烷、环氧丙烷等。脂肪酸有柠檬酸、乳酸、氨基酸、丙烯酸、己二酸、甘油、甾体以及有机卤化物等。高聚物类有聚羟基丁酸酯（合成纤维的原料）以及各种生物塑料。尤其是生物塑料，它是一种对环境无污染的天然功能高分子，由工程细菌或植物产生出的天然高分子材料制成。现在美国、澳大利亚、日本、荷兰和英国等国家都宣布已经生产出了多种功能的生物塑料。目前由于其生产成本较高，还没有广泛使用，但是由于生物塑料的可生化降解性以及不依赖石油产品为原料，仍具有广阔的应用前景。

酶作为一种高效催化剂，在精细有机合成中也得到了广泛的应用。特别是酶催化具有立体选择性，可以制备多种手性合成及特殊的精细化学品，如糖类化合物、核酸、氨基酸、多肽和抗生素等。同时利用酶催化的温和条件、高效及高度立体专一性，还可以合成各种不对称的光学活性化合物。

§7.2 酶的基本概念

7.2.1 酶的定义

酶是一种由生物活细胞产生的，以蛋白质为主要成分，具有催化作用的生物催化剂。酶存在于动物、植物和微生物中。生物体内的所有化学反应几乎都是在酶催化下完成的。动物利用植物或其他动物体中的物质，经过错综复杂的分解及合成反应，把这些物质转化为能量和自身的一部分，使自身能够生存、活动和繁殖。而绿色植物利用太阳能、水、二氧化碳和无机盐等简单物质，经过光合作用合成了复杂的糖、蛋白质和脂肪等物质。以上存在于动物和植物中的化学反应都是在酶的参与下完成的。所以，只要有生命，就有酶在起作用。

在酶作用下进行化学反应的物质叫底物（Substrate），有酶催化的化学反应叫酶促反应。例如在脲酶催化的反应中

$$H_2N—\overset{\overset{\large O}{\|}}{C}—NH_2 + H_2O \xrightarrow{\text{脲酶}} 2NH_3 + CO_2 \tag{7-1}$$

尿素称为底物，该反应称为脲酶的酶促反应。

7.2.2　酶催化的特点

酶的主要成分是蛋白质，所以酶具有蛋白质的一般物化性质，如两性、变性和变构等性质，相对分子质量一般在 $1.2\times10^4 \sim 1.0\times10^6$ 之间。和一般化学催化剂相比，酶催化具有以下几个特点：

1. 活性高

酶催化反应的速率是相应的非酶催化反应的 $10^6 \sim 10^{13}$ 倍。例如下列反应(273K)：

$$2H_2O_2 \longrightarrow 2H_2O + O_2 \tag{7-2}$$

每摩尔 Fe(Ⅲ)每秒能催化 10^{-5}mol 的 H_2O_2 分解，而在相同条件下，每摩尔过氧化氢酶却能催化 10^5mol 的 H_2O_2 分解。可见过氧化氢酶催化 H_2O_2 分解为水和氧的效率比 Fe(Ⅲ)高 10^{10} 倍。由于酶的催化效率和活性很高，故较低浓度的酶便能催化大量的底物发生反应。表7－1列出了某些酶催化和非酶催化的活性(反应速率)数据。

表 7－1　酶和非酶催化反应速率的比较

酶	催化反应	酶催化速率 v/s^{-1}	非酶催化速率 v_0/s^{-1}	v/v_0
胰凝乳蛋白酶	氨基酸水解	4×10^{-2}	1×10^{-5}	4×10^3
溶菌酶	缩醛水解	5×10^{-1}	3×10^{-9}	2×10^8
淀粉酶	缩醛水解	1×10^3	3×10^{-9}	3×10^{11}
富马酸酶	烯烃加水	5×10^2	3×10^{-9}	2×10^{11}
尿素酶	尿素水解	3×10^4	3×10^{-10}	1×10^{14}

2. 选择性高

酶对所作用的底物有严格的选择性，某一种酶只能对某一类物质甚至某一种物质起催化作用，促进一定的反应生成一定的产物。例如，蔗糖酶只能催化蔗糖水解，蛋白酶只能催化蛋白质水解，它们对其他物质无催化作用。而无机催化剂对其作用物却没有严格的选择性。例如，金属铂对蔗糖和蛋白质的水解反应均有催化作用。

酶对底物的专一性大致有以下三种情况：

(1)绝对专一性。这类酶只能催化某一底物进行一种特定反应。例如脲酶只能催化尿素水解为氨和二氧化碳，而对尿素的任何衍生物或其他物质都不具有催化水解的作用，也不能使尿素发生水解以外的其他反应。

(2)相对专一性。有的酶只对底物的某一化学反应发生作用，而对该化学键两端所连接的原子团则无多大的选择性。例如酯酶能水解脂肪酸和醇所形成的酯键：

$$R_1—\overset{\overset{\large O}{\|}}{C}—O—R_2 + H_2O \overset{\text{酯酶}}{\rightleftharpoons} R_1COOH + R_2OH \tag{7-3}$$

但对底物的 R_1 和 R_2 的结构并无多大的选择性，只要是酯键都能被酯酶催化水解。

(3)立体异构专一性。这种酶只能催化底物立体异构体中的一种，而对底物的另一种立体异构体则完全无催化作用。例如 L－氨基酸氧化酶只能催化 L－氨基酸氧化为 α－酮酸：

$$H_2N-\underset{R}{\overset{COOH}{C}}-H + O_2 + H_2O \xrightarrow{L-氨基酸氧化酶} O=\underset{R}{\overset{COOH}{C}} + NH_3 + H_2O_2 \qquad (7-4)$$

而不能催化 D－氨基酸氧化为 α－酮酸。通过这种催化反应可以将 D－和 L－主体异构体区别出来。

3. 活化能低

酶催化反应的活化能低于非酶催化反应，见表 7－2。所以酶催化效率也远远高于非酶催化效率。

表 7－2　几种反应的活化能比较

化学反应	催化剂	活化能/(kJ/mol)	化学反应	催化剂	活化能/(kJ/mol)
H_2O_2 分解	无	75.3	酪蛋白水解	HCl	86.2
	胶态铂	49		胰蛋白酶	50.2
	过氧化氢酶	8.4			
蔗糖水解	无	1339	丁酸乙酯水解	H^+	55.2
	H^+	108.8		OH^-	42.7
	蔗糖酶	39.3		胰脂酶	18.8

4. 反应条件温和

一般都是在室温或体温和中性 pH 值条件下进行的。

5. 酶的活力与辅酶、辅基和金属离子有关

酶的活力是指酶催化一定化学反应的能力，它与辅酶、辅基和金属离子有关。

除了以上几个特点外，酶催化的应用还受一些条件的限制。例如酶的分离和提纯很昂贵。许多酶从活细胞中分离后很不稳定，多数酶都是以很稀的水溶液形式应用，因此回收也不经济。在操作上，酶催化只限于间隙操作，生产效率不如连续式。此外，许多酶还要与非蛋白质的辅酶配合使用才行。

为了将酶有效地应用于工业，必须解决两个问题：一是改善稳定性，二是开发非破坏性的回收方法。近年来，“酶的固相化”技术大大推进了酶工业化应用的进程。酶的固相化是将酶附载于惰性载体上，这样酶便可以反复使用，连续操作，而且稳定性和活性也得到改善和提高。该技术集中了多相和均相催化的优点，又克服了各自的缺点，必将在工业上发挥重要作用。

7.2.3　酶的化学组成

绝大多数酶都是蛋白质，这一认识是科学家经过几十年来不断研究总结的结果，并被现代蛋白质化学所证实的。但酶在功能上与一般蛋白质有明显的区别，即酶具有很强的催化活性。因此，酶是一类具有催化功能的蛋白质。

从酶的化学组成来看，可以将酶分成单纯蛋白质和结合蛋白质两种。属于单纯蛋白质的酶，其分子组成为蛋白质，不含有非蛋白质的小分子物质。这类酶有：脲酶、蛋白酶、淀粉酶、脂肪酶、核糖核酸酶等。属于结合蛋白质的酶，其分子组成除蛋白质外，还含有对热稳定的非蛋白质的小分子物质——辅助因子。辅助因子包括辅酶或辅基以及金属离子(如 Fe^{2+}、

Zn^{2+}、Mn^{2+}等)。辅助因子与酶蛋白质结合所形成的复合物叫做全酶，其相对分子质量在1.2 万 ~ 100 万之间，只有全酶才有催化作用。辅助因子和酶蛋白质结合较松，易脱落。可以透析分离的辅助因子叫辅酶，结合较紧密；不能分开的辅助因子叫做辅基。金属离子可认为是金属酶的一种辅酶，有时也称为活化剂。下面分别介绍酶蛋白和辅助因子的化学组成。

1. 酶蛋白

酶蛋白或单纯酶已被定为蛋白质。蛋白质是由动物中常见的 20 多种氨基酸组成的大分子。每个氨基酸都在 α－C 上有一氨基和一羧基，所以也称 α－氨基酸(L－氨基酸)，其通式为：

$$\begin{array}{c} NH_2 \\ | \\ R—C—COOH \\ | \\ H \end{array}$$

氨基酸分子同时具有酸性和碱性，其中 R 称为氨基酸残基。除了 R 为 H 的甘氨酸外，所有其他氨基酸的中心 C 原子都和四个不同的基团相连，因而使分子具有不对称性和旋光性。蛋白质中的氨基酸均是 L 型，而没有 D 型。蛋白质本身也有旋光性，一方面和其中的氨基酸有关，另一方面和氨基酸相互结合成大分子时的非对称结合有关，这点也许是酶具有独特选择性的原因之一。表 7－3 是组成蛋白质的氨基酸及相应的等电点(p*I* 值)和极性、非极性性质。

表 7－3　组成蛋白质的氨基酸

俗　名	英文名	极　性	等电点(p*I* 值)
甘氨酸	Glycine	极	5.97
丙氨酸	Alanine	非	6.00
丝氨酸	Serine	极	5.68
半胱氨酸	Cysteine	极	5.07
胱氨酸	Cystine	非	5.05
苏氨酸	Threonine	极	6.16
缬氨酸	Valine	非	5.96
蛋氨酸	Methione	非	5.74
亮氨酸	Leucine	非	5.98
异亮氨酸	Isoleucine	非	6.02
天门冬酰胺	Asparagine	极	5.41
谷氨酰胺	Glutamine	极	5.65
苯丙氨酸	Phenylalanine	非	5.48
酪氨酸	Tyrosine	极	5.66
色氨酸	Tyrptophane	非	5.89
脯氨酸	Proline	非	6.30
羟脯氨酸	Hydroproline	极	5.83
天门冬氨酸	Aspartic acid	极	2.77
谷氨酸	Glutamic acid	极	3.22
精氨酸	Arginine	极	10.76
赖氨酸	Lysine	极	9.74
组氨酸	Histidine	极	7.59

2. 辅助因子

许多酶只有在辅助因子存在时才具有催化活性，这些辅助因子和酶既可以牢固地结合，也可以松弛地连接。一般地，将牢固结合的分子称为辅基，而将松弛连接的分子称为辅酶。凡是有催化作用的非蛋白质小分子，不管它们和酶蛋白的结合程度如何，以及在反应过程中发生何种变化，或被接续过程所再生，都称为辅助因子。辅助因子可分为金属离子辅助因子和有机辅助因子两大类。前者有铁、铜、锌、钾、镁、钴、锰和钼离子等，后者的分子类型较多，但大多数与维生素有关，总数有30种左右。例如吡啶核甘酸(氧化还原型辅酶)和腺苷三磷酸(基因转移型辅酶)。

7.2.4 酶的结构与催化性能的关系

在催化作用中，酶蛋白起决定作用。但是直接参与和底物结合及起催化作用的并不是整个酶蛋白分子，而往往是酶蛋白分子中的一部分，它通常是酶分子中某些氨基酸残基的侧链基因或其他基团(如金属离子)构成的，称为活性中心。构成活性中心的氨基酸残基或金属离子的数目一般都有限，它们在蛋白质的多肽链中所处的位置可能较远，也可能较近。但是，在酶的空间结构上，它们都以一定的相对位置互相靠近在一起。表7-4提供了构成某些蛋白酶活性中心的氨基酸残基用其在蛋白质多肽链上的位置。

表7-4 蛋白酶的活性中心用其所处位置

酶	氨基酸残基数	活性中心的氨基酸残基
牛胰凝乳蛋白酶	245	组57，天102，丝195
牛胰蛋白酶	238	组46，天90，丝83
木瓜蛋白酶	212	半胱25，组159
弹性蛋白酶	240	组45，天93，丝188
枯草杆菌蛋白酶	275	组64，丝221

应当指出，酶的其他部分对酶的催化作用也有不同程度的重要性，或是维持酶的空间构象，或是保护酶的活性中心等。

酶直接同底物结合的部位叫做结合部位，直接参与催化作用的部位叫做活性部位。以上两部分就构成了酶的活性中心。所以，可以将酶的活性中心基团分为两类：一类是参与和底物结合的“结合基团”；另一类是直接参与催化反应的“催化基团”。这两类基团对酶的催化都是必须的。结合基团决定酶催化的专一性，催化基团决定酶催化反应的性质。在某些酶中，结合基团可能又是催化基团。这时，酶的结合部位也是酶的活性部位。

酶的催化功能是由酶分子的结构，特别是高级结构所决定的。当酶分子的结构发生改变时，会引起酶的催化功能改变，使其增强、减弱或消失。酶与蛋白质一样，其结构可分为一级、二级、三级和四级结构。

1. 酶的一级结构：肽键

酶的一级结构又称为初级结构，是指由哪些氨基酸形成肽键、它们是如何组成肽链及氨基酸残基在肽链中的排列顺序。肽链是由许多α-氨基酸和羧酸脱水缩合，通过形成肽链—CO—NH—连接而成的一条长链，如图7-1所示。

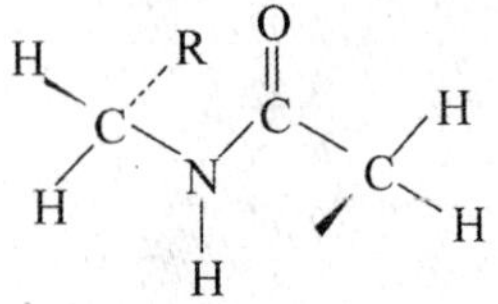

图7-1 肽链结构

肽链作为一级结构的主键，其断裂的部位不同对酶的催化功能产生不同的影响。例如牛胰核糖核酸酶是由单一肽链构成的酶，相对分子质量为1.4万，共有124个氨基酸残基。肽链上共有4处通过二硫键相连，见图 7－2。

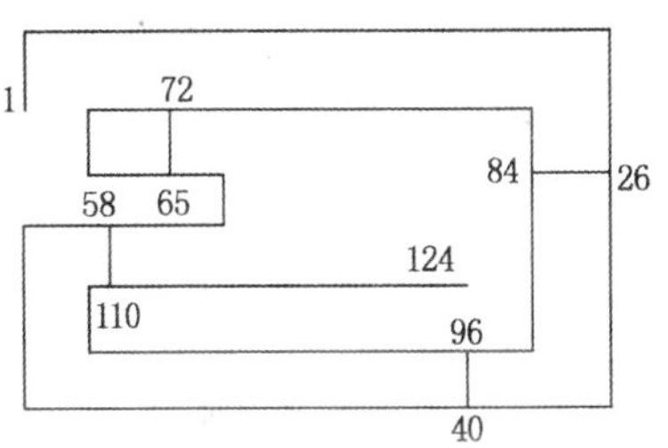

图 7－2 牛胰核糖核酸酶多肽中的二硫键

经研究证实，该酶分子中第 26 位和 84 位，第 40 位和 96 位，第 58 位和 110 位，第 65 位和 72 位四处的半胱氨酸形成二硫键—S—S—；同时第 12 位和 119 位上的组氨酸及第 41 位上的赖氨酸残基在空间位置彼此很接近，并由这些氨基酸残基的侧链基团组成了该酶的活性中心。当用羧肽酶作用于该酶后，会使第 121 位和 122 位氨基酸残基间的肽键断裂，即切除了该酶 C－末端的 3 个氨基酸残基时，对酶的活性几乎无影响。如果用枯草杆菌蛋白酶切除该酶 N－末端的 20 个氨基酸残基，或用胃蛋白酶切除 C－末端的 4 个氨基酸残基时，则牛胰核糖核酸酶完全丧失了活性。对某些酶来说，肽键的断裂却能使原无活性的酶出现活性。例如，在 Ca^{2+} 作用下，没有催化活性的胰蛋白酶会被肠激酶切除一个六肽，构象发生变化并成为有催化活性的胰蛋白酶。这种现象称为酶的激活，它是研究酶的结构与催化功能间的关系的重要手段之一。

2. 酶的二级结构：α－螺旋和 β－螺旋

酶的二级结构是指酶分子中多肽本身的折叠方式。由 X 射线衍射法研究证明，多肽链的二级结构主要是 α－螺旋结构，其次是 β－螺旋结构。在二级结构中也常常含有氢键，它对于维持二级结构的稳定性具有重要作用。

(1) α－螺旋结构：多肽的 α－螺旋结构首先是由 L. Pauling 和 R. B. Corey 通过理论计算提出来的，见图 7－3。

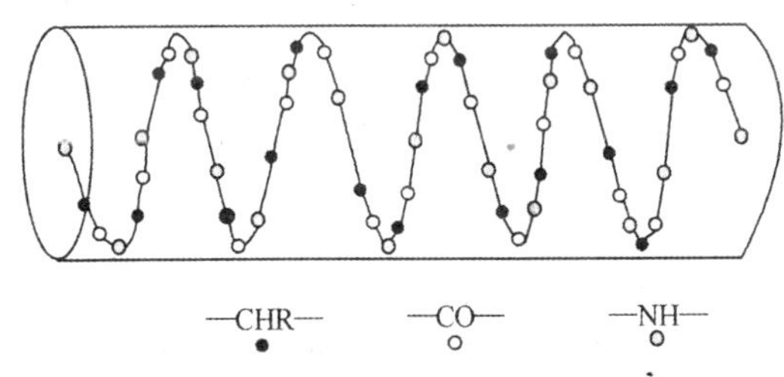

图 7－3 多肽链的右旋 α－螺旋结构

该 α－螺旋结构具有某种特征：每圈有 3.6 个氨基酸残基，每 5 圈形成一个重复花样，图7－3便是其中的一个周期花样，共含 18 个氨基酸残基。螺旋角为 26°，螺距为 0.54nm。在空间位置上，每个氨基酸残基上酰胺基团的—NH—基(○)与它相邻的第四个氨基酸残基上酰胺基的—CO—基(○)之间形成氢键，α－螺旋的稳定性就是靠这种氢键来维持的。α－螺旋有左旋和右旋两种。天然蛋白质分子中的 α－螺旋都是右旋的。

(2) β－折叠结构：和 α－螺旋结构不同，β－折叠是由相邻肽链以相同或相反方向通过氢键平行地连结成片状的结构，如图 7－4 所示。

当多肽碎片在一起互相平行，并像 α－C(●)、羰基—CO—(○)及－NH 基团(○)指出的那样有同一走向时，这种结构称为平行 β－折叠，如图 7－4(A)；相反，虽然各基团平行，但走向相反，则称为反平行 β－折叠，如图 7－4(B)。

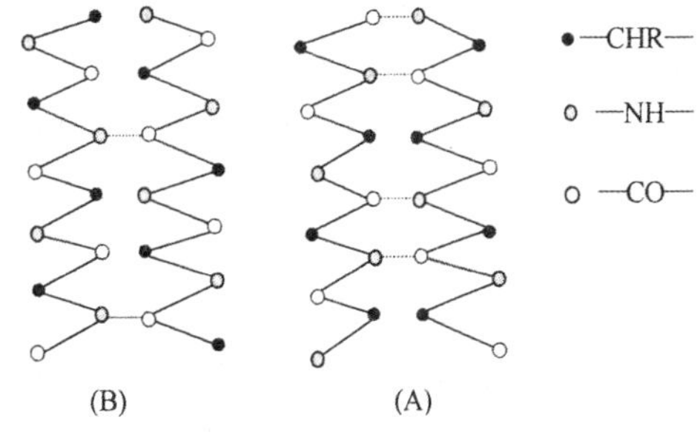

图 7－4 平行 β－折叠(A)和反平行 β－折叠(B)……代表氢键

应该注意的是，α－螺旋的氢键是由同一肽链上的—CO 和—NH 基团间形成的，而 β－折叠的氢键是由两条肽链上的—CO 和—NH 基团间形成的。

大部分酶都包含较多的有序排列结构，即

α－螺旋或β－折叠，同时还含有较少的非有序排列。有的酶则含有少量α－螺旋和大部分β－折叠或非有序排列，例如羧肽酶、碳酸酐酶和细胞色素C中分别含α－螺旋结构43%、28%和16%。

二级结构对酶分子的催化作用有重大意义。例如α－螺旋和π－螺旋（每圈有4.4个残基）相互转化时，就能引起三级结构的变化，从而对催化功能产生影响。又例如，肽链上的体积较大的残基应会使二级结构向外突起，而体积较小的残基则会形成凹陷，结果为底物提供了一种特殊的表面形式。

3. 酶的三级结构

酶的一、二级结构，由于邻近残基的相互作用，还有进一步卷曲、折叠成三维结构，即三级结构。每种酶因所含残基的性质和位置不同，形成特有的三级结构，见图7－5（C）所示。

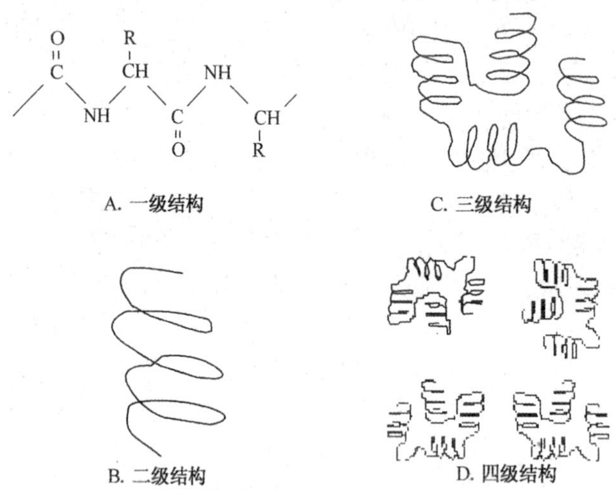

图7－5 酶的一、二、三、四级结构

一般来说，只有具备了三级结构的多肽链，才能称为蛋白质（酶）。酶的三级结构是酶分子的结构单元，称为单体（monomer）、亚基、原聚体或构型，它对酶的催化起决定性的作用。因为通过螺旋状或折叠状的肽链在节段上的进一步折叠，就能使许多在链上远离的基团相互挨近，形成排列恰当又能适应底物不同基团的各种“作用部位”。可以说，酶之所以有独特的专一性，应在于酶分子具有精确的三级结构。

4. 酶的四级结构

酶的四级结构是指三级结构的肽链（单体）按一定折叠方式聚合起来所形成的酶分子的构象，参见图7－5（D）所示。构成酶分子四级结构的单体可以相同，如图7－5中的（D），也可以不同。分子中单体的数目，可以少到2，也可以大到上千。例如谷氨酸脱氢酶是由6个单体组成的，相对分子质量约为33.6万，这些结构可由电子显微镜观察到。烟草花叶病毒蛋白分子则是由2130个单体构成的，相对分子质量高达4000万。

当酶分子从四级结构解离成单体时，酶分子就会改变性质，例如失去对反应的专一性，或完全失去催化活性。相反，将单体重新组合成原来的四级结构，一般能恢复原来的催化活性。四级结构对酶的催化活性是重要的，是调节酶催化活性的分子基础。

7.2.5　酶的命名与分类法

1. 酶的命名法

酶的命名有习惯命名法和国际系统命名法。以习惯命名法命名时，一般遵循以下三个原则：①可根据酶的作用底物来命名，例如作用于尿素的酶叫脲酶；②也可在前者的基础上，再加上酶催化的反应类型，例如催化氨基酸氧化的酶叫做氨基酸氧化酶；③还可在酶的名称前加上酶的来源或其他特点，例如来自胰脏的蛋白酶叫做胰蛋白酶。

习惯命名法简单，但缺乏系统性，有时还会出现一酶多名或一名多酶的情况。所以，1961 年国际生物化学会议提出了酶的系统命名和分类法。规定每一种酶可以有一个习惯用名和一个系统名。系统名的组成包括：正确的底物命名、构型类别、反应性质和一个酶字。例如催化葡萄糖酸内酯水解反应的酶，系统命名为：D－葡萄糖酸－δ－内酯水解酶；习惯用名为：葡萄糖酸内酯酶。如果底物有两种，应列出两种底物的名称，并在二者之间加上“:”。例如，L－丙氨酸：α－酮戊二酸转氨酶。若底物之一为水时，则可将水省略。对于氧化还原酶，则在供体后面加上“氧化还原酶”。例如，反乳酸：NAD^+氧化还原酶。

2. 酶的分类及编号

目前人们涉及的酶有 2000 多种，根据 1961 年国际生物化学会议的规定，可以将这些酶分为六大类，主要是按照酶催化的反应类型来确定的。

(1)氧化还原酶。这是一类催化氧化还原反应的酶，对氧化、加氧、脱氢、加氢等反应具有酶催化作用，例如醇氧化成羧酸的反应：

$$RCH_2OH + 2NAD(P)^+ + H_2O \xrightarrow{\text{酶}} RCOOH + 2NAD(P)H + 2H^+ \qquad (7-5)$$

NAD = 烟酰胺腺嘌呤二核苷酸，辅酶 Ⅰ

NADP = 烟酰胺腺嘌呤二核苷酸磷酸，辅酶 Ⅱ

其中起氧化作用的酶称为醇：$NAD(P)^+$氧化还原酶，并以 $NAD(P)^+$为辅酶。一般来说，氧化还原酶在起作用时，都需要有辅酶或辅基参与。

(2)转移酶。这类酶能使底物的原子或基团转移到另一底物分子上。甲基、羧基、胺基、葡萄糖单元、磷酸基等都是组成生物体的重要官能团，它们在转移酶的催化下均可发生转移反应。例如，转氨酶有如下催化功能：

$$\underset{\displaystyle NH_2}{\underset{|}{RCHCOOH}} + R'\overset{\displaystyle O}{\overset{\|}{C}}COOH \rightleftharpoons R\overset{\displaystyle O}{\overset{\|}{C}}COOH + R'\underset{\displaystyle NH_2}{\underset{|}{CHCOOH}} \qquad (7-6)$$

(3)水解酶。使底物加水分解的酶。根据水解键的不同，又可划分为：水解酯键的酯酶、水解肽键的肽酶或蛋白酶、水解糖苷键的糖苷酶等。

(4)裂解酶。催化消除反应，并形成双键。例如，反丁烯二酸酶可以使下列反应可逆地进行：

$$\begin{array}{c} COO^- \\ | \\ CH_2 \\ | \\ H—C—OH \\ | \\ COO^- \end{array} \rightleftharpoons \begin{array}{ccc} H & & COO^- \\ & \diagdown\ \diagup & \\ & C & \\ & \| & \\ & C & \\ & \diagup\ \diagdown & \\ ^-OOC & & H \end{array} + H_2O \qquad (7-7)$$

（丁醇二酸）　　　　（丁烯二酸）

(5)异构酶。这是一类使底物分子内部基团重新排列的酶。例如，消旋化反应中的消旋酶：

$$\begin{array}{c} COOH \\ | \\ H—C—NH_2 \\ | \\ R \\ (D-型) \end{array} \rightleftharpoons \begin{array}{c} COOH \\ | \\ H_2N—C—H \\ | \\ R \\ (L-型) \end{array} \tag{7-8}$$

以及分子内的氧化还原酶：

$$\begin{array}{c} H—C{=}O \\ | \\ H—C—OH \\ | \\ R \end{array} \rightleftharpoons \begin{array}{c} CH_2OH \\ | \\ C{=}O \\ | \\ R \end{array} \tag{7-9}$$

(6)连接酶。使两个底物分子连接成一种分子，反应中一般都要有 ATP 或 ADP 的参与。这类酶都是合成性质的酶，同时利用 ATP 中的焦磷酸键水解时的能量。典型的例子是合成蛋白质时氨基酸和 $t-RNA$ 反应生成氨酰基 $t-RNA$ 的反应(其中 PP = 焦磷酸，$t-RNA$ = 转移核糖核酸)。

$$ATP + \begin{array}{c} COOH \\ | \\ H_2N—CH \\ | \\ R \end{array} + t-RNA \longrightarrow AMP + PP + \begin{array}{c} CO—t-RNA \\ | \\ H_2N—CH \\ | \\ R \end{array} \tag{7-10}$$

从以上分类可见，酶的国际分类是按酶反应的类型来分类的。在这六大类中，每一大类又按底物中被作用的基团或化学键的特点分为若干亚类；每一亚类再分成若干亚亚类；每一亚亚类则包含若干种具体的酶，见表 7-5。

每一种酶在这一分类系统中的位置用特定的四个数字组成，并在编号前冠以 EC 两个字母(EC 为国际酶学委员会的缩写)。在编号中，第 1 个数字表示酶所属的大类，第 2 个数字表示所属的亚类，第 3 个数字表示所属的亚亚类，第 4 个数字表示该酶在亚亚类中所处的位置。例如脱氢酶的编号是 EC1.1.1.27，说明该酶的大类、作用底物基团、受体等。据表 7-5所知，它是氧化还原酶，作用在底物的—CH—OH 基团上，受体是 NAD^+，是该亚亚类中的第 27 种酶，催化的反应为：

$$\begin{array}{c} CH_3 \\ | \\ HO—C—H \\ | \\ COOH \end{array} + NAD^+ \rightleftharpoons \begin{array}{c} CH_3 \\ | \\ C{=}O \\ | \\ COOH \end{array} + NADH + H^+ \tag{7-11}$$

国内出版的专著中，较多地使用习惯名称，并附以国际统一编号。在国际科学文献中，一般都使用酶的系统名称，并附以国际统一编号。

表 7-5 酶的国际分类标准

大 类	亚 类	亚 亚 类
1. 氧化还原酶	1.1 作用在—CH—OH 上	1.1.1 以 NAD+或 NADP+为受体
		1.1.2 细胞色素为受体
		1.1.3 以氧为受体
		1.1.99 以其他物质为受体

续表

大　类	亚　类	亚　亚　类
1. 氧化还原酶	1.2 作用在 C ═O 上	
	1.3 作用在—CH = CH—上	
	1.4 作用在—CH—NH_2 上	
	1.5 作用在—CH—NH—上	
	1.6 作用在 NADH 或 NADPH 上	
	1.7 作用在其他含 N 化合物上	
	1.8 作用在含 S 基团上	
	1.9 作用在血红素上	
	1.10 作用于二酚及其类似 物上	
	1.11 作用在过氧化氢上	
	1.12 作用在氢上	
	1.13 使 分子氧掺入一种底物	
	1.14 使 分子氧掺入一对底物	
	1.15 作用在超氧基团上	
	1.16 氧化金属离子	
	1.17 作用在—CH_2—上	
2. 转移酶类	2.1 转移一碳基团	
	2.2 转移酮基或醛基	
	2.3 转移酰基	
	2.4 转移糖苷基	
	2.5 转移甲基以外的烃基或芳基	
	2.6 转移含 N 基团	
	2.7 转移含 P 基团	
	2.8 转移含 S 基团	
3. 水解酶类	3.1 作用于酯键	
	3.2 作用于糖苷键	
	3.3 作用于醚键	
	3.4 作用于肽键	
	3.5 作用于非肽键	3.5.1 直线型酰胺
		3.5.2 环状酰胺
		3.5.3 直线型脒
		3.5.4 环状脒
		3.5.5 环状腈
		3.5.99 其他化合物
	3.6 作用于酸酐	
	3.7 作用于 C—C 键	
	3.8 作用于卤键	
	3.9 作用于 P—N 键	
	3.10 作用于 S—N 键	
	3.11 作用于 C—P 键	
4. 裂解酶	4.1C—C 键	
	4.2C—O 键	
	4.3C—N 键	
	4.4C—S 键	
	4.5C—X 键	
	4.6P—O 键	
	4.99 其他键	

续表

大　类	亚　类	亚 亚 类
5. 异构酶	5.1 消旋酶的异向异构酶	
	5.2 顺反异构酶	
	5.3 分子内氧化还原酶	
	5.4 分子内转移酶	
	5.5 分子内裂解酶	
	5.99 其他异构酶	
6. 连接酶	6.1 形成 C—O 键	
	6.2 形成 C—S 键	
	6.3 形成 C—N 键	
	6.4 形成 C—C 键	
	6.5 形成磷酸酯键	

§7.3　酶催化反应动力学

7.3.1　酶催化作用机理

酶催化反应可分为六大类：氧化还原反应、转移反应、水解反应、裂解反应、异构反应和连接反应。但为了便于与一般化学反应的催化机理相比较，可将酶催化机理分为三种，即酸、碱催化，共价催化和氧化还原催化。

1. 酸、碱催化机理

酶的酸、碱催化作用，是以反应物的质子化和去质子化为特征的，即：

$$\mathrm{X{-}S{:}} + \mathrm{H^+} \rightleftharpoons \mathrm{X{-}\overset{+}{S}{-}H} \qquad (7-12)$$

例如水解反应中，在没有酸存在时，酯类水解生成的是在 H_2O 上有正电荷而在羰基上有负电荷的过渡态：

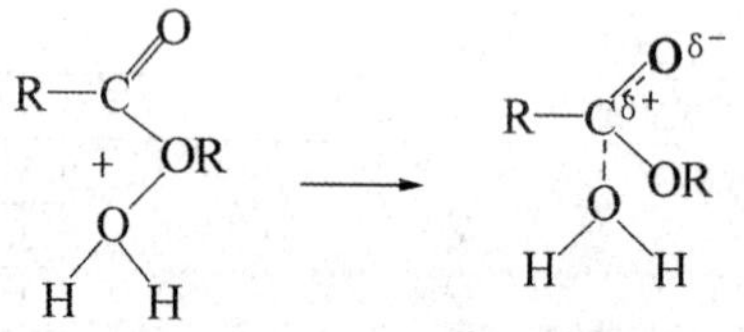

$$\mathrm{R{-}C({=}O)OR} + \mathrm{H_2O} \longrightarrow \mathrm{R{-}C^{\delta+}(O^{\delta-})(OR)\cdots O H_2} \qquad (7-13)$$

该过渡态的正、负电荷都不稳定，对反应的进行没有作用。但是，如果过渡态中的正、负电荷能被稳定下来，则过渡态能量降低了，反应就容易进行了。

在上式的反应中，过渡态的正电荷通过质子传递给碱，则过渡态应变得稳定了，反应便容易进行，即：

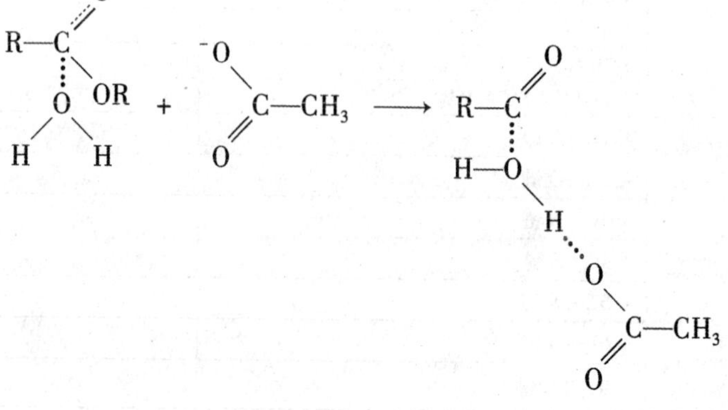

$$\mathrm{R{-}C(O)(OR)\cdots OH_2} + \mathrm{{}^{-}O{-}C({=}O){-}CH_3} \longrightarrow \mathrm{R{-}C({=}O)\cdots O(H){-}H\cdots O{-}C({=}O){-}CH_3} \qquad (7-14)$$

这也是一般的碱催化机理。

如果反应式(7-14)中的过渡态中的负电荷被酸所稳定，则成为一般的酸催化机理。

许多酶都是极好的酸、碱催化剂。这是由于肽链中许多氨基酸，其残基都具有明显的酸性或碱性(见表7-3中的p*I*值)。实验证明，这些残基的催化性质和一般的酸、碱完全相同。所不同的是，酶催化的活性和选择性比其他酸、碱催化的高。

2. 共价催化

共价催化是以反应物和催化剂之间形成共价键为特征，可分为亲核催化和亲电催化。

(1)亲核催化：在亲核催化反应中，催化剂将电子给予底物的步骤是速率控制步骤。一些酶的侧链都是有很强的亲核趋势，如半胱氨酸的巯基、组氨酸的咪唑基、丝氨酸的羟基阴离子及谷氨酸的羧酸阴离子等，它们都是很好的亲核催化剂。例如，由组氨酸的残基咪唑基所催化的酰基转移反应，就是通过生成一个酰基咪唑中间态而进行的，即：

$$\text{Im:} + CH_3C(=O)O\text{-}C_6H_4\text{-}NO_2 \rightleftharpoons \text{HN-Im}^+\text{-}C(=O)CH_3 + {}^-O\text{-}C_6H_4\text{-}NO_2 \rightleftharpoons \text{HN-Im-}C(=O)CH_3 + HO\text{-}C_6H_4\text{-}NO_2 \rightarrow \text{Im:} + CH_3COOH \tag{7-15}$$

亲核催化剂的活性与其碱性强度有平行关系，但有时由于空间位阻和溶剂效应等影响，也有例外。

(2)亲电催化：亲电催化的控制步骤是催化剂从底物接受一对电子的过程。酶分子中的亲电基团主要有金属离子、辅酶或辅基以及质子化的Schiff碱。例如，三磷酸腺酸盐在含镁金属酶催化下的水解过程，便是由于Mg^{2+}在酶(E)-金属(M)-底物(S)复合物中具有强烈的亲电趋势，使水中氧的孤对电子向磷原子进攻，从而提高其水解活性。

$$R-O-P(=O)(O^-)-O-P(=O)(O)-O-P(=O)(O)-O^- \cdots Mg \leftarrow :OH_2 \quad \text{或} \quad R-O-P(=O)(O)-O-P(=O)(O)-O-P(=O)(O^-)-O \cdots Mg \leftarrow :OH_2 \tag{7-16}$$

酶中最重要的金属离子有Cu^{2+}，Zn^{2+}，Fe^{2+}，Co^{2+}，Ni^{2+}，Ca^{2+}，Mg^{2+}，K^+和Na^+。它们在酶中，不仅具有稳定三、四级结构的作用，其最主要的功能是明显的吸电子趋势，即Lewis酸，能和底物通过σ键或反馈π键相结合，形成具有特定几何构型的E-M-S复合物，把底物固定在一个特别合适的位置上，从而提高酶的选择性和活性。

质子化的Schiff碱，具有很强的吸电子能力，甚至可以作为一种电子阱，也是较好的亲电催化剂。

3. 氧化还原机理

氧化还原反应是指反应物得到电子(或得到带负电荷的原子及基团)或失去电子(或得到

带正电荷的基团及原子)的过程。在酶催化的氧化还原反应中，可以把催化剂酶当作一种氧化还原体系。当底物与之作用时，会发生如下的氧化还原反应：

$$X-S:+\text{氧化剂}=X-S^{+}+\text{还原剂} \tag{7-17}$$

式中，X－S: 是反应底物；氧化剂/还原剂是酶分子中的电子受体/给体。

例如，在细胞色素催化氧化还原的反应中，细胞色素是以铁卟啉为辅基的蛋白质，其中金属离子能进行可逆的氧化还原反应。电子就是通过不同价态金属离子(电子载体)间的相互传递，最后传递给氧，生成氧离子并与氢离子生成水。每个细胞色素只能传递一个电子。

$$2Cyt-M^{n+}+2e^{-}\rightleftharpoons 2Cyt-M^{(n-1)+} \tag{7-18}$$

$$2Cyt-M^{(n-1)+}+\frac{1}{2}O_2\rightleftharpoons 2Cyt-M^{n+}+O^{2-} \tag{7-19}$$

$$O^{2-}+2H^{+}\longrightarrow H_2O \tag{7-20}$$

式中，$Cyt-M^{n+}/Cyt-M^{(n-1)+}$是细胞色素的氧化/还原态。

在一般化学工业中，氧化还原大多是在剧烈条件下进行的，且选择性差，因此开展酶催化氧化的研究具有重大意义。

7.3.2 酶促反应动力学方程式——米曼方程

酶是一种高效催化剂，其作用是使底物分子活化，降低反应的活化能。中间产物理论认为：在酶促反应中，酶(E)和底物(S)先是结合成活化状态中间产物(ES)，然后它再分解为产物，并使酶重新游离出来，即：

$$E+S\underset{k_{-1}}{\overset{k_{+1}}{\rightleftharpoons}}ES\xrightarrow{k_2}P+E \tag{7-21}$$

酶和底物生成的中间产物 ES 的生成速率：

$$v=\frac{d[ES]}{dt}=k_1([E]-[ES])[S] \tag{7-22}$$

ES 的分解速率：

$$-v=-\frac{d[ES]}{dt}=k_{-1}[ES]+k_2[ES] \tag{7-23}$$

当反应达到稳态时，ES 的生成速率等于分解速率，所以由上两式则有：

$$k_1([E]-[ES])[S]=k_{-1}[ES]+k_2[ES] \tag{7-24}$$

通过移项整理，可得：

$$\frac{([E]-[ES])[E]}{[ES]}=\frac{k_{-1}+k_2}{k_{+1}}=K_m \tag{7-25}$$

式中，K_m即为米氏常数。从上式可求出 ES 的稳定浓度：

$$[ES]=\frac{[E][S]}{K_m+[S]} \tag{7-26}$$

由于反应物的初始浓度与 ES 复合物的浓度成正比，所以

$$v=k_2[ES] \tag{7-27}$$

当底物浓度达到能使反应体系中的所有酶结合形成 ES 复合物时，反应初始速率 v 即达到最大速率 v_{max}，而酶的总浓度[E]亦相当于[ES]，故有：

$$v_{max}=k_2[E] \tag{7-28}$$

由式(7－26)和式(7－27)，有：

$$v = k_2 \frac{[E][S]}{K_m + [S]} \quad (7-29)$$

综合上两式，得：

$$\frac{v}{v_{max}} = \frac{k_2 \dfrac{[E][S]}{K_m + [S]}}{k_2[E]} \quad (7-30)$$

所以

$$v = \frac{v_{max}[S]}{K_m + [S]} \quad (7-31)$$

该式即为著名的米曼方程(Michzelis－Menten，1931)。式中 v 是当底物浓度为[S]的反应初始速率；v_{max} 是反应的最大速率；K_m 是酶对于特定底物的常数，即米曼常数。当 $v = 0.5v_{max}$ 时，有：

$$v = \frac{1}{2}v_{max} = \frac{v_{max}[S]}{K_m + [S]} \quad 或 K_m = [S] \quad (7-32)$$

可见，米曼常数 K_m 为反应速率是最大速率一半时的底物浓度。

米曼常数是酶催化反应的特征常数，不同酶的 K_m 值不同，且同一种酶对不同底物的 K_m 也不同。大多数酶的 K_m 值在 0.01～100m mol/L 之间。K_m 值愈小，表示 ES 复合物的分解愈小，亦即酶和底物的亲合力愈大。反之，K_m 值愈大，则亲合力愈小。

【例 7－1】 酵母菌丙酮酸脱羧酶催化丙酮酸脱羧生成乙醛的反应

$$\begin{array}{c} COOH \\ | \\ C{=}O \\ | \\ CH_3 \end{array} \rightleftharpoons CH_3CHO + CO_2 \quad (7-33)$$

反应速率有关数据列于表 7－6 中。求米曼常数和反应最大速率 v_{max}。

表 7－6 酵母菌丙酮酸脱羧酶催化反应数据

丙酮酸浓度 [S]/mol · L^{-1}	1/[S]	反应速率 v/L · min^{-1}	1/v
0.025	40	2.66×10^{-2}	37.6
0.05	20	4.00×10^{-2}	25.0
0.100	10	5.33×10^{-2}	18.8
0.200	5	6.40×10^{-2}	15.6

解：由米曼方程可知

$$\frac{1}{v} = \frac{K_m}{v_{max}} \times \frac{1}{[S]} + \frac{1}{v_{max}}$$

以 $1/v$ 对 $1/[S]$ 作图，可得一直线，斜率为 K_m/v_{max}，截距为 $1/v_{mzx}$。据此，对表 7－6 数据作图，可求出 $K_m = 0.05$ mol/L，$v_{max} = 8.0 \times 10^{-2}$ L/min。

7.3.3 影响酶催化反应的因素

酶催化反应速率受许多因素的影响。主要有：酶、底物、产物、辅酶、抑制剂、活化剂、氢离子和金属离子的浓度、温度和变构作用等。此外，紫外线、X 射线、超声波等也都影响酶催化反应的速率。这些因素对酶催化反应的影响往往是十分复杂的。目前对它们的影响还有许多不够明确的地方，下面仅就基本的因素加以介绍。

1. 底物浓度对酶催化反应速率的影响

参见米曼方程式(7－31)。

2. 酶浓度对酶催化反应速率的影响

在一定条件下，如果底物的浓度足够大，则酶催化反应速率与酶的浓度成正比，见表7－7。在实际工作中，也会出现反应速率与酶浓度不成直线的情况。这时应分析原因，找出解决办法。可能的原因有：底物浓度太小，作用时间太长；酶发生了变性；反应产物积累；辅酶或激活剂的丢失以及实验方法的限制等。

表7－7 酶浓度与酶催化反应速率的关系

酶	底物	酶的相对浓度	相对速率
脲酶	尿素	1.0	1.00
		3.3	3.52
		10.0	11.4
胰蛋白酶	酪蛋白	2.0	2.11
		4.0	4.21
		8.0	8.77
淀粉酶	淀粉	1.0	1.00
		2.5	2.75
		5.0	5.50

3. 温度的影响

温度的变化，对酶催化反应速率有极为显著的影响。在其他条件（如pH值、酶的纯度、作用时间等）保持一定的条件下，每一种酶只有在某一温度下才能表现出最大的活力。这个温度称为该酶作用的最适温度（T_m）。在该温度下，酶催化反应速率也最大。就大多数酶来说，最适温度一般在313K左右，见图7－6。

在测定酶催化反应的K_m和v_{max}值时，一般都在最适温度下进行。最适温度是酶的特性之一，但不是固定不变的常数，常受其他条件（如pH值、酶纯度、作用时间）的影响。因此，酶的最适温度只有相对意义。

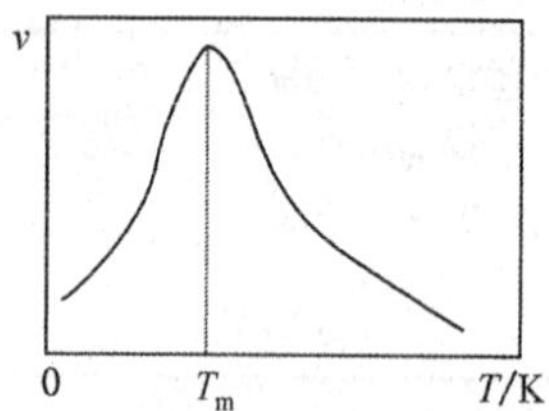

图7－6 温度对酶催化反应速率的影响

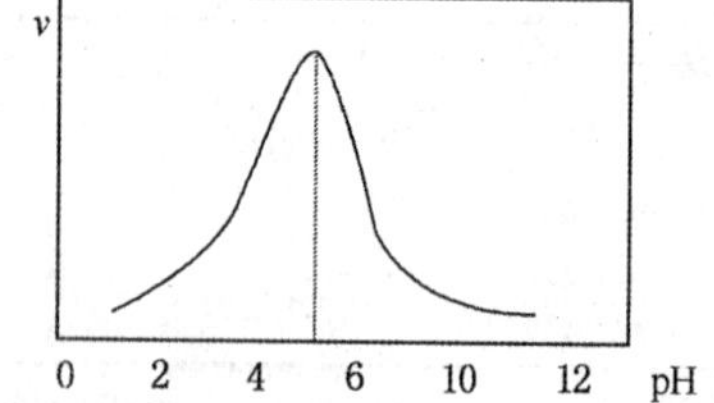

图7－7 溶液pH值对酶催化反应速率的影响

4. pH值对酶促反应速率的影响

酶对溶液的pH值极为敏感，每一种酶只有在某一pH值范围内才表现出最大的活力，此pH值称为酶的最适pH值。在最适pH值下，酶催化反应速率最大。若溶液的pH值稍有变动，酶的活力即受抑制，酶催化反应速率即迅速下降，见图7－7。

不同酶具有不同的最适pH值，而且彼此差别较大。例如，胃蛋白酶（底物为鸡蛋清蛋白）的最适pH值为1.5，胰蛋白酶（底物为酪蛋白）的最适pH值则是8～9。酶的最适pH值的宽窄也不一样，有的较宽，有的较窄。动物体内的酶最适pH值大多在6.5～8.0之间，植物及微生物的酶最适pH值一般在4.5～6.5之间。在测定酶催化反应的K_m和v_{max}值时，一般都是在最适pH值下进行的。

每一个酶催化反应都有一个最适 pH 值，这是酶的特性之一。但是与最适温度一样，酶的最适 pH 值也不是一个固定的常数。由于它会受到许多因素(如酶的纯度、底物的种类、缓冲溶液的种类和浓度、抑制剂等)的影响，因此酶的最适 pH 值只有在一定条件下才有意义。例如，胃蛋白酶作用于不同的底物时，其最适 pH 值是不同的。如作用于鸡蛋清蛋白时为1.5，作用于血红蛋白时为2.2。溶液 pH 值对酶催化反应速率的影响，可能由于以下两个原因引起。

(1)影响酶的离解：在酶分子活性中心的有关基团，只有处在某一离解状态下才能与底物结合。如果这种具有活性的离解形式因 pH 值的影响而改变就会阻碍酶与底物的结合，导致酶催化反应速率的下降，见图7－8所示。

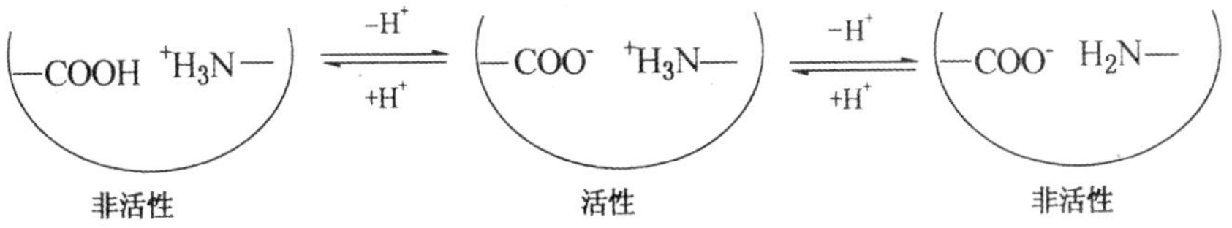

$$-COOH\ {}^{+}H_3N- \underset{+H^+}{\overset{-H^+}{\rightleftharpoons}} -COO^-\ {}^{+}H_3N- \underset{+H^+}{\overset{-H^+}{\rightleftharpoons}} -COO^-\ H_2N-$$

非活性　　　　活性　　　　非活性

图7－8　pH 值对酶活性中心离解状态的影响

(2)影响底物的离解：底物分子一般都有可离解的基团，这些基团也只有在一定状态下才能与酶结合，接受酶的作用。如果这种状态受 pH 值的影响，就不利于底物与酶的结合，从而使酶催化反应的速率大为下降。

5. 激活剂对酶催化反应速率的影响

凡能够提高酶活力的物质都叫激活剂。酶活力的大小，可用酶活力单位表示：1个酶的活力单位是指一定条件下，1min 内将 1×10^{-6}mol 的底物转化为产物所需的酶量。温度选定为298K，其他条件均为最适条件。

激活剂主要是无机离子或小分子有机化合物。其次，也有一些具有蛋白性质的大分子物质。无机离子包括：Na^+，Mg^{2+}，Ca^{2+}，Zn^{2+}，Cr^{3+}，Cu^{2+}，Mn^{2+}，Fe^{2+}，Co^{2+}，Al^{3+}等。一切生物在生命过程中，常需要极小量的金属离子，其作用之一就是作为某种酶的激活剂。一般认为，金属离子的激活作用是由于金属离子与酶结合成 EM，该结合物又与底物结合为复合物 EMS，因此有利于底物与酶活性中心的催化基团相结合，从而提高了酶的活力，加速酶催化反应的进行。

小分子化合物作为激活剂的有抗坏血酸、半胱氨酸、还原型谷胱甘三肽等。它们能激活某些巯基酶(如木瓜蛋白酶和3－磷酸甘油醛脱氢酶)，使酶中的二硫键还原为巯基，从而提高了酶的活力。

具有蛋白性质的激活剂是一些对无催化活性的酶原起激活作用的酶。有些酶在生物体内首先被合成出来时只有它的无催化活性的前休，即酶原。酶原必须在一定条件下，将其分子作适当的改变或分裂出一部分，才能呈现出催化活性。这种转变往往需要一些能起激活作用的酶来完成。例如，羧肽酶原 A 需在胰蛋白酶作用下，激活成羧肽酶 A，才具有催化活性。

6. 抑制剂对酶催化反应速率的影响

许多物质可以减弱、抑制甚至破坏酶的作用，这些物质称为酶的抑制剂。由抑制剂引起的效应称为抑制作用。

对抑制剂和抑制作用的研究，在理论上和实践上都有重要意义。我们知道，生物体只要有一种酶被抑制，就会引起代谢不正常，严重的甚至导致死亡。许多对动物有剧毒的物质，大都是酶的强烈抑制剂。例如，氰化物的巨大毒性是与它同细胞色素 C 氧化酶的辅基结合相联系的。砷酸盐的毒性主要是由于它们切断了某些酶催化反应所引起的。总之，抑制剂使酶活力降低或失去活力，主要是由于酶活性中心的催化基团或结合基团与抑制剂直接作用，或其他基团、辅酶、激活剂等与抑制剂直接作用，见表 7－8。研究酶的抑制作用，对设计杀虫剂和消毒剂有重要指导意义。

表 7－8　某些抑制剂对酶的作用

抑 制 剂	受影响的基团	敏感酶举例
重金属离子	—SH 及各种带负电荷基团	谷氨酸脱氢酶
氰化物	金属卟啉和金属离子	细胞色素 C 氧化酶
对氯苯甲酸汞	—SH 基团	脲酶
碘乙酸	—SH 基团	3－磷酸甘油醛脱氢酶
有机砷化物	—SH 基团及辅酶硫辛酸	巯基酶

抑制作用分为可逆抑制和不可逆抑制。在可逆抑制中，酶和抑制剂的结合是可逆的。用透析法除去抑制剂后，酶的活力便可得到恢复。而在不可逆抑制中，抑制剂一旦与酶结合，就很难自发分解，必须用其他化学方法才能将抑制剂从酶分子上移去。它的抑制作用随抑制剂浓度的增加而逐渐增加，当抑制剂的量达到足以和全部的酶结合时，则酶的活力就完全被抑制，酶催化反应也就停止了。

§7.4　酶的生产和提纯

7.4.1　酶的生产过程

酶的主要来源是微生物。一般从自然界中采集具有所需目的酶的微生物菌种，在实验室中经过反复培养、分离和筛选，才能获得所需目的酶的菌株。但这样直接从自然界筛选得到的菌株，一般产酶的能力低，酶活力也不稳定。还需进一步用物理或化学方法进行诱变以获得变异菌株，或采用基因工程改良菌种，培育“工程菌”，以提高菌种的产酶能力和稳定性，获得高产菌种。

使微生物发生突变的物理因素有：紫外线、X－射线、γ－射线、高能电子和快速中子等；化学因素有亚硝酸和亚硝酸胍等。

通过摇瓶和小试对获得的变异菌株进行工艺条件实验，确定最适宜的培养基成分和配比、培养温度、pH 值、通氧量和培养时间等。通过中间和放大实验确定生产所需的工艺和工程条件，然后进行大规模培养，以获得大量含有目的酶的微生物细胞和发酵液，下一步就是酶的提取与纯化。

7.4.2　酶的提取与纯化

微生物的酶可分为两类：一类是分泌在细胞外的胞外酶，存在于发酵液中；另一类是被束缚在细胞内的胞内酶。显然，它们的提取方法是不一样的。

提取胞内酶，首先要破碎微生物和植物细胞的细胞壁，或动物细胞的细胞膜。主要方法有：①机械法：如研磨法、挤压法、砂磨法和机械搅拌法等；②物理法：如超声振动法、干燥法、冻融法和渗透压突变法等；③化学法：加入化学试剂，如乙酸乙酯、表面活性剂等，使细胞膜通透性改变或自溶。④酶法：加入适当的酶来破坏细胞壁和细胞膜。

由于微生物细胞内酶的种类繁多，且含量极低，难以用一般的分离方法进行分离纯化，所以要利用各种酶的蛋白质分子大小不同、溶解度不同、带电状态不同以及蛋白质表面电荷排布不同来进行酶的分离和纯化。此外，还可利用酶特定的催化性质来提纯，称为“功能性提纯”。

酶的分离与提纯方法有：

(1)盐析法：蛋白质分子的溶解度不仅与其物理化学性质有关，还与介质的离子强度、pH值、介电常数以及温度有关。在高浓度的中性盐溶液中，蛋白质的溶解度随盐浓度的增加而减少，达到足够高的盐浓度时，蛋白质即全部析出。这种现象称为盐析效应。利用不同蛋白质会在不同中性盐浓度下析出的原理，可将不同种酶分离纯化。常用的盐析剂是硫酸铵。具体操作时可采用分段盐析法，即在一定pH值和一定温度下改变盐浓度，使不同酶在不同盐浓度下析出。

(2)聚乙二醇沉淀法：在聚乙二醇中蛋白质的沉淀过程与聚乙二醇的聚合度、蛋白质的相对分子质量、浓度和溶液的pH值、离子强度及温度等有关，调节这些因素可使不同种酶达到分离。

(3)凝胶过滤法：亦称为分子筛层析法。在层析柱中，充填具有一定孔径的多孔性凝胶颗粒，使大小不同的蛋白质分子流经该层析柱。分子直径大于凝胶孔径的，不能渗入多孔凝胶网格，所以在层析柱中的停留时间短；而直径较小的分子则会渗入到凝胶网格中，受到固定相的阻滞，在层析柱中的停留时间长。常用的多孔凝胶有聚丙烯酰胺凝胶、聚葡糖凝胶等。

(4)吸收层析法：在层析柱中装填硅藻土、磷酸钙凝胶、淀粉或羟基磷灰石等吸附剂作为固定相。这些吸附剂带正、负两种电荷基团，不同蛋白质与吸附剂间的吸附力不同。吸附力愈大，愈不易被缓冲液洗脱，在吸附柱中停留时间长；吸附力愈小则在吸附柱中停留时间短，从而使酶得以分离。

(5)离子交换层析柱法：不同蛋白质分子所带电荷的数目和排布方式不同，所以它们与离子交换树脂间的结合力强弱不同。采用不同缓冲液，改变pH值或离子强度时，不同种蛋白质便按结合力的强弱顺序依次被缓冲溶液洗脱下来，使不同种酶分开。通常所用的离子交换树脂有羧甲基纤维素阳离子交换树脂、二乙胺乙基纤维阴离子交换树脂等。

(6)亲合层析法：在层析柱中装填亲合性吸附剂，得用亲合吸附剂中的配基对酶具有专一的亲合力将酶分离。亲合吸附剂的制法是先选择一个惰性的亲水性载体，再选择一个能与目的酶专一结合的化合物作为配基，使二者偶联。配基可以是目的酶的竞争性抑制剂、底物、辅助因子和抗体等。当含有目的酶的混合物通过层析柱时，目的酶分子便与亲合吸附剂中的配基专一结合，然后用具有游离配基分子的溶液进行洗脱，便可达到分离酶的目的。

(7)电泳法：蛋白质分子是带有电荷的两性多价电解质，在直流电场中能定向移动，称为电泳。蛋白质分子中的正、负电荷数量随所在溶液的pH值而改变，在某一pH值下，某蛋白质分子的净电荷为0，在电场中不再移动，此pH值称为该蛋白质的等电点。pH值在等电点以下时，蛋白质分子带正电，在电场中移向阴极；pH值在等电点以上时，向阳极移动。利用不同蛋白质电性特征和在电场中移动速度的差别，进行酶分离的方法称为电泳法。常用的是区带电泳法。

区带电泳法是将酶溶液加到亲水性较好的多孔惰性材料(如带状滤纸或纤维素)薄膜上，

利用不同蛋白质在电场中迁移速度的不同，最终得到各组分对应的区带。

按上述分离纯化后的酶一般置于低温下贮藏。为提高酶的稳定性，有时须添加一些底物、竞争性抑制剂或辅酶。

§7.5 酶催化在精细有机合成中的应用

酶作为生物催化剂，替代一般的化学催化剂用于精细有机合成，已得到日益广泛的重视与应用。特别是利用酶催化反应的立体选择性，制备手性合成子(Chiron)以及制备特殊的精细化学品，如糖类化合物、核酸、氨基酸、多肽和抗生素等。下面就对这方面的应用实例和前景作一简介。

7.5.1 在不对称合成中的应用

利用酶催化反应的高度特异性(区域和手征性选择性)制备不对称化合物，是酶在有机化学中的一个重要方面。如各种水解酶对底物的立体选择性水解，可将消旋化合物拆分成对应体。利用这类反应制备光学活性氨基酸，或者利用水解酶的逆过程，合成光学活性的多肽，现已得到广泛应用。

利用脂肪酶对某些酯类化合物的立体选择性水解，可获得高产率的光学活性产物。表7－9列出了猪肝酶对某些内消旋酯类化合物的水解结果。

表7－9 猪肝酶对某些内消旋酯类化合物的水解结果

底物	产物	ee/%
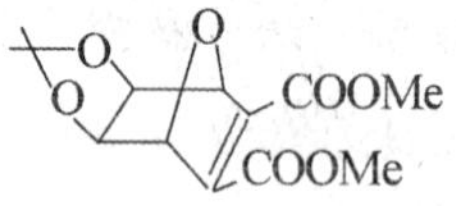 O O O COOMe COOMe	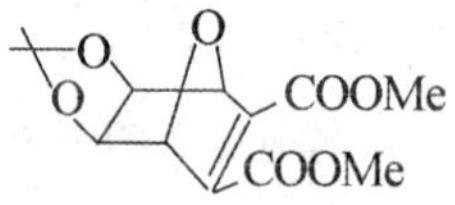 O O O COOMe COOMe	77
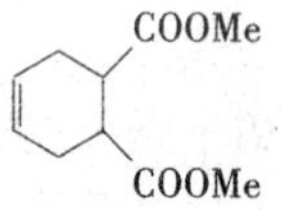 COOMe COOMe	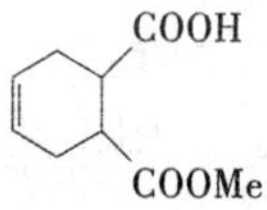 COOH COOMe	96
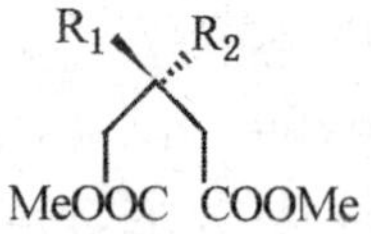 R_1 R_2 MeOOC COOMe	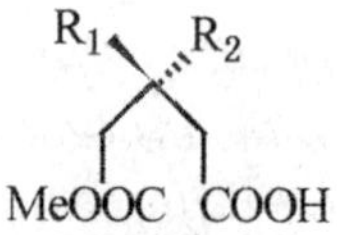 R_1 R_2 MeOOC COOH	100
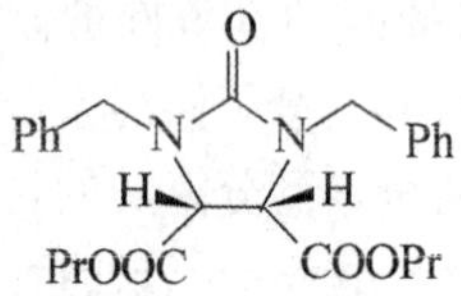 O Ph N N Ph H H PrOOC COOPr	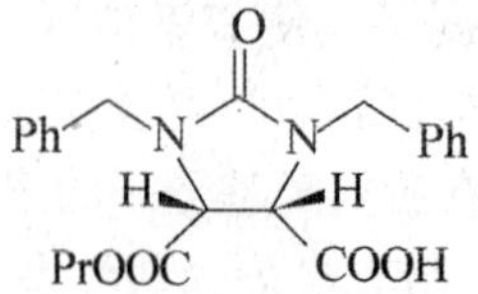 O Ph N N Ph H H PrOOC COOH	87
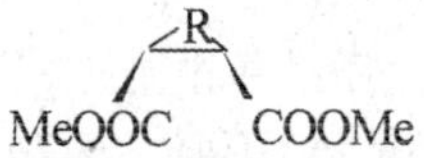 R MeOOC COOMe	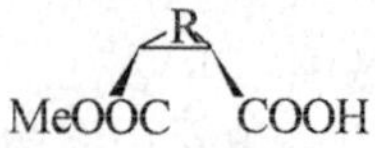 R MeOOC COOH	90

脱氢酶，如马肝醇脱氢酶(HLADH)能立体选择脱氢，下述的 S－内酯的合成也是不对称合成的重要例子。

产率为 70%，ee% 为 87%。

同样地，当有辅助因子，如氧化型烟酰胺(NAD)存在时，马肝醇脱氢酶可使一系列多元醇催化脱氢而生成酮，其立体选择性极高，见表 7－10。

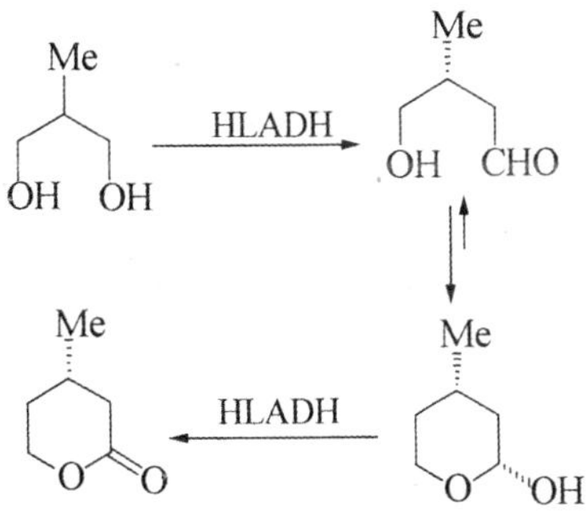

Me OH OH —HLADH→ Me OH CHO ⇅ Me O OH ←HLADH— Me O O　(7－34)

表 7－10　NAD 存在时马肝醇脱氢酶对二元醇的催化氧化

底　物	产　物	ee/%
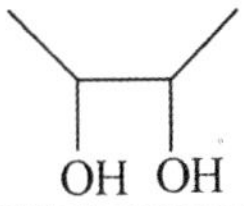 OH OH	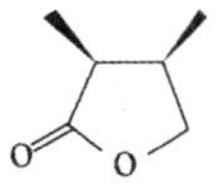 O O	100
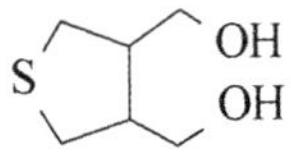 S OH OH	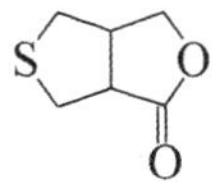 S O O	100
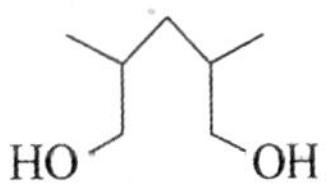 HO OH	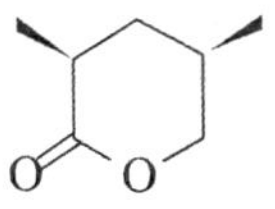 O O	100
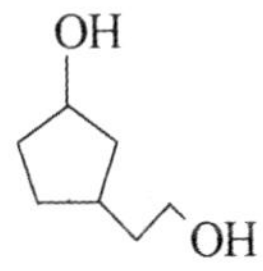 OH OH	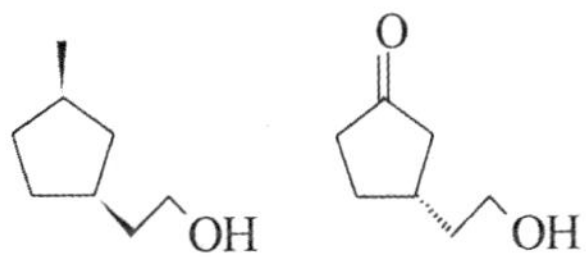 OH　O OH	100
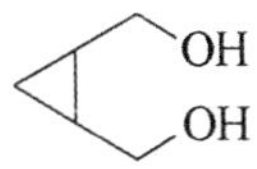 OH OH	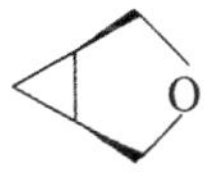 O	100
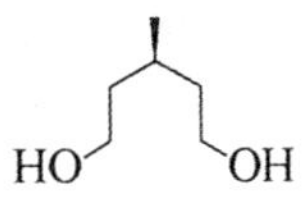 HO OH	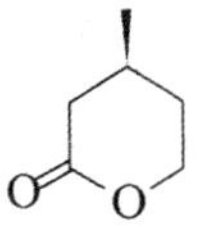 O O	96

立体选择性水解反应也具有不对称合成的价值。例如利用胰脱氢酶使一系列多元醇的立体选择性水解，也是制备重要的生物合成中间体甲基羟戊酸内酯(*R*－Meralonolactone)的一条最便捷途径。

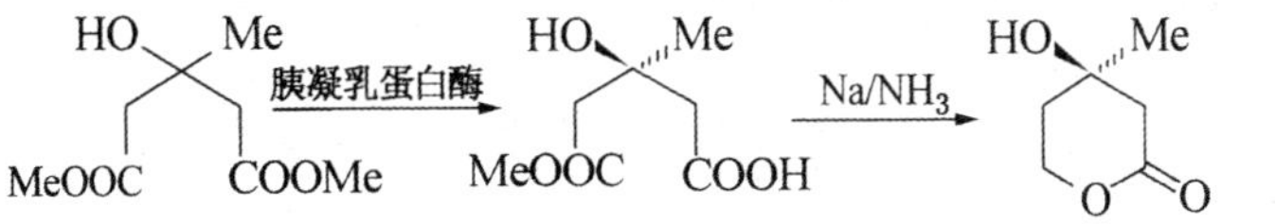

HO Me MeOOC COOMe —胰凝乳蛋白酶→ HO Me MeOOC COOH —Na/NH_3→ HO Me O O　(7－35)

R-Meralonolactone

在甾体激素和其他一些重要的生物活性物质的制备中，利用酶或活细胞为酶源用作催化剂的例子是很多的。例如利用黑曲霉作为羟化酶源，可制备前列腺素合成子。

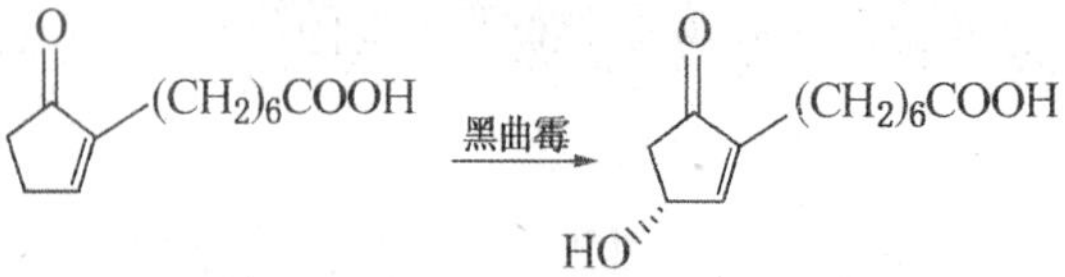

$(CH_2)_6COOH$ —黑曲霉→ $(CH_2)_6COOH$ (7-36)

重要的甾体药物泼尼松（Prednisone），如用普通化学方法合成，则步骤冗长并且收率低；如果用酶作催化剂，则可由 Reinstein 化合物作起始原料，经两步反应制得。

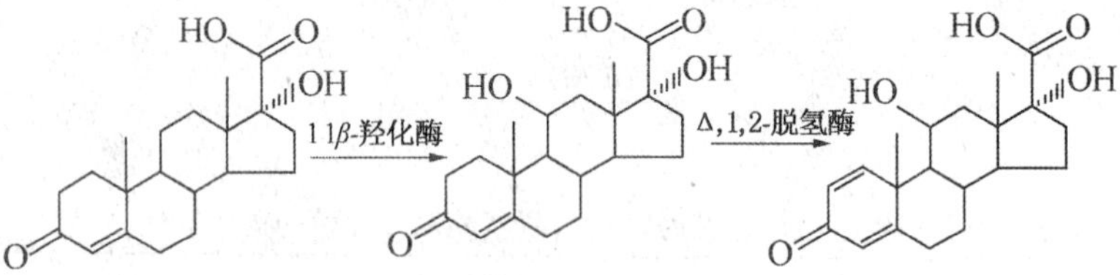

—11β-羟化酶→ —Δ,1,2-脱氢酶→ (7-37)

在许多化学反应中，甲基或亚甲基的羟基化是难于控制的，但如利用羟化酶，则可立体选择性地进行羟基化。例如，（S）-β-羟基异丁酸是一个非常重要的化合物，可用于合成育酚、多醚和大环抗生素等，便能由酶催化羟基化获得。

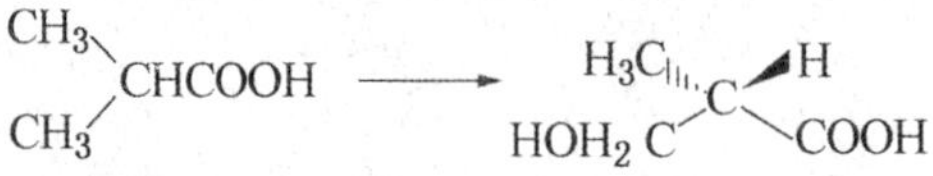

$(CH_3)_2CHCOOH \longrightarrow H_3C(H)C(CH_2OH)COOH$ (7-38)

7.5.2 合成碳水化合物

由醛缩酶（Aldolase）催化的醛类缩合反应，是制备某些稀有的和非天然碳水化合物的一条有用途径。例如，在兔肌醛缩酶催化下，二羟丙酮单磷酸酯与醛缩合，可得到6-去氧果糖-1-磷酸酯，它是助味剂 Furaneol 的前体。

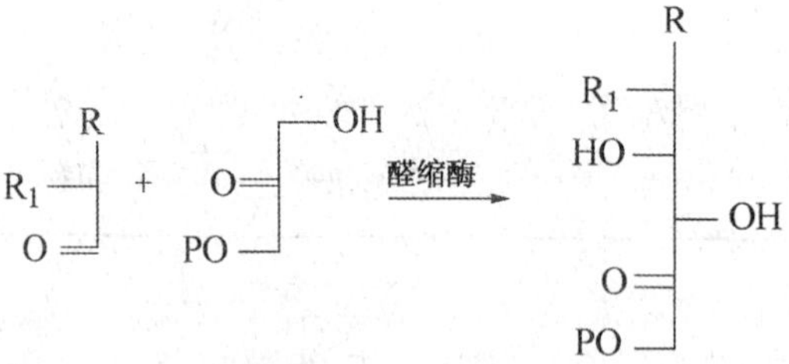

—醛缩酶→ (7-39)

用葡萄糖异构酶或产酶微生物细胞固定化，使葡萄糖异构化成果糖，具有重大的实用价值。由酶法与化学法相结合，即用吡喃糖氧化酶的催化氧化和催化氢化两步反应，也能达到同样目的。

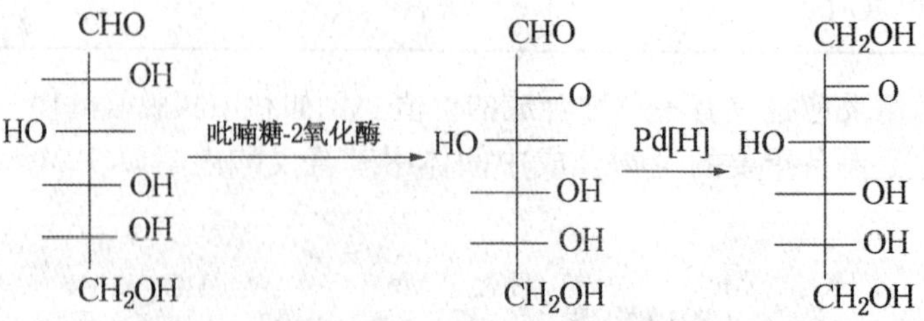

—吡喃糖-2氧化酶→ —Pd[H]→ (7-40)

利用多酶系统还可制备标记的糖类衍生物，如经两步化学反应，由果糖-6-磷酸酯制备2-氘代葡萄糖。

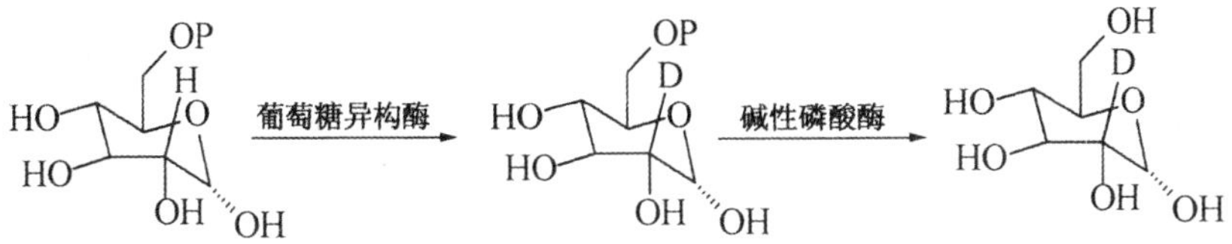

葡萄糖异构酶　　碱性磷酸酶　　(7－41)

7.5.3　氨基酸的合成与拆分

目前氨基酸虽可由发酵法和化学法获得，但前者难于得到高纯产品，而后者的产物则为消旋体。因此，用酶催化法合成光学纯的氨基酸，自然有明显优点。利用催化反应制备光学活性氨基酸，大致有 5 条不同的途径：①酰化酶水解 *N*－乙酰－DL－氨基酸；②蛋白水解酶或酯酶水解 DL－氨基酸酯；③裂解酶催化加氢于双键化合物；④转移酶作用于 α－酮酸或由 α－羟酸先制备 α－酮酸；⑤用去氢酶系统由 α－酮酸制备 α－氨基酸。见图 7－9。

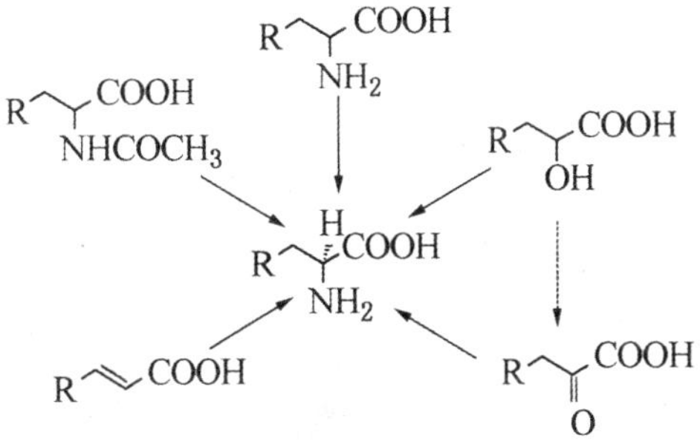

图 7－9　酶催化法制备 α－L－氨基酸的几条途径

下面简要介绍这几方面的情况。

(1)用猪肾酰化酶催化拆分 *N*－酰基－DL－氨基酸：这是酶用于制备光学活性氨基酸的最早例子。酰化酶立体选择性催化水解 L－氨基酸的 *N*－酰基，而 D－氨基酸的 *N*－酰基保留不变。它可经过化学诱导消旋后，再投入反应。因此，用此法可将消旋体全体转化为 L－异构体。

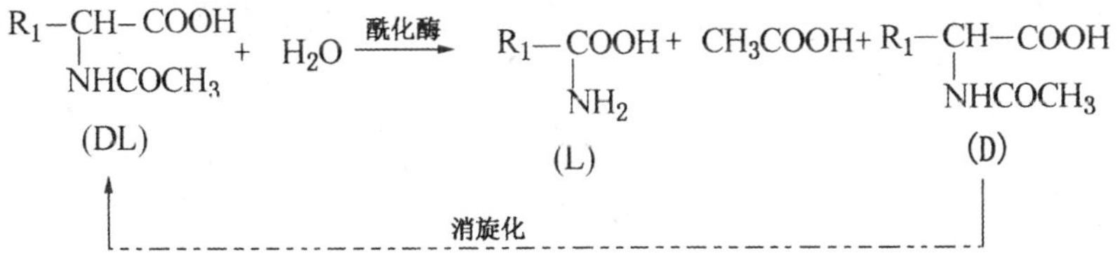

$$R_1-CH(NHCOCH_3)-COOH\ (DL) + H_2O \xrightarrow{酰化酶} R_1-CH(NH_2)-COOH\ (L) + CH_3COOH + R_1-CH(NHCOCH_3)-COOH\ (D) \quad (7-42)$$

(D) —消旋化→ (DL)

R_1 ＝—$CH_2CH_2SCH_3$(Met)，—CH_3(Ala)，—$CH(CH_3)CH_3$(Val)，—CH_2—C_6H_5

由乙内酰脲酶催化水解环酰亚胺是光学拆分 α－氨基酸的另一条途径。消旋的乙内酰脲化合物，很容易经由 Bucherer 反应而得到。由消旋的 δ－氨基环己内酰胺制备赖氨酸，也属类似的实用例子。

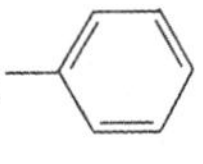

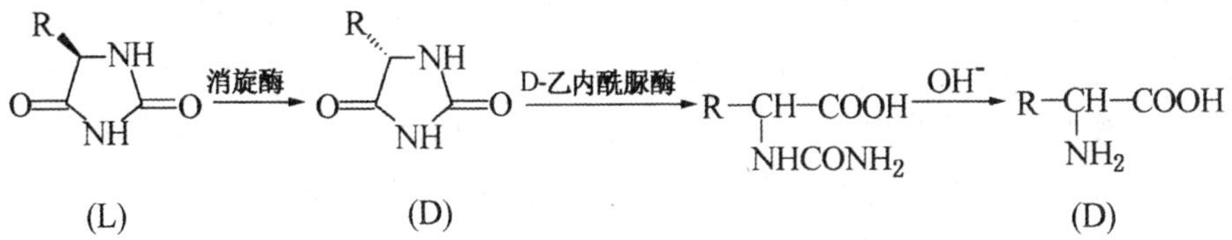

$$(L)\ \text{乙内酰脲} \xrightarrow{消旋酶} (D)\ \text{乙内酰脲} \xrightarrow{D\text{-}乙内酰脲酶} R-CH(NHCONH_2)-COOH \xrightarrow{OH^-} R-CH(NH_2)-COOH\ (D) \quad (7-43)$$

$$\text{(DL)}\ \xrightarrow{\text{酵母}}\ \text{(D)} + NH_2(CH_2)_4\underset{\underset{NH_2}{|}}{C}HCOOH\ \text{(L-赖氨酸)};\ \text{(D)}\xrightarrow{\text{消旋酶}}\text{(DL)} \tag{7-44}$$

(2)立体选择性地水解 α－氨基酸酯：拆分 DL－氨基酸也是获得光学活性氨基酸的重要途径之一。含丝氨酸的蛋白水解酶，如胰凝乳蛋白酶、胰蛋白酶和枯草杆菌酶等，都具有这种特性。其中以 α－胰凝乳蛋白酶用途最广。这种选择性水解不仅限于 α－氨基酸酯，其他羧酸酯也可有类似反应。即：

$$\underset{(DL)}{R\underset{\underset{NH_2}{|}}{C}HCOOR'} \xrightarrow{\alpha-\text{胰凝乳蛋白酶}} \underset{(L)}{R—\underset{\underset{NH_2}{|}}{C}HCOOH} + \underset{(D)}{R—\underset{\underset{NH_2}{|}}{C}HCOOR'} \tag{7-45}$$

(3)裂解酶(Lyase)能选择性地将 HX 加到 C＝C 化合物中去，例如门冬氨酸酶就是此类酶的重要代表，它能使反式丁烯二酸催化加氨而生成 L－门冬氨酸。

$$ABC{=}CD + HX \xrightarrow[\text{反式加成}]{\text{裂解酶}} A(H)C(C)—(H)C(B)(D) \tag{7-46}$$

$$HC(COOH){=}C(H)COOH + NH_3 \xrightarrow{\text{天门冬氨酸}} HOOCCH_2\underset{\underset{NH_2}{|}}{C}HCOOH \tag{7-47}$$

L-天门冬氨酸

利用转氨酶，使 α－酮酸与氨基酸发生氨基的转移，从一种氨基酸转移到另一种氨基酸。该反应通常用于较便宜的氨基酸制备较贵重的氨基酸，如用门冬氨酸制备苯丙氨酸就是一例。

$$R_1COCOOH + R_2\underset{\underset{NH_2}{|}}{C}HCOOH \xrightarrow{\text{转氨酶}} R_1\underset{\underset{NH_2}{|}}{C}HCOOH + R_2COCOOH \tag{7-48}$$

$R_1 =—CH_2—C_6H_5$；$R_2 =—CH_2COOH$

7.5.4 多肽的合成

蛋白水解酶对肽键的水解反应是可逆的，利用这种可逆反应合成多肽，现在已被广泛应用。酶催化合成法的最大优点在于它速率快、收率高，而且侧链功能团无需保护。例如用胰凝乳蛋白酶和木瓜蛋白酶合成色[4]－亮脑啡肽酰胺，就是这样应用的例子(见图 7－10)。在多肽有机化学合成中，氨基酸的侧链功能基团，特别是天门冬氨酸和谷氨酸的 β－和 γ－羧基必须保护。但用嗜热菌酶(Thermolysis)合成这类多肽，则侧链羧基无需保护。

利用酶的催化改变胰岛素的结构，是酶在合成蛋白质中的突出例子。例如用胰蛋白酶可从胰岛素中方便地获得去八肽胰岛素，并可将猪胰岛素转换成为人胰岛素。

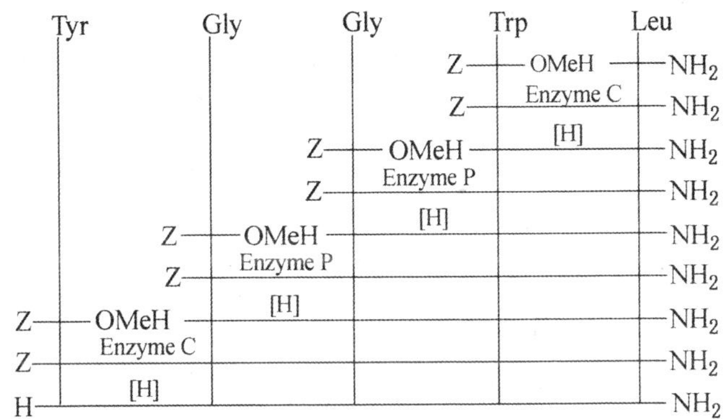

图 7-10 色[4]-亮脑啡肽酰胺的酶催化合成

Enzyme C 为胰凝乳蛋白酶；Enzyme P 为木瓜蛋白酶

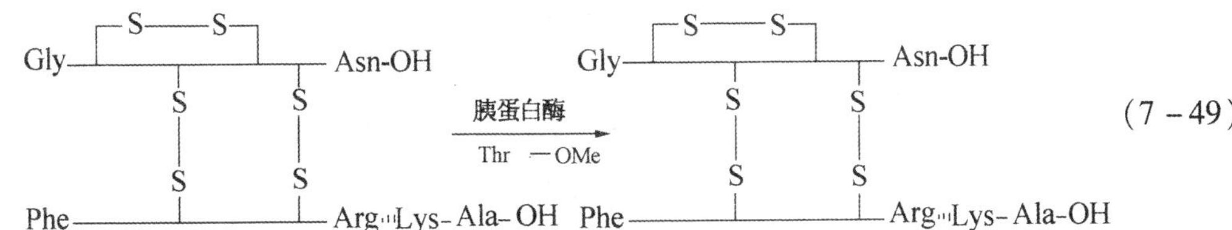

(7-49)

酶催化合成肽，不但可以合成含 L-型氨基酸的肽，现在发现在动力学控制条件下，用胰凝乳蛋白酶也能合成含 D-型氨基酸的肽。

$$\text{Z—X—OMe} + \text{Y—OMe} \longrightarrow \text{Z—X—Y—OMe} \qquad (7-50)$$

X = L-Tyr，L-Phe

Y = D-Leu，D-Val，D-Ser，D-Met，D-Ala，D-Arg

§7.6 酶的固定化

自然界中的数千种酶，生物体内的各种代谢反应都是靠酶催化来完成的，而且酶催化具有许多化学催化难以比拟的优点。理论上讲，任何化学反应都可以用酶催化来完成。但是，至今在工业中应用的还很少，其中一个重要原因就是酶是水溶性的。

利用溶液酶进行的催化反应是属于均相催化反应。采用间歇操作时，反应后的酶难以回收。若采用连续操作，溶液酶将随产品流出，使反应难以进行。同时酶与产物的分离也十分繁琐，技术要求高，难度大，致使酶的价格昂贵。所以，采用溶液酶进行均相催化很不经济，难以实现工业化。此外，溶液酶往往不稳定，极易受环境温度、pH 值和离子强度等的影响。因此 20 世纪 60 年代开发了固定化酶的技术。

固定化酶是指固定在载体上或限制在一定局部空间范围的酶。酶经过固定化后，虽然克服了上述的缺点，但仍存在不足之处，即酶需要提取、纯化。不仅使固定化酶成本高，且经提取纯化后的酶活性也受到损失。此外，固定化酶只适用于简单的一步或两步酶催化反应。而实际上，绝大多数反应都需要多酶体系催化或需要有辅助因子参与才能实现。所以，20 世纪 70 年代又出现了固定化细胞的技术。

固定化酶和固定化细胞统称为固定化生物催化剂。固定化细胞是指固定在载体上或限制在一定局部空间范围的细胞。按细胞的生理状态，可分为固定化死细胞、固定化休止细胞和固定化增殖细胞。死细胞中的酶仍然保持着原有的活性，它与固定化酶实质相同，但有利于提高酶的稳定性和与产物的分离。固定化增殖细胞中的细胞仍具有代谢功能，若营养、供氧及 pH 值等条件合适，细胞仍可生长，且可处于细胞生长的平衡期。这样发酵液中的细胞总浓度比用游离细胞时增大，有利于加快反应速率，且对连续化操作和自动化控制有利，对革新传统的发酵过程具有重要意义。固定化催化剂在精细有机合成中的应用见表 7－11。

表 7－11　固定化催化剂在精细有机合成中的应用

原　料	酶或细胞	载　体	产　物
N－酰化 DL－氨基酸	氨基酰化酶	DEAE－纤维素 DEAE－葡聚糖凝胶	L－氨基酸
葡萄糖	葡萄糖异构酶 橄榄色链菌酶 凝结芽孢杆菌	DEAE－纤维素 戊二醛交联 戊二醛交联	果葡糖浆
青霉素 G	青霉素酰化酶	羧甲基纤维素 交联葡聚糖凝胶 羧甲基葡聚糖凝胶 丙烯酸酯类树脂	6－氨基青霉烷酸
青霉素 G	含青霉素酰化酶 的大肠杆菌	三乙酸纤维素	6－APA
头胞菌素	青霉素 G 酰化酶	硅藻土	7－氨基头孢霉烷酸 （7－ACA）
2－噻吩乙酸甲酯和 7－ACA	青霉素 G 酰化酶	硅藻土	头孢噻吩
延胡索酸	产氨短杆菌 黄色短杆菌 皱褶假丝杆菌	K－卡拉胶 聚丙烯酰胺 聚丙烯酰胺	L－苹果酸
富马酸和氨	大肠杆菌	聚丙烯酰胺 K－卡拉胶	L－天冬氨酸
氢化可的松	简单节杆菌	聚丙烯酰胺 光交联树脂	氢化泼尼松
黄体酮 葡萄糖	土曲霉菌	聚丙烯酰胺 聚丙烯酰胺	11α－羟化黄体酮 衣糠酸
富马酸铵	天冬酶 4－脱羧酶	超滤膜	L－丙氨酸
丙烯腈 天冬氨酸	假单胞菌 德阿昆哈假单胞菌	聚丙烯酰胺 K－卡拉胶	丙烯酰胺 L－丙氨酸
反丁烯二酸	含 L－天冬氨酸－β－脱 羧酶和天冬氨酸酶 的两种菌		L－丙氨酸
葡萄糖 十二烷二醇 十三烷二醇 DL－苏氨酸	谷氨酸棒杆菌 热带假丝酵母 热带假丝酵母 酸性磷酸酶	K－卡拉胶 K－卡拉胶 K－卡拉胶 K－卡拉胶	L－丙氨酸 十二烷二酸 十三烷二酸 L－苏氨酸

7.6.1　酶或细胞的固定化

酶或细胞的固定化方法通常有：吸附法、包埋法、共价结合法和交联法。

1. 吸附法

有表面吸附法和细胞聚集法两种。表面吸附法是利用酶与载体吸附剂之间的非特异性物理吸附或生物物质的特异吸附作用，将酶固定在吸附剂上。造成非特异性物理吸附的因素有：范德华力、氢键、疏水作用、静电作用等。这种方法的缺点是酶与载体的结合强度低，易脱落，且易受介质的 pH 值、温度和离子强度的影响。此外，吸附剂虽然是多孔介质，但其吸附容量还小，使载体中的酶浓度低。吸附法的最大优点是制备简便，对细胞和酶无损害作用。常用的吸附剂有：活性碳、膨润土、硅藻土、多孔玻璃、氧化铝、离子交换树脂和高分子材料等。

细胞聚集法是利用某些细胞具有形成聚集体或絮凝物颗粒的倾向，或利用多聚电解质诱导形成微生物细胞聚集体，从而达到细胞固定化的目的。

2. 包埋法

包埋法是将酶或细胞固定在高分子化合物三维空间网络结构中。这种方法是细胞或酶固定化最常用的方法。现有凝胶包埋法、微胶囊包埋法和纤维包埋法三种。

(1)凝胶包埋法：常用的凝胶有两大类，天然高分子凝胶与含有高分子化合物凝胶。天然高分子凝胶有：海藻酸钙、K－卡拉胶、琼脂、明胶、琼脂糖浆、壳聚糖、胶原和槐豆角等。其优点是无毒，固定化酶或细胞的制备条件缓和，酶活性损失小，固定化细胞内的微环境适合于细胞的生理条件等；最大缺点是明胶的强度差。一般用的最多的是海藻酸钙和K－卡拉胶。这两种极易制作成固定化酶或固定化细胞的小球，适用于多相催化反应器，如提升式反应器、流化床反应器和喷射环流反应器。海藻酸钙凝胶在含有一价碱金属离子和磷酸根离子的溶液中极易破坏，为克服其强度差的缺点，常将凝胶球置于戊二醛或聚乙烯亚胺中，使其交联，以提高强度。K－卡拉胶的强度比海藻酸钙好，曾用于生产 L－天冬氨酸、L－丙氨酸和乙醇以及各种代谢产物。

常用的合成高分子凝胶有聚丙烯酰胺、光固化树脂、聚乙烯醇等。其最大优点是机械强度好。但形成的网络微环境对细胞来说不如天然高分子，且丙烯酰胺单体有毒，聚合成凝胶时对细胞或酶有损害。聚丙烯酰胺凝胶的制法通常是用 N, N'－亚甲基双丙烯酰胺作双功能交联剂，用过硫酸钙作引发剂，然后将凝胶切成块状，或制成球形颗粒。世界上首次将固定化细胞应用于工业生产的是日本的千烟一郎。他用聚丙烯酰胺凝胶包埋大肠杆菌，实现了 L－天冬氨酸生产的工业化。近年来，这种方法已广泛用于生产 L－苹果酸、L－赖氨酸、α－淀粉酶、甾体激素、蛋白酶和 L－色氨酸等。

总之，包埋法具有包埋菌体或酶的容量大；适用性强，可以包埋不同种类、不同生理状态的的细胞；稳定性好；制备条件温和，方法简便等优点。但其内扩散阻力大，所以用于大分子的底物时应慎重选择。此外，菌体或酶的泄漏也需要考虑，可通过调整制备条件予以改善。

(2)微胶囊包埋法：本法是将酶固定在半透性高分子膜的微胶囊中，一般微胶囊的直径为几个到几百个 μm，典型的制备方法有界面缩聚、液体干燥或相分离等技术。例如界面缩聚是将一种含有酶的亲水性单体乳化分散在水中，而将另一种疏水性单体溶于与水不相溶的有机溶剂中，使二者在油水两相界面上发生缩聚反应，形成高分子薄膜，并在形成的胶囊中夹裹了酶，该法能提供很大的比表面积。另外，也可将半透膜直接做成膜反应器，这时相对分子质量较小的底物和产物可透过膜的微孔，而酶或其他较大的分子不能透过。

(3)纤维包埋法：先将酶包埋在乙酸纤维等纤维内，再将该纤维织成布或做成各种形状，以适应各种反应器结构的要求。因纤维很细，所以比表面积大，包埋酶的容量也大。

3. 共价结合法

这是利用酶蛋白中的氨基、羧基或酪氨酸和组氨酸中的芳香环与载体上的某些有机基团进行反应，形成共价键，而将酶固定在载体上的方法。一般需要用化学方法使载体获得反应基团而活化，然后再将酶的相应基团偶联。该法的优点是酶与载体结合得较牢固，酶不易脱落，但制备方法复杂，条件也苛刻，且易引起酶失活。

4. 交联法

用双官能团或多官能团试剂与酶分子中的氨基或羧基发生反应，使酶分子互相交联，形成不溶于水的聚集体，从而使酶或细胞固定化。常用的交联剂有戊二醛、二甲亚胺、乙二酸甲酯和脂肪胺等。该法多与包埋法或吸附法结合使用，前者可防止包埋的酶或菌体的泄漏；后者可防止吸附的酶脱落。

总之，制备固定化生物催化剂应满足如下条件：①选用的载体应对细胞无毒性；有合适的孔径、孔率、比表面积和几何形态，既要使得细胞或酶不泄漏或少泄漏，还要具有良好的通透性，使底物和产物的扩散阻力小；载体原料应便宜、易得。②固定化方法简单，制备条件温和，尽量减少酶活损失，且易于成形，使固定化生物催化剂的外形能满足生化反应器的结构要求。③细胞或酶的单位体积含量要高，以加大反应器的生产能力。④机械强度要好，酶活性要稳定。

综上所述，由于固定化酶或固定化细胞中的酶浓度或菌体浓度高，故反应速率快，反应时间节省，且反应器可在高冲稀速率(即高流量)下操作，可大大提高反应器的生产能力，并可省去菌体的分离、回收步骤，产品易于提纯，同时也易于实现连续操作和自动控制，为大规模工业化生产提供可能性。

7.6.2 酶的修饰与酶催化剂的合成

酶分子的改造与修饰是用化学或生物手段提高天然酶的活性与稳定性，扩大酶的应用范围。一般将改变酶蛋白一级结构的过程称为改造，而将改变酶蛋白的侧链基团称为修饰。目前酶分子的改造与修饰尚处于实验室阶段，但已取得引人注目的成果。用小分子化合物对酶蛋白进行化学修饰，能调整多功能酶中不同酶的活性。如用乙基马来酰亚胺修饰苹果酸酶的巯基，可使其羧酸酶的活性丧失，而使其还原酶的活性提高10倍。

用聚乙烯醇或聚乙二醇等水溶性高分子来修饰蛋白酶的侧链，或将酶蛋白的主链进行有限度的水解，也可提高酶的活性和稳定性，例如日本的德重等人用胰蛋白酶切去L－天冬氨酸酶的几十个氨基酸残基，使酶活性提高3～5倍。

此外，还可用改变金属离子的方法来提高活性。如用金属螯合剂EDTA处理酶，可使酶中原有的金属离子脱落，导致酶失活。随后，在向该脱活的酶中加入合适的金属离子，便可使酶的活性提高。现已发现Co、Ca、Cu、Mn、Ni和Zn型的蛋白酶，Ba、Ca、Co、Mn和Zn型的淀粉酶以及Ba、Ca、Mn和Mg型的脂肪酶都是高活性酶。

在深入研究和剖析酶的结构、功能及催化机理的基础上，现正研究用人工合成酶型高效催化剂来代替传统的金属或贵金属非酶催化剂，期望使传统化学工业中的催化反应都能改用酶催化来进行。虽然这些技术离工业应用还有相当距离，但一旦在工业上得到实现，则必然会引起现代化学工业的一场深刻革命，并从根本上改变目前的能源和粮食生产结构，对医疗、环保等都将产生巨大影响。

习　题

1. 什么是酶？酶催化有哪些特点？
2. 酶的化学组成如何？
3. 什么是酶的一、二、三、四级结构？
4. 酶分哪几大类？
5. 什么是酶催化反应的米曼方程？其中 v_{max} 和 K_m 代表什么意义？
6. 影响酶催化的因素有哪些？
7. 酶的提纯和分离有哪些常用方法？
8. 为什么要进行酶的固定化？固定化有哪些常用的方法？
9. 举几例酶催化反应的应用实例。

第8章　电化学有机合成

§8.1　概　　论

利用电化学氧化或还原方法合成有机化合物的技术称为电化学有机合成(Electrochemical Organic Synthesis)。早在1849年，Kolbe通过实验发现羧酸的电解氧化可生成较长链的烷烃，即Kolbe反应：

$$2RCOO^- - 2e^- \longrightarrow R—R + 2CO_2 \tag{8-1}$$

随后在实验室中进行了很多电有机合成的研究，例如芳香族硝基化合物、不饱和醛或酮的电解还原、脂肪族化合物和杂环化合物的氧化、阳极取代反应等。然而，由于有机化合物的电极过程较复杂，技术上有许多不成熟的因素，所以电化学有机合成在19世纪60年代之前一直处于实验研究阶段。直到20世纪60年代后，现代电化学科学技术的飞跃发展，以及新型膜材料和电极材料的推出，才使电化学有机合成有机会走向工业化。1964年，美国Nalco公司建成了年产18kt四乙基铅的电合成工厂。1965年，美国Mansanto公司又建成了年产15kt己二腈的电合成工厂。这些标志着电化学有机合成已经进入了工业化时代。

近年来，由于原料价格上涨、能源危机和对环境保护的日益重视，人们对电化学有机合成又开始重视并进行了较活跃的研究与开发。目前，已有近百种电化学有机合成技术实现了工业化，见表8-1。

表8-1　某些有机化工产品的电解合成技术

原　料	产　物	阳极/阴极	公司或国家	状　况
丙烯腈	己二腈	Pb-Ag/Pb	Mansanto	工业化
丙炔醇	丁炔二酸	PbO_2/Pb	BASF	中试
硝基苯	联苯胺	Ni钢/Pb	印度	工业化
葡萄糖	葡萄糖酸钙	C/C	中国，印度	工业化
L-胱氨酸	L-半胱氨酸	C/Pb	中国	工业化
乙二酸	乙醛酸	多孔Ni/Ni	UK，中国	中试
萘，乙酸	乙酸萘酯	石墨/石墨	BASF	中试
丙　酮	频那醇	DSA/Pb	Diamond	中试
己二酸甲酯	癸二酸	Pt-Ti/钢	BASF	工业化
马来酸	琥珀酸	DSA/Pb	中国	工业化
葡萄糖	山梨醇	Pb/Hg-Pb	Atlas	工业化
邻羟基苯甲酸	邻羟基苯甲醛	Pb-Ag/Hg-Cu	印度	中试
邻苯二甲酰亚胺	异吲哚	Pb/Hg	CIBA	工业化
蒽	蒽醌	Pt/Pb	加拿大	工业化

电化学有机合成与传统有机合成相比，具有以下几个特点：

① 电极反应可在常温、常压下进行，较为安全。

② 不使用氧化还原试剂，不产生废弃物，无环境污染。

③ 通过调节电位和电流，可方便地改变电极反应方向和速度。

④ 消耗较多的电能。

⑤ 反应器结构复杂，电极活性不易维持。

电有机合成的开发研究应针对该技术的特点，提高反应的选择性，降低电能耗量。同时应选择合适的产品，如产量小但产值高的精细化工产品或现有合成法生产困难的产品，进行电有机合成的研究开发。近年来，一些新技术的应用，如媒质反应技术、相转移催化技术、成对电解技术、磁场和超声波作用等，使电有机合成的发展又呈现出崭新的面貌。

§8.2　电化学有机合成基本原理

8.2.1　电极反应过程

电极反应是指在电极和溶液界面上进行的电化学反应。实际上，它是属于电荷传递的多相化学反应，其过程比均相化学反应要复杂。从反应机理上看，可将电极反应分为以下两种类型：简单电子传递反应和复杂电子传递反应。

1. 简单电子传递反应

设反应为

$$O + ne \longrightarrow R \tag{8-2}$$

式中，O 为反应物分子；R 是产物分子；n 是参加反应的电子数。按照反应进行的前后顺序，该反应在电极表面上进行的过程有：反应物 O 从溶液本体向电极表面的传质，之后在电极/溶液界面上进行电子传递过程。最后是产物 R 从界面区向溶液本体的扩散，参见图8－1。

2. 复杂的电子传递过程

如果在电子传递步骤前后，还存在着吸附、脱附、化学反应、新相形成等步骤，则构成复杂的电子传递反应，见图 8－2。

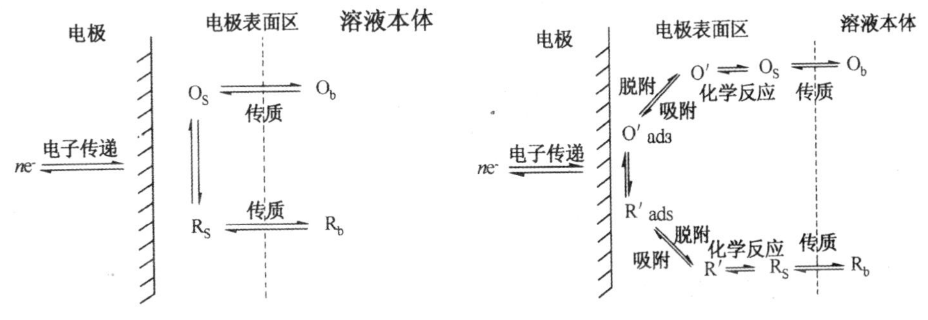

图 8－1　简单电子传递反应的步骤　　图 8－2　复杂的电子传递反应步骤

当然，不是任何电极反应都一定如图 8－2 所表示的那样完整。有的电极过程也许没有电子传递前的化学反应，或者没有电子传递后的化学反应。因此根据化学反应的前后出现顺序，又可将复杂电子传递反应的机理分为以下 3 种。

(1) CE 机理：是指化学反应发生在电子传递反应之前的复杂反应，该化学反应也称前置化学反应。经过前置化学反应，非电活性的反应物在电极表面转化为电活性的反应物，而参加电极表面上进行的电子传递反应。例如甲醛的电化学还原过程，由于甲醛在水溶液中存在着水合式和醛式的平衡，即：

$$CH_2(OH)_2 \rightleftharpoons CH_2O + H_2O \tag{8-3}$$

而水合式又是非电活性的，所以在电子传递反应前，存在一个化学反应式(8-2)，之后醛式再参加电化学反应：

$$CH_2O + e^- + H^+ \longrightarrow CH_3OH \tag{8-4}$$

(2) EC 机理：这是指化学反应后置的情况，用通式可表示为：

$$O + ne = R \xrightarrow{C} P \tag{8-5}$$

式中，P 表示反应的最终产物。例如对氨基苯酚在 Pt 电极上的电解氧化反应，便是一个典型的 EC 机理：

$$HO-C_6H_4-NH_2 - 2H^+ - 2e \rightleftharpoons HN{=}C_6H_4{=}O \xrightarrow{H_2O} O{=}C_6H_4{=}O + NH_3 \tag{8-6}$$

有一类电催化反应，也可以看作是 EC 反应机理，其通式为：

$$O + ne \underset{}{\overset{E}{\rightleftharpoons}} R$$
$$R + S \xrightarrow{C} O + P \tag{8-7}$$

即电子传递反应的产物 R 在随后的化学反应中，与底物 S 作用，生成产物 P 和再生出反应物 O，因而反应可以循环进行下去，直到所有底物 S 反应完毕。例如，在 H_2O_2 存在下，Fe^{3+} 离子的还原就是此类电催化反应的例子：

$$2Fe^{3+} \rightarrow 2Fe^{2+};\quad 2Fe^{2+} + H_2O_2 \rightarrow 2Fe^{3+} + 2OH^- \tag{8-8}$$

如果电子传递是阳极反应，则反应通式为：

$$R - ne \overset{E}{\rightleftharpoons} O$$
$$O + S \xrightarrow{C} R + P \tag{8-9}$$

例如蒽氧化为蒽醌的间接电合成就是 EC 氧化机理：

$$2Cr^{3+} + 7H_2O - 6e \longrightarrow Cr_2O_7^{2-} + 14H^+$$
$$Cr_2O_7^{2-} + C_{14}H_{10}\,(\text{蒽}) + 8H^+ \longrightarrow C_{14}H_8O_2\,(\text{蒽醌}) + 2Cr^{3+} + 5H_2O \tag{8-10}$$

反应总结果是

$$C_{14}H_{10}\,(\text{蒽}) + 2H_2O - 6e - 6H^+ \longrightarrow C_{14}H_8O_2\,(\text{蒽醌}) \tag{8-11}$$

(3) ECE 机理：这是指化学反应夹在两个电子传递反应中间的情形，通式为：

$$
\begin{aligned}
&O + n_1e \rightleftharpoons R_1 \\
&R_1 \longrightarrow O' \\
&O' + n_2e \rightleftharpoons R_2
\end{aligned}
\qquad (8-12)
$$

对亚硝基苯酚的还原，就是一个 ECE 机理的例子，反应式为：

$$
HO-C_6H_4-NO \xrightleftharpoons{2e+2H^+} HO-C_6H_4-NHOH \xrightarrow{-2H_2O} O=C_6H_4=NH \xrightleftharpoons{2e+2H^+} HO-C_6H_4-NH_2 \qquad (8-13)
$$

在实际中，电极反应过程是十分复杂的，但许多过程都可以作为上述几种类型的组合或变体来看待。采用电化学方法和其他方法(如光谱)对复杂电子传递机理的研究已引起人们的关注并取得了许多成就。

8.2.2　电极反应动力学

电极反应动力学是研究电极反应速度及其影响因素的一门学科。而电极反应速度 v 是和电极上流过的电流 i 有正比的关系，即：

$$
v = \frac{i}{nFA} \qquad (8-14)
$$

式中，n 为电极反应的电子数；F 为 Faraday 常数(96485)；A 是电极的面积。所以也可以认为，电极反应动力学是研究电极电流及其影响因素的学科。

电极反应过程是由许多串联反应步骤组成的，见图 8-1 和图 8-2。电极反应速度决定于其中阻力最大、速度最慢的步骤，该步骤称为速度控制步骤。如果传质速度最慢，则电极反应速度将由扩散过程决定，此时，电极电流称为扩散电流。如果电子传递的速度最慢，将出现由电子传递过程决定的电化学控制电流。上述两种电极反应的动力学规律是很不相同的。除了这两种电极电流外，还有由化学反应速度控制的电极电流和由吸附速度控制的电极电流。不过，在电化学有机合成中不常见，故只讨论由扩散控制和由电化学控制下的电极反应动力学。

1. 扩散控制的电极反应动力学

反应物从溶液本体向电极表面传输的动力有三种：①扩散，即当物质存在浓度梯度时，由于化学位的不同而造成物质从高浓度向低浓度的传输。②迁移，带电物质在电场作用下的传输。③对流，即由机械作用(如搅拌、温差等)引起的物质传输。在实际反应中，体系内都存在着大量带电荷的支持电解质，所以可以忽略反应物迁移的作用。如果反应体系是在均匀温度下和没有搅拌的情况下进行电化学反应，则反应物的传输只有靠扩散来完成。设反应为还原过程，即：

$$
O + ne \rightleftharpoons R
$$

下面推导该反应在扩散控制下的电极反应动力学方程式，即电极反应电流 i 和电极电位等因素的关系。

反应物 O 在阴极表面还原为 R，因而在界面区反应物浓度 C_O^s 在减少，结果造成浓差，溶液中的反应物 O 就会向电极表面区扩散。当扩散到电极表面区的反应物的量刚好与反应

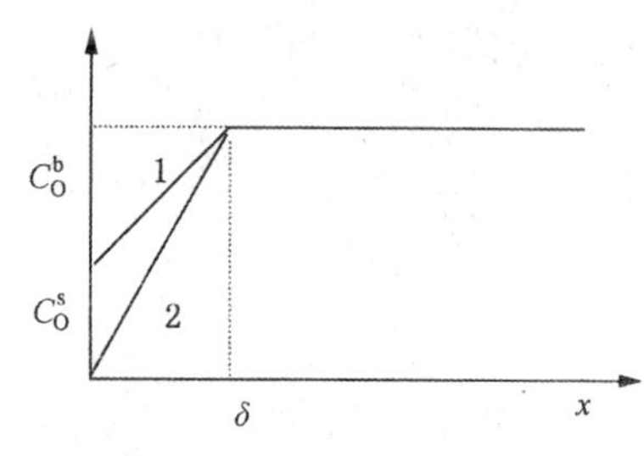

图 8－3 线性扩散情况下 C_O和 x 的关系

物转化为 R 的量相等时，则达到稳定状态，C_O^s 值也不再随时间变化，见图 8－3 所示。图中 C_O^b 为反应物 O 在溶液本体中的浓度，δ 为扩散厚度，x 为离开电极表面的距离，C_O^s 是反应物 O 在电极表面上的浓度，则扩散层中反应物 O 的浓度梯度为：

$$\frac{dC_O}{dx} = \frac{C_O^b - C_O^s}{\delta} \tag{8-15}$$

在扩散达到稳定时，扩散电流为：

$$i = nFJ_O \tag{8-16}$$

式中，J_O为反应物 O 的扩散流量，由 Fick 第一定律可知：

$$J_O = + D_O \frac{dC_O}{dx} \tag{8-17}$$

式中，D_O为反应物 O 的扩散系数。联立式(8－15)、(8－16)、(8－17)，则有：

$$i = nFD_O \frac{C_O^b - C_O^s}{\delta} \tag{8-18}$$

如果阴极电位足够负，使所有到达电极表面的反应物 O 完全被还原，此时 $C_O^s=0$，则会出现图 8－3 中曲线 2 所示的情况，此时将得到极限扩散电流：

$$i_L = nFD_O \frac{C_O^b}{\delta} \tag{8-19}$$

这就是扩散控制下所能得到的最大电流，即最大电极反应速度，此后该反应的速度便不再随电位而改变。出现极限扩散电流，是扩散控制电极反应的共同特征。

在扩散控制下，电极电位和反应物及产物的表面浓度有如下的关系，即 Nernst 方程式：

$$E = E^0 + \frac{RT}{nF}\ln \frac{C_O^s}{C_R^s} \tag{8-20}$$

式中，E^0是反应(8－2)的标准电极电位。只要将式(8－20)和(8－19)联合，即可求得电流 i 和电极电位 E 的关系。具体形式和溶液中是否同时存在 O 和 R，以及二者的状态有关，共有 3 种情况。

(1) 若产物 R 为不溶物，可认为 $C_R^s=1$，则有：

$$E = E^0 + \frac{RT}{nF}\ln \frac{i_L - i}{i_L} \tag{8-21}$$

极化曲线($i \sim E$)见图 8－4(a)所示。此类反应的例子有：Zn^{2+}，Cu^{2+} 还原为金属的反应。

(2) 若 O，R 皆为可溶物，则有：

$$E = E_{1/2} + \frac{RT}{nF}\ln \frac{i_{L,c} - i}{i - i_{L,a}} \tag{8-22}$$

式中，$E_{1/2}$是 $i=0.5(i_{L,a}+i_{L,c})$时的电级电位；$i_{L,a}$和 $i_{L,c}$分别为阳极、阴极极限扩散电流，其极化曲线见图 8－4(b)。

(3) 若 O，R 皆可溶，且 R 的起始浓度为零，即式(8－22)中的 $i_{La}=0$，则有：

$$E = E_{1/2} + \frac{RT}{nF}\ln \frac{i_L - i}{i} \tag{8-23}$$

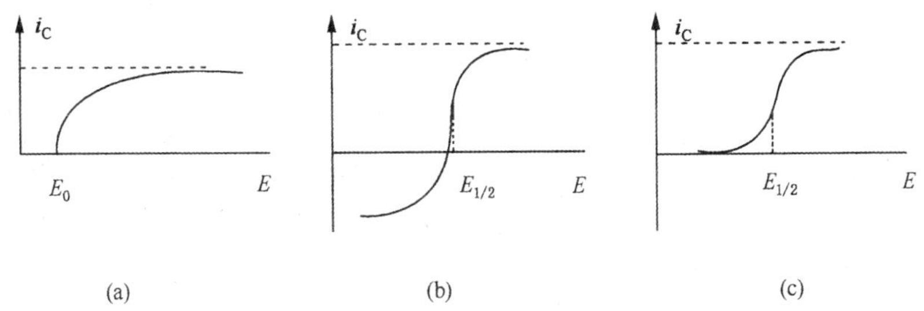

图 8－4　扩散控制下的 $i-E$ 曲线

(a) 产物 R 不溶；(b) O、R 可溶；(c) O、R 可溶，但 R 起始浓度为零

此式中的半波电位 $E_{1/2}$，只决定于反应物离子的本性，而和浓度无关，所以可用于定性分析离子，极化曲线如图 8－4(c)所示。

从图 8－4 可见，扩散控制下 $i \sim E$ 关系的共同特点是：均有极限扩散电流，且电极反应处于平衡状态。

2. 电化学控制的电极反应动力学

当电子传递步骤比传质步骤的速度慢时，将会出现电化学控制的电极反应，此时电极反应处于不平衡状态，Nernst 方程不能用来表示电极电位和表面浓度的关系，故这类电极过程又称为不可逆电极过程。下面介绍这类反应的动力学规律。

(1) 电极反应速率方程式　设简单的电子传递反应为：

$$\mathrm{O} + ne \underset{k_-}{\overset{k_+}{\rightleftharpoons}} \mathrm{R}$$

式中，k_+、k_-分别为正向、负向电极反应速率常数。设 O、R 的电极表面浓度为 C_O^s、C_R^s，则以电流密度表示的电极反应速率为：

$$i_+ = nFk_+ C_O^s \tag{8-24}$$

$$i_- = nFk_- C_R^s \tag{8-25}$$

净反应速率为二者之差，即　$i = i_+ - i_- = nF(k_+ C_O^s - k_- C_R^s)$　(8－26)

而电极反应速率常数又和电极电位有如下的关系：

$$k_+ = k_+^0 \exp\left(\frac{-\alpha nFE}{RT}\right) \tag{8-27}$$

$$k_- = k_-^0 \exp\left[\frac{(1-\alpha)nFE}{RT}\right] \tag{8-28}$$

可见 k^0是当 $E=0$ 时的速率常数。式中 α 称为传递系数，在 0～1 之间。α 意味着电极电位对阳极电子传递过程产生有效影响的部分。将式(8－27)和(8－28)代入式(8－26)中，可得到电化学控制下的速率方程式：

$$i = nF\left\{k_+^0 C_O^s \exp\left(\frac{-\alpha nFE}{RT}\right) - k_-^0 C_R^S \exp\left[\frac{(1-\alpha)nFE}{RT}\right]\right\} \tag{8-29}$$

由于式(8－29)表示的 $i \sim E$ 关系十分复杂，而且含有未知数 k^0 和 C_O^S，所以要作进一步分析，才能产生直接可应用的速率方程式。

(2) 平衡电极的反应速率　当电极上的电位正好等于该电极的平衡电位 E_{eq}时，则电极处于平衡状态，即正向和反向的速率相等，净反应速率为零，故外电路上的电流等于零，即：

$$i = i_+ - i_- = 0 \tag{8-30}$$

$$i_+ = i_- = i_0 \tag{8-31}$$

此时正向和反向电流密度均等于 i_0，称为交换电流密度，它表征的是平衡电极反应的平衡速率。当 $i=0$ 时，由于没有净反应发生，所以电极表面和溶液本体的浓度相同，即 $C_O^S = C_O^b$。对照式(8-27)和(8-28)，可得：

$$i_0 = nF\left\{k_+^0\ C_O^b \exp\left(\frac{-\alpha nFE_{eq}}{RT}\right) = nFk_-^0\ C_R^b \exp\left[\frac{(1-\alpha)nFE_{eq}}{RT}\right]\right\} \tag{8-32}$$

而由 Nernst 方程

$$E_{eq} = E^0 + \frac{RT}{nF}\ln\frac{C_O^b}{C_B^b} \tag{8-33}$$

代入式(8-32)，可得：

$$i_0 = nF(C_O^b)^{1-\alpha}(C_R^b)^{\alpha}k_0 \tag{8-34}$$

式中，k_0为电位等于标准电位时的速率常数，也称标准速率常数。

$$k_0 = k_+^0\ \exp\left(\frac{-\alpha nFE^0}{RT}\right) \tag{8-35}$$

k_0和浓度无关，但和 i_0有关，是衡量电极平衡时，正向电极反应的平衡速率大小。k_0和 i_0一样，都表征着电极催化活性的大小，其值越大，则电极的催化活性越高。

（3）电流与过电位的关系　电极上所加电位偏移平衡电位 E_{eq}时，则产生过电位

$$\eta = E - E_{eq} \tag{8-36}$$

将式(8-32)代入式(8-29)，可将式(8-29)简化为：

$$i = i_0\left\{\frac{C_O^s}{C_O^b}\exp\left(\frac{-\alpha nF\eta}{RT}\right) - \frac{C_R^S}{C_O^b}\exp\left[\frac{(1-\alpha)nF\eta}{RT}\right]\right\} \tag{8-37}$$

假定外电流很小，或者溶液搅拌充分，以致使物质在电极表面和溶液本体的浓度相近，即认为

$$\frac{C_O^S}{C_O^b} \approx \frac{C_R^S}{C_R^b} \approx 1 \tag{8-38}$$

则式(8-37)可简化为：

$$i = i_0\left\{\exp\left(\frac{-\alpha nF\eta}{RT}\right) - \exp\left[\frac{(1-\alpha)nF\eta}{RT}\right]\right\} \tag{8-39}$$

该式称为 Bulter - Volmer 方程式，是电化学控制下的电流和过电位的关系式，形式可见图 8-5。

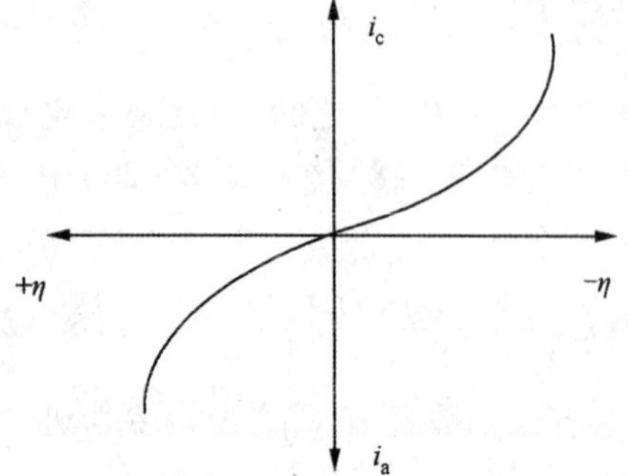

图 8-5　电化学控制下电流和过电位的关系

图 8-5 和扩散控制下的 $i \sim E$ 关系(图 8-4)相比，有一个显著特点：不出现极限电流，电流一直随过电位加大而增加。由式(8-39)知，当电极电位处于高负过电位时，即反应式(8-1)主要以逆向进行时，则有：

$$\exp\left[\frac{(1-\alpha)nF\eta}{RT}\right] \longrightarrow 0 \tag{8-40}$$

所以可将式(8-39)简化为：

$$i = i_0\exp\left(\frac{-\alpha nF\eta}{RT}\right) \tag{8-41}$$

或写成：

$$\eta = \frac{RT}{\alpha nF}\ln\frac{i_0}{i} \tag{8-42}$$

同样，当电位处于高正过电位时，则有：

$$\eta = \frac{RT}{(1-\alpha)nF}\ln\frac{i}{i_0} \tag{8-43}$$

上两式都与 Tafel 经验方程式

$$\eta = a + b\lg i \tag{8-44}$$

的形式相同，即以 $\lg i$ 对 η 作图，应得直线，如图 8－6 所示，此图又称为 Tafel 图。从截距可求出 i_0，斜率可求出 α。

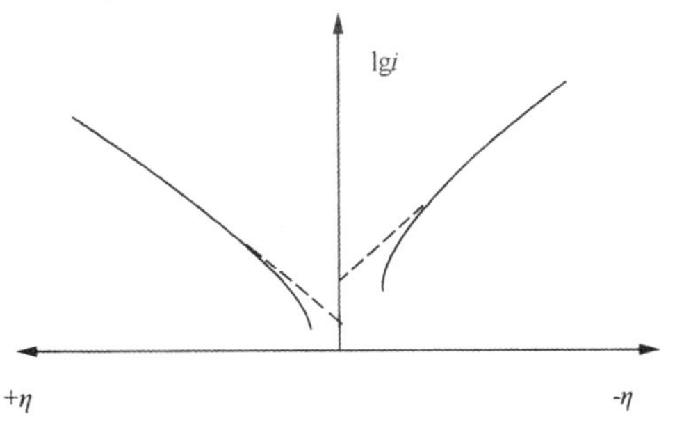

图 8－6　Tafel 图

而当过电位较小时，式(8－39)中两项相当，都不能略去，但可用级数公式展开，略去高次项，则有：

$$\eta = -\frac{RT}{nFi_0}i \tag{8-45}$$

此时，电流和过电位有正比例关系。

实际上，电解时的电流常常包含扩散控制和电化学控制的电流。一般当电流数值小时，主要显现电化学控制的特征。而当过电位增加到一定值后，电流增加的趋势渐趋缓和，表现出扩散控制的特征，出现极限电流。在中间阶段，有一段由电化学和扩散混合控制的区域。在进行电化学合成时，了解电极反应的动力学特征是很重要的。为了使合成反应能在较理想的条件下进行，必须确定所用的电流和电位值。只有通过电解池的电流足够大，才能得到较多的产品，提高生产效率。但过大的电流又会带来过高的过电位，从而使反应物处于较高的活泼状态，导致副反应比例的增加，降低了反应的选择性，同时又增加了电能消耗。所以应适当选择反应所用的电流或电位。

8.2.3　电催化作用

电催化的概念是在 20 世纪 30 年代提出来的，它是指电极不直接参加电极反应，但对电化学反应速率及反应机理有重要影响。电极的电催化既可以由电极本身产生，也可以通过电极表面修饰和改性后获得。

对电催化剂的要求主要有：①高的电催化活性，即能使电极反应有高的反应速率，又能在较低的过电位下进行，以降低槽压和能耗；②稳定、耐腐蚀，具有一定的机械强度和使用寿命；③良好的选择性，即对给定电极反应具有高的催化活性，而对副反应则抑制其进行，这是提高电流效率的必要条件；④良好的导电性，这样可以降低电极本身的电压降，使电极能在高电流密度下工作；⑤易加工制备，成本低。

1. 电催化活性的表征

当同一电极反应在不同电极表面上进行时，在相同电流密度下，过电位较低的电极材料具有较高的电催化活性。在电极反应的机理相同时，Tafel 曲线斜率相同，交换电流 i_0 可作为电催化活性高低的表征。但电极反应机理不相同，Tafel 曲线斜率不同，则不能用 i_0 判定电催化活性的大小，见图 8－7 所示。从图 8－7 可见，曲线 2、3 斜率相同，由于 $i_{03} > i_{02}$，所以反应 3 比反应 2 的电催化活性高。但曲线 1、2 斜率不同，当 $\eta < \eta_p$ 时，反应 2 比反应 1

的活性高；而当 $\eta > \eta_p$时，反应1的活性大于反应2的活性。

2. 电催化作用的机理

电催化剂的主要作用是通过表面吸附来影响中间态粒子的能量，而这些中间态粒子在形成和消除时的能量效应，将影响反应的活化能。目前使用的电催化剂大多包括过渡金属原子，例如金属、合金、金属氧化物、金属配合物等，催化活性与其中的金属原子形成化学吸附键的空d电子轨道有密切关系。

例如对于氢电极过程，电极与反应粒子之间的主要作用是氢原子在电极表面的吸附。那些析H_2过电位高的电极材料（如Hg，Pb，Zn）对氢的吸附弱，析氢速率一般由形成吸附氢的速率控制，这时增加吸附有利于降低控制步骤的活化能，提高反应速率，见图8-8，活化能由E_a减少为E'_a。相反地，对于那些析氢过电位较低（Fe，Ni，Pt），其速率控制步骤是脱附，此时增加吸附反而不利，因为活化能由E_b提高到E'_b，使反应速率降低。此外还应考虑电极表面覆盖度的变化对吸附键（M—H）强弱的影响。

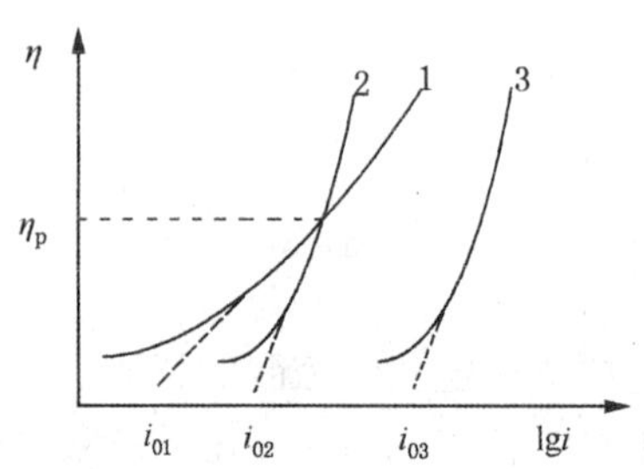

图8-7 Tafel斜率对电催化活性的影响

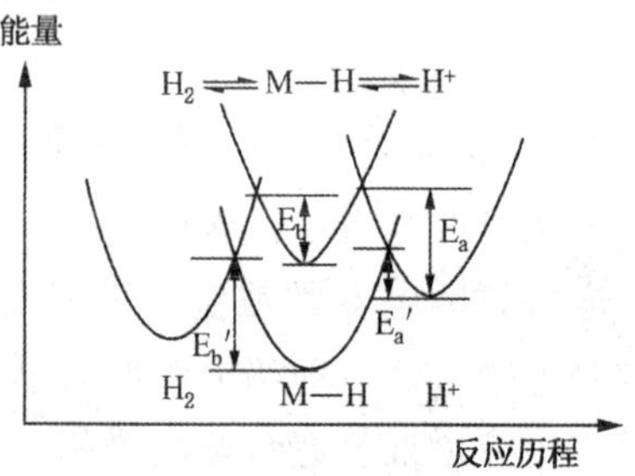

图8-8 吸附态中间产物对氢电析反应活化能的影响

综上所述，吸附氢键（M—H）增强时，析H_2反应速率首先提高，但吸附氢键（M—H）过强，反应速率反而下降。所以，中间态具有适中的能量时，才能达到最高的反应速率，这一现象通常称为"火山效应"（Volcano Plots），见图8-9所示。

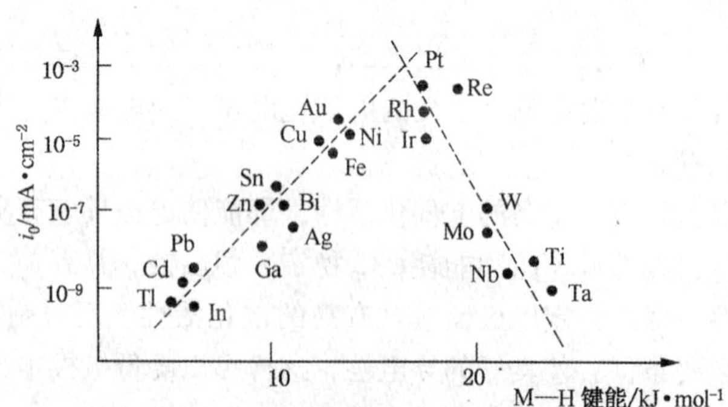

图8-9 析氢反应的i_0和M—H键能的关系

影响电催化活性的因素主要有：①能量因素，即电催化剂对电极反应活化能的影响；②空间因素，由于电催化过程往往涉及反应粒子在电极表面吸附键的形成和断裂，因此要求这些粒子与催化剂表面具有一定的空间对应关系；③表面因素，包括电催化剂的比表面和表面状态，如表面缺陷的性质、浓度、晶面的暴露程度等。电极比表面的增加，将使真实电流密度降低，有利于降低过电位，提高电催化活性。

3. 电催化有机电化学合成实例

(1) 四氯吡啶羧酸的电化学氢化:这种化合物可在几种电极上进行电化学氢化,但速率较小,选择性差。电催化的研究证实,现场形成的海棉状银,有特别高的活性和选择性,可以定向地吸附反应物,并使之还原为所需的产物二氯吡啶羧酸,选择性大于 90%,反应式为:

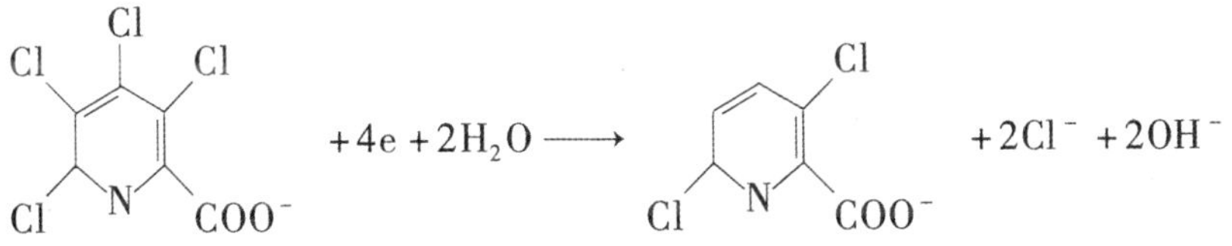

$$\text{(3,4,5,6-tetrachloropyridine-2-carboxylate)} + 4e + 2H_2O \longrightarrow \text{(3,6-dichloropyridine-2-carboxylate)} + 2Cl^- + 2OH^- \quad (8-46)$$

产物的商品名叫 Lontrel，是一种有价值的植物生长调节剂，这种还原消去氯的方法已在国外实现了工业化(USP4217185)。

(2) 甲苯氧化为苯甲醛：利用 Ce^{4+} 作为均相催化剂，可以将甲苯氧化为甲醛，此法已经实现了工业化生产，反应式为：

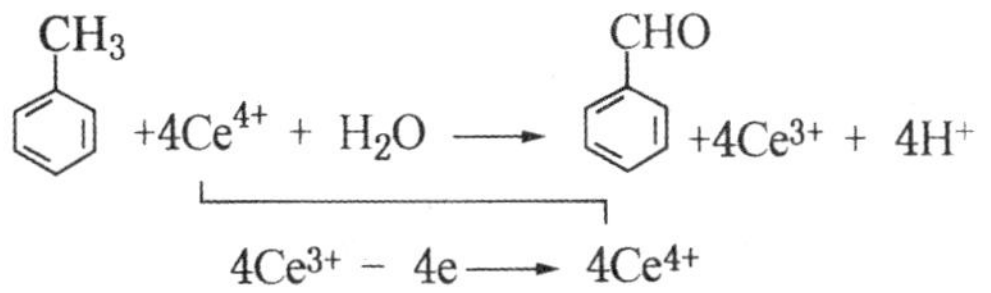

$$C_6H_5CH_3 + 4Ce^{4+} + H_2O \longrightarrow C_6H_5CHO + 4Ce^{3+} + 4H^+ \quad (8-47)$$

$$4Ce^{3+} - 4e \longrightarrow 4Ce^{4+}$$

(3) 其他电催化有机电合成:丙烯晴的阴极还原二聚生成己二腈、二醛淀粉的间接电合成、维生素 C 的电氧化合成、蒽电氧化为蒽醌等,都是已实现商品化生产的成功电催化反应实例。

8.2.4 电化学有机合成的经济指标

为了表明某一电化学过程的效率、价值，人们提出了一系列指标，下面分别作一介绍：

1. 物料产率(Material yield)

它的定义为

$$y = \frac{\text{起始物料转化为产物的量}}{\text{被消耗的起始物料的量}} \times 100\% \quad (8-48)$$

2. 电流效率(Current efficiency)

电流效率是指为制取一定数量的物质所必需的理论电量 Q 与实际消耗电量 Q_r 之比，即：

$$\eta_i = \frac{Q}{Q_r} \times 100\% \quad (8-49)$$

此处的 Q 可按 Faraday 定律计算，即：

$$Q = \int_0^t I\mathrm{d}t = \frac{g}{M}nF \quad (8-50)$$

式中，I 为电流；g 为产物质量；M 为产物的摩尔质量；n 为反应电子数。

3. 能量消耗(Energy consumption)和能量效率

理论能量消耗 W，等于理论分解电压 V_{eq} 和理论电量 Q 的乘积，即：

$$W = V_{eq} \cdot \frac{g}{M}nF \quad (8-51)$$

真实能量消耗 W_r，等于实际槽电压 V 和实际消耗电量 Q_r 的乘积，即：

$$W_r = VQ_r = V \cdot \frac{Q}{\eta_i} \quad (8-52)$$

能量效率 η_E 为

$$\eta_E = \frac{W}{W_r} \times 100\% \quad (8-53)$$

4. 空时产率(Space time yield)

空时产率是指单位体积的电解槽在单位时间内所生产的产品数量，单位为 $mol \cdot dm^{-3} \cdot h^{-1}$。它决定于电流密度、电流效率和单位体积电解槽内所具有的电极面积。空时产率可以具体表明电解槽的生产效率。

5. 资本回收率(Return on capital，ROC)

ROC 的定义为

$$ROC = \frac{利润}{资本投资} \times 100\% \quad (8-54)$$

这个数值决定了所建工厂的价值。目前，此值应达到 15% ~25%，才能吸引投资者。利润是指销售收入减去产品总消耗后的资金。资本投资包括三项内容：①固定资本(电解槽、整流器、附属设备、分析控制系统和厂房等)；②工作投资(原料、流动资金)；③土地投资。产品总消耗应包括原料、水、电、气、工资、燃料、维护、管理、研究、销售、福利、保健、保险、运输、储存、折旧、税金等方面。

§8.3 电化学有机合成技术

电化学合成技术要求较高，除一般反应动力学涉及的压力、温度、时间、溶液成分和浓度、催化剂等因素外，还需要考虑电流、电量、电位、传质、电极材料和结构、电解槽及电路联接等。常用的电合成技术包括恒电位电解和恒电流电解。

8.3.1 恒电位电解

电极电位是电化学反应中最重要的因素，它决定着电极/溶液界面上发生哪种反应，以何种速率进行。选择正确的电极电位，是控制电极反应方向，保证获得所需产品的数量和质量的关键。恒电位电解，就是在电解过程保持工作电极的电极电位恒定的一种技术，是近20多年来发展起来的。图 8-10 是恒电位电解系统示意图。所用电解槽含有两室，A 室为工作电极室，C 室为辅助电极室。电合成反应在 A 室的工作电极 WE 上进行，其电极电位由参比电极 RE 测定。由于整个系统中含有工作电极 WE、辅助电极 CE 和参比电极 RE 三个电极，故称为三电极系统。负责实现工作电极的电位控制并使其在恒电位下进行电解反应的仪器，叫恒电位仪。

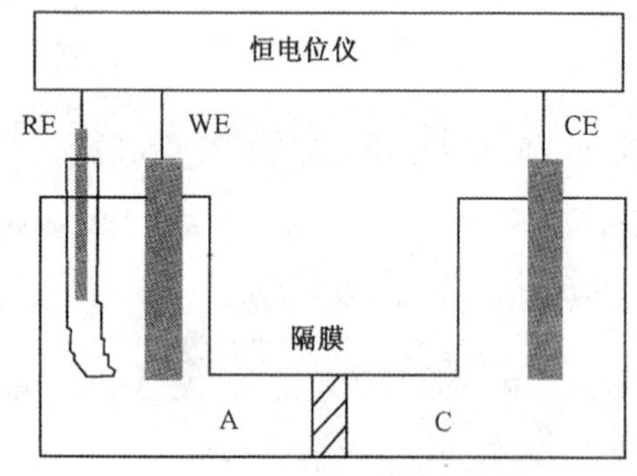

图 8-10 三电极恒电位电解系统

恒电位仪是如何实现电极电位的恒定控制的呢？图 8-11 是以两个运算放大器构成恒电位仪线路，其中 A_1 用以控制电极 WE 的电位。

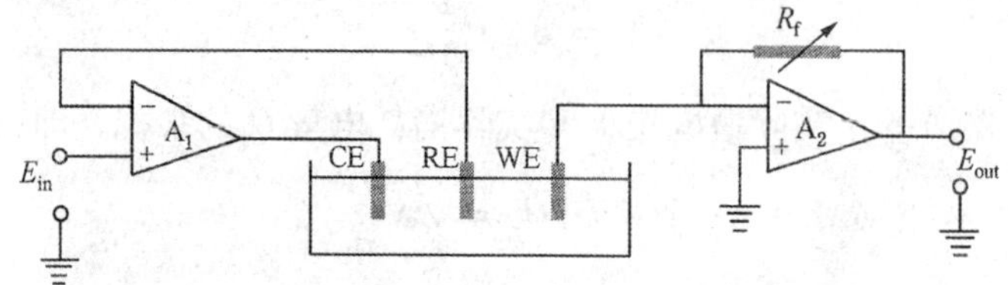

图 8-11 恒电位仪原理图

由于运算放大器 A_2 的反相输入端可以看作是虚地，所以

$$E_{in} = -(E_{RE} - E_{WE}) = E_{WE} - E_{RE} \qquad (8-55)$$

即工作电极和参比电极之差等于指定的输入电位 E_{in}，改变 E_{in} 即可改变工作电极电位。A_1 是一个电位跟随器，A_2 是电流跟随器，它能将流过工作电极的电流 i，通过电阻 R_f 转化为电位，即：

$$E_{out} = -iR_f \qquad (8-56)$$

在恒电位电解时，电极电位是一定的，主反应的电流效率 η_i 也是一定的，选择性高。但是，随着电极附近反应物浓度的降低，电流逐渐减小，反应时间增长。目前，由于恒电位价格较高，尤其是功率大的恒电位仪，所以工业上较少采用恒电位电解。但由于该法电流效率高，选择性高，所以在实验室中应用较多。

8.3.2　恒电流电解

控制电流要比控制电位容易得多，设备简单。所以工业上多数应用恒电流电解技术。恒电流电解，就是在电解过程中，保持电解池中通过的电流恒定。图 8－12 是恒电流电路示意图。其中运算放大器 A_1 和 CE、WE 构成恒电流电路，由于 A_1 接地，负端可看作是虚地，故有：

$$i = -\frac{E_{in}}{R_{in}} \qquad (8-57)$$

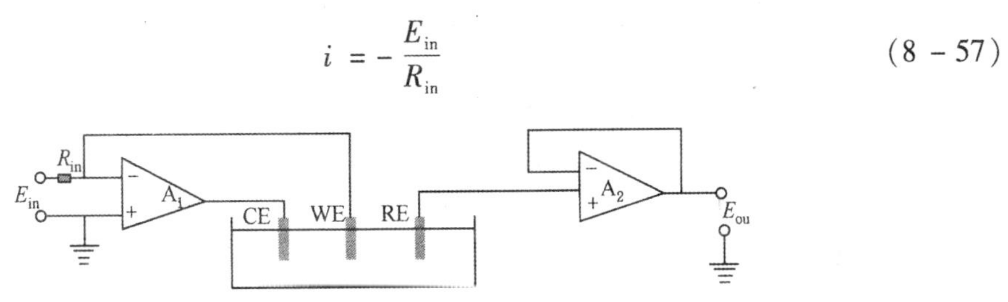

图 8－12　恒电流仪原理图

这样，只要改变 E_{in}，就可调节通过电解池的电流 i，而和电解池内发生的变化无关，从而实现恒电流的自动控制。图中 A_2 是电位跟随器，测定工作电极的电位变化情况。在不需监测电极电位时，该部分可省去。

在恒电流电解时，电流恒定即反应速率恒定，反应物浓度逐渐降低，电极电位逐渐上升，所以主反应的电流效率将下降，而副反应的电流也会上升，造成反应选择性降低。为了克服这一缺点，在工业上可采用流动电解液，以保持反应物浓度恒定，这样可以使电位不变，主反应的电流效率不变。该方法也可以称之为恒电流－恒电位电解。

8.3.3　电解槽

电解槽是进行电化学合成反应的场所，也可以称为电化学反应器。它一般应满足以下几个要求：①简单价廉，在保证电合成反应进行的条件下，尽量省去隔膜和搅拌装置；②如果电解以外的过程(气体分离、萃取等)能包括在电解槽内的话，最好也包括进去，以简化流程和设备；③电极上电位的分布应均匀，设法使用特殊形状的对电极和辅助电极来达到这一要求；④阴、阳极之间的隔膜间距应尽量小；⑤电解槽材料应适合生产所用的反应物和产物；⑥电解槽内传输过程畅通，使反应物能充分到达电极表面。

1. 电解槽按结构可分为两类

(1) 箱式电解槽(Tank cells)：一般为长方形，具有不同的三维(长、宽、高)尺寸，电

极为平板状，垂直平行放在电解槽中，见图 8 - 13(a)，这类电解槽应用最广，遍及工业电解、电镀、电源、科研各个领域。优点是简单、便宜，电极更换容易；缺点是所放出的气体直接放空，所用电解质限于对空气不发生作用的物质。

(2) 压滤式电解槽(Fillerpress - type cells)：这类反应器由单元反应器(由电极、板框和隔膜组成)重叠并加压密封组合而成，电解液从中流过。在工业电解和化学电源中应用广泛，见图 8 - 13(b)所示。这类电解槽的优点是：①单元反应器的结构可以简化或标准化，便于大批量生产，也便于在维修中更换；②可广泛选用各种电极材料和膜材料以满足不同的需要；③电极表面的电位及电流分布均匀；④可使用湍流促进器来强化传质及控制电解液流速；⑤可通过改变单元反应器的数目和电极面积方便地改变生产能力，形成系列，适用不同用户的需要。该反应器已成功应用于水电解、氯碱工业、己二腈电合成及化学电源(叠层电池和燃料电池)。

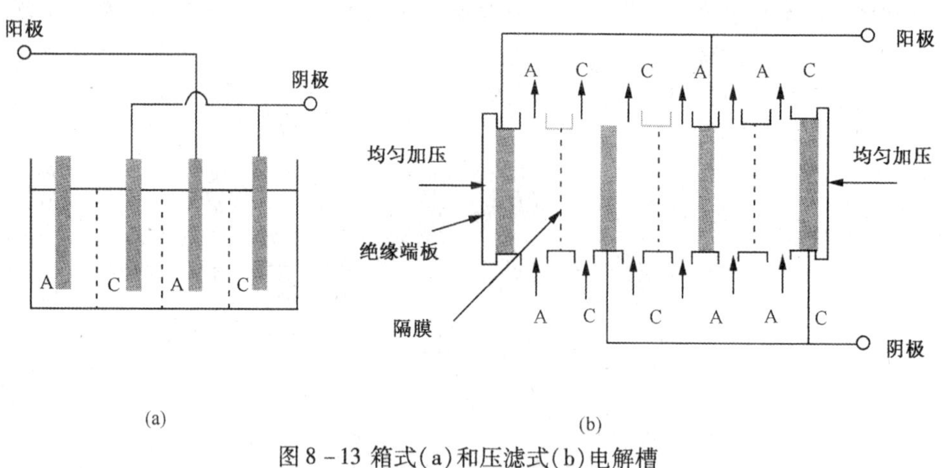

图 8 - 13 箱式(a)和压滤式(b)电解槽

A. 阳极液；C. 阴极液

2. 电解槽在工作方式上可分为三种

(1) 间歇式电解槽(Batch Cells)：在简单的间歇式电解槽中，定时送入一定量的反应物电解液，经过一定时间，放出反应产物电解液。显然，随着电化学反应的进行，反应物不断消耗，浓度逐渐下降，而产物不断生成，浓度逐渐提高，见图 8 - 14。间歇式电解槽运行中耗费的劳动量大，一般适用于小规模生产或实验室中使用。

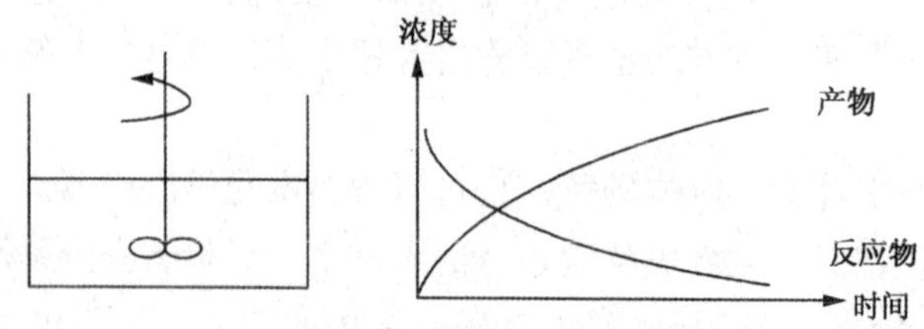

图 8 - 14 间歇式电解槽及浓度随时间的变化

(2) 柱塞式电解槽(Plug flow cells)：这类反应器又称为列管式或活塞流式电解槽。它是连续工作的，反应物不断进入，产物不断流出，达到稳态。在理想情况下，电解液由入至出稳定地流向前方，不发生返混，而电解液的组成则随其在电解槽中的空间位置不断变化，见

图 8－15。

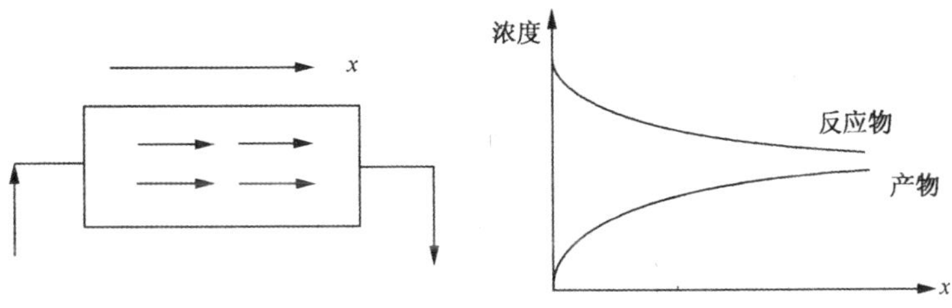

图 8－15　柱塞式电解槽及其浓度变化

（3）连续搅拌箱式电解槽（Continuously stirred tank cells）：这种反应器的特点是连续加入反应物并以同一速率放出产物，同时在反应槽中进行搅拌。因此，反应过程中槽内的组成是恒定的，见图 8－16。

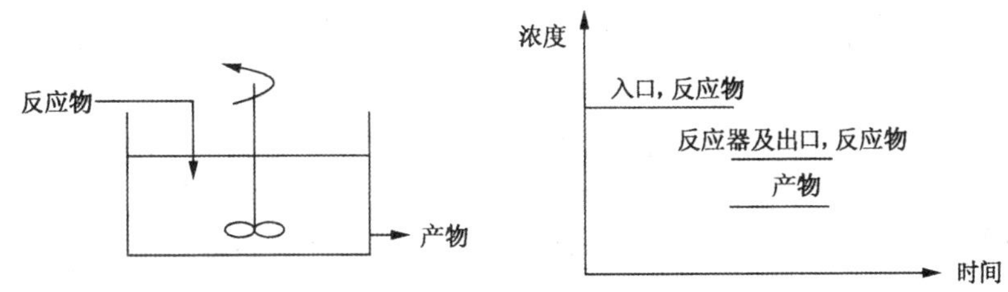

图 8－16　连续搅拌箱式电解槽及浓度的变化

8.3.4　影响电有机合成反应的因素

1. 电极

用于电合成反应的工作电极包括许多种，例如平板电极、块状电极、多孔电极、组合电极、运动电极、催化电极（修饰电极）、膜电极等。在实际应用上，各种电极应具有以下几种性质：①电流分布尽量均匀；②具有良好的催化活性，过电位低，电流密度大；③在反应过程中稳定性好；④导电性能优良；⑤具有一定的机械强度。

但是，要使电极完全满足以上要求是极其困难的，只能在保证电合成进行的前提下，选出比较合适的电极。常用的电极材料有：金属、金属氧化物、碳、某些导电高分子、层状化合物。

（1）金属：它是普遍使用的材料，金属和合金的种类多，机械性能、电性能、化学性能和加工性能都良好，因此广泛用作电极材料。金属常常作为阴极，不但选择范围广，而且防腐性能好。如果作为阳极，必须保证不溶解或不产生钝化层。常用的金属有 Hg、Pb、Cu、Ni 及合金。

（2）金属氧化物：即使贵金属作为阳极，也会在电解过程中被氧化。但如果生成的氧化物具有导电性而且具有良好的物理及化学稳定性，则是较好的阳极材料。常用的氧化物有：PbO_2，Fe_3O_4，RuO_2，MnO_2，Ti_4O_7～Ti_5O_9等。

（3）碳：碳有无定型、石墨、金刚石三种状态，其中前两种都是较好的电极材料。无定型碳可以制成各种形式，如棒状、板状、纤维状、多孔状和玻璃状。石墨是等方向性的多结晶质，是作为电极材料最好的碳材料。

（4）导电高分子：如聚乙炔、聚苯胺、聚吡咯等。这种高分子材料以薄膜状涂在或沉积在其他导体表面上，可以加入添加剂增加导电度，这种电极也可以称为修饰电极。

(5) 层状化合物：在石墨、氟化石墨$(CF)_n$，TiS_2及CdI_2等层状化合物的层间嵌入其他离子，可以增加导电度，是一种有前途的电极材料。

2. 隔膜

在某些电化学合成反应中，必须把阴极和阳极隔开，以避免阴极产物在阳极上重新氧化和阳极产物在阴极上重新还原，提高反应的收率。对于用阳极液和阴极液采用不同组分时，也必须有隔膜。作为电合成装置中的隔膜，应具有下列条件：①电阻率低，以减少电解槽内的欧姆电位降；②能有效防止某些反应物的扩散渗透；③有足够的稳定性和使用寿命；④价廉、易加工、无污染。

实用的隔膜分两大类：非选择性隔膜和离子交换膜。

(1) 非选择性隔膜：是机械性多孔材料，其作用是以机械作用降低阳极和阴极室的物质传输，而不能完全防止因浓度梯度而引起的渗透作用。这类物质易得、价廉，主要有：石棉、陶瓷、多孔塑料、烧结玻璃等。

(2) 离子交换膜：离子交换膜是一种选择性隔膜，它仅让某种离子通过而阻止其他离子穿透。性能优良，但价格较贵。按交换基团的性质，可分为阳离子交换膜和阴离子交换膜。前者是带有酸性离子的交换基团(如—SO_3H，—COOH)的离子交换膜，后者是带有碱性离子交换基团的离子交换膜。常用的离子交换膜有：聚乙烯、聚四氟乙烯、乙烯-二乙烯基苯共聚物等。尤其是聚四氟乙烯(PTFE)是性能较优良的离子交换膜，它耐酸、碱和有机溶剂，在高温下(530K)仍保持稳定。

3. 介质

介质是指电解反应所采用的溶剂。通常选用水作为介质。但是对于许多电有机合成反应，由于所用有机反应物不溶或难溶于水，因而必须选用有机溶剂。一般地，合适的介质应满足以下4条：①反应物的溶解度好。这样才能保证电解液具有高的导电性，以便能通过较大电流进行电解。②较宽的可用电位范围。为了保证反应物进行电化学反应，而不会引起溶剂或其中导电盐的电解破坏，要求所选用的介质-导电盐-电极系统有尽可能宽的可用电位范围(或称电位窗)。在这个范围内，介质系统本身不会发生电解反应。只要反应物的氧化还原电位处于该电位窗内，便可选用该系统进行电解。③适合于所需的反应要求，特别是介质与产物不应发生反应。④导电性良好，为此需要加入足够量的导电盐，以降低介质的电阻。

常用的有机溶剂有：乙酸、丙酮、乙腈、二甲亚砜(DMSO)、甲醇、吡啶、四氢呋喃(THF)和二氯甲烷。常用的导电盐有：NaOAc、$LiClO_4$、Bu_4NCl_4、KOH、Et_4NBF_4、Bu_4NBr等。

4. 温度

温度的控制在电有机合成中是十分必要的，主要原因有：①升高温度可降低过电位，通常每升高10K，过电位降低20～30mV。②升高温度可以允许较大的电流密度通过电解池，因而可以缩短电解反应时间。但是升高温度也有不利的方面。例如，某些原来速率很慢的副反应被加速，使电流效率和收率下降，同时会使产物有可能分解。此外对电解槽的设计和要求也复杂了，所以控制电合成反应中的温度在合适的范围是十分必要的。

除以上讨论的因素外，影响电化学有机合成反应的因素还有许多，例如电解液的流动或搅拌、反应物浓度、电极钝化等，可参见有关专著。

§8.4　电化学有机合成的反应类型

电化学有机合成反应的分类方法有两种：一种是按有机反应的特点来分，例如加成反应、取代反应、消除反应、官能团转换反应等；另一种是按电极反应的特点来分，可分为电化学氧化反应和电化学还原反应。下面只介绍后一种分类方法的反应，即电化学氧化反应和电化学还原反应。

8.4.1　电氧化有机合成

电氧化反应包括烃的氧化、官能团的氧化、芳香族的取代反应等。反应过程失去电子，还常常脱去 H^+ 或在 OH^- 存在下脱去 H_2O。

1. Kolbe 脱羧二聚反应

将羧酸的碱金属盐溶液进行电氧化脱羧，生成的自由基发生二聚化反应，得到烃类，反应式为：

$$RCOO^- \xrightarrow{e^-} RCOO\cdot \xrightarrow{CO_2} R\cdot \xrightarrow{二聚} R—R \tag{8-58}$$

第一步形成自由基的电位为 2.1～2.2V，介质为甲醇、含水甲醇或水溶液。此类反应称为 Kolbe 反应，实例有：

$$2CH_3CH_2COO^- - 2e \xrightarrow[MeOH]{Pt} CH_3CH_2CH_2CH_3 + 2CO_2 \tag{8-59}$$

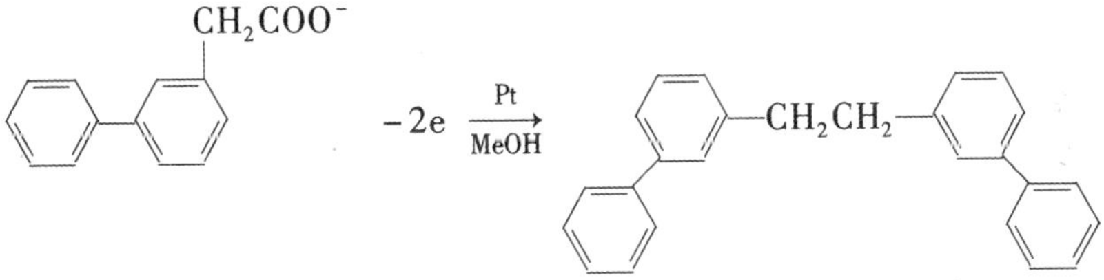

$$(C_6H_5)C_6H_4CH_2COO^- - 2e \xrightarrow[MeOH]{Pt} (C_6H_5)C_6H_4—CH_2CH_2—C_6H_4(C_6H_5) \tag{8-60}$$

2. 烃类的电氧化

(1) 烃类在适当的条件下可以电氧化成醇、酚类化合物，例如：

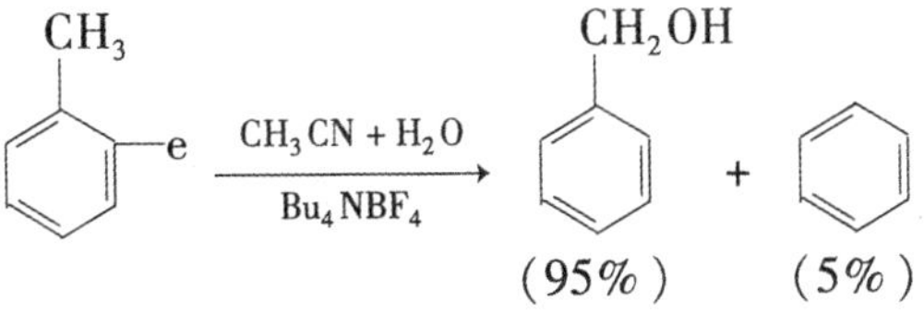

$$C_6H_5CH_3 - e \xrightarrow[Bu_4NBF_4]{CH_3CN + H_2O} \underset{(95\%)}{C_6H_5CH_2OH} + \underset{(5\%)}{C_6H_6} \tag{8-61}$$

以碘苯为均相电催化剂，可以将苯电氧化为苯酚，即：

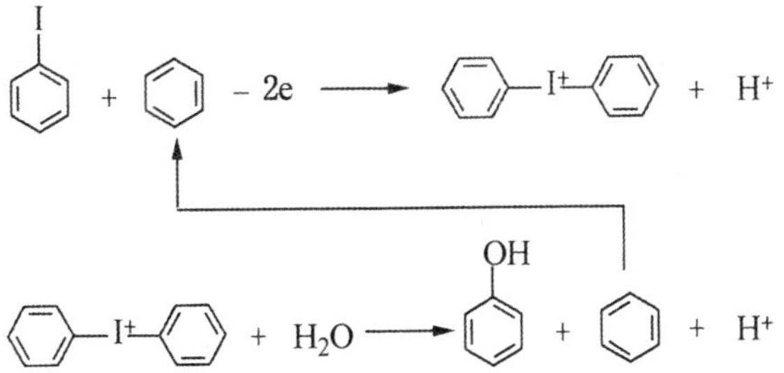

$$C_6H_5I + C_6H_6 - 2e \longrightarrow C_6H_5—I^+—C_6H_5 + H^+ \tag{8-62}$$

$$C_6H_5—I^+—C_6H_5 + H_2O \longrightarrow C_6H_5OH + C_6H_5I + H^+ \tag{8-63}$$

（2）除了电合成醇、酚外，烃类的电氧化还可以合成醛、酮、酯类化合物，例如：

$$CH_2=CH_2-2e+2H_2O \xrightarrow[H_2SO_4]{Au} CH_3CHO+H^+ \tag{8-64}$$

这一方法正在研究中，如能实现工业化，将可以取代乙烯异相氧化法制乙醛的工艺。又如：

$$CH_3CH=CHCH_3-2e+H^+ \xrightarrow[H_2SO_4]{Pt} CH_3-\overset{O}{\overset{\|}{C}}-CH_2CH_3 \tag{8-65}$$

由丁烯电氧化制备甲乙酮的工艺已经实现了工业化，产率为75%～80%，在ESSO化学公司的产量为4.5万t/a。

芳烃电氧化可制备相应的醌类，例如：

$$C_6H_6-6e-6H^++2H_2O \xrightarrow[H_2SO_4]{PbO_2} \text{(1,4-环己二酮)} \tag{8-66}$$

电流效率为60%左右。与此相比，芳环侧链上的烃基氧化更加容易，只要条件和电位合适，可使氧化停止在醛阶段，获得高产率的芳香醛，不像其他化学氧化那样，难于控制。其中各步骤的电位如下：

$$C_6H_5CH_3 \xrightarrow[1.98V]{-2e-2H^+} C_6H_5CH_2OH \xrightarrow[1.80V]{-2e-2H^+} C_6H_5CHO \xrightarrow[>2.0V]{-2e-2H^+} C_6H_5COOH \tag{8-67}$$

由于芳香醛是重要的精细化学品，因此不少研究成果已进行中试，例如：

$$(CH_3)_3C-C_6H_4-CH_3-4e \xrightarrow[CH_3OH/NaClO_4]{C} (CH_3)_3C-C_6H_4-CHO \tag{8-68}$$

$$AcO-C_6H_4-CH_3-4e \xrightarrow[CH_3OH/NaBF_4]{C} AcO-C_6H_4-CHO \tag{8-69}$$

$$(CH_3O)_2(HO)C_6H_2-CH_3-4e \xrightarrow[CH_3OH/H_2SO_4]{Pt} (CH_3O)_2(HO)C_6H_2-CHO \tag{8-70}$$

（3）采用间接氧化法，也可以实现烃类的电氧化，例如用Mn^{3+}/Mn^{2+}系统，可以进行下列过程：

$$\text{3-R-}C_6H_4CH_3 + Mn^{3+} \rightarrow \text{3-R-}C_6H_4CHO + Mn^{2+};\quad Mn^{2+} \xrightarrow{-e} Mn^{3+}\ \text{(电极)} \tag{8-71}$$

丙烯的电氧化可生成环氧丙烷，即：

$$CH_3CH=CH_2 \xrightarrow[H_2O/NaCl]{-e} CH_3-\underset{\displaystyle OH}{\underset{|}{CH}}-CH_2Cl \xrightarrow[NaOH]{+e} CH_3-\underset{\displaystyle O}{CH-CH_2} \tag{8-72}$$

3. 羟基化合物的电氧化

（1）利用 Pt、PbO_2、Fe、Co、Ni 等阳极，可在碱性介质中将甲醇氧化为甲醛，即：

$$CH_3OH - 2e - 2H^+ \longrightarrow CH_2O \tag{8-73}$$

但此反应会继续下去，直至生成甲酸或 CO_2。而苯酚氧化为苯酮的产率则较高，例如在 PbO_2 阳极上，收率达 64%：

$$C_6H_5OH - 2e - 4H^+ \xrightarrow[H_2SO_4]{PbO_2} O=C_6H_4=O \tag{8-74}$$

（2）如果羟基在侧键上，例如苯甲醇，则很容易进行电氧化生成醛。但为了防止过氧化，最好采用间接电氧化法。例如在相转移催化剂 $Bu_4N^+HSO_4^-$ 存在下通过 Br^- 的阳极氧化生成 HBrO，可以实现苯甲醇到苯甲醛的电氧化，产率达 78%。

(8-75)

（3）仲醇的电氧化可以生成相应的酮，例如：

$$Ar-\underset{\displaystyle OH}{\underset{|}{CH}}-Ar - 2e - 2H^+ \xrightarrow[CH_3OH/H_2O]{Pt} Ar-\underset{\displaystyle O}{\underset{\|}{C}}-Ar \tag{8-76}$$

（4）如果反应条件适当，醇还可以电氧化为羧酸，见以下几个实例：

$$(CH_3)_2CH-CH_2OH - 4e - 4H^+ + H_2O \xrightarrow[H_2SO_4]{PbO_2} (CH_3)_2CH-COOH \tag{8-77}$$

$$HOCH_2CH_2COOH - 4e - 4H^+ + H_2O \xrightarrow[NaOH]{Raney\ Ni} HOOC-CH_2-COOH \tag{8-78}$$

$$HC\equiv C-CH_2OH - 4e - 4H^+ + H_2O \xrightarrow[H_2SO_4]{PbO_2} HC\equiv C-COOH \tag{8-79}$$

$$\text{HOCH}_2\text{-C}_6\text{H}_4\text{-CH}_2\text{OH} - 8e - 8H^+ \xrightarrow[\text{KOH}]{\text{NiOOH, Ni}} \text{HOOC-C}_6\text{H}_4\text{-COOH} \quad (8-80)$$

$$\text{山梨醇} + Cr_2O_7^- \longrightarrow \text{维生素 C} + Cr^{3+} \quad (8-81)$$

（Cr^{3+} 经 $-e$ 再生为 $Cr_2O_7^-$）

4. 含杂原子化合物的电氧化

胺的氧化反应产率较低，所以工业上应用不多。对苯二胺可通过电氧化合成一种新的工程塑料单体：

$$H_2N-C_6H_4-NH_2 \xrightarrow[NH_4SCN/HCl]{C} NH_2-\text{(苯并双噻唑)}-NH_2 \quad (8-82)$$

含硫化合物的电氧化可发生 S—S 偶联或生成 S ═O 基，例如二甲亚砜（DMSO）的电合成：

$$CH_3-S-CH_3 \xrightarrow[DMSO/HCl]{C} CH_3-\overset{\overset{O}{\|}}{S}-CH_3 \quad (8-83)$$

8.4.2 电还原有机合成

包括不饱和烃的还原、官能团（碳基、硝基、腈基、亚胺基、肟）的还原以及碳卤键的还原等。在反应时，有电子和质子参加。

1. 不饱和烃的电还原

（1）在质子性溶剂中，不饱和烃可以电还原为饱和烃，例如：

$$CH_3CH=CH_2 + 2e + 2H^+ \xrightarrow{H_2SO_4/Pt} CH_3CH_2CH_3(90\%) \quad (8-84)$$

$$CH_3(CH_2)_5CH=CH_2 + 2e + 2H^+ \xrightarrow{EtOH + LiCl/Pt} CH_3(CH_2)_6CH_3 \quad (8-85)$$

$$\text{环己烯} + 2e + 2H^+ \xrightarrow[EtOH]{Al} \text{环己烷} \quad (8-86)$$

（2）炔烃在适当条件下也可以电还原，产物可能是烯烃或烷烃，例如：

$$PhC\equiv C-CH_2C_4H_9 \rightleftharpoons PhCH=C=CHC_4H_9 \quad (8-87)$$

$$\xrightarrow[DMF]{2e+2H^+} PhCH=CHCH_2C_4H_9 \xrightarrow{2e+2H^+} PhCH_2CH_2CH_2C_4H_9 \quad (8-88)$$

（3）烯烃的加氢二聚化：烯烃双键的还原不占有优势，而烯烃的加氢二聚化则具有重要的工业价值，例如丙烯腈电合成己二腈的反应：

$$CH_2=CH-CN + 2e + 2H^+ \xrightarrow{Pb} NC-(CH_2)_4-CN \quad (8-89)$$

这是目前电化学有机合成中产量最大的反应（25 万 t/a），电流效率可达 85%，选择性为 90%。

在强酸性溶液中，己二腈在 Ni 电极可以电还原为己二胺，这一反应在合成尼龙 - 66 时，是非常重要的一步，反应式为：

$$NC-(H_2)_4-CN + 8e + 8H^+ \xrightarrow{HCl/Ni} H_2N-(CH_2)_4-NH_2 \quad (8-90)$$

2. 有机卤化物的电还原

卤代烃的电还原可以得到相应的烃，例如：

$$CH_3I + 2e + H^+ \xrightarrow[\text{二噁烷}]{Hg} CH_4 + I^- \qquad (8-91)$$

$$C_6H_5Br + 2e + H^+ \xrightarrow[DMF]{Hg} C_6H_6 + Br^- \qquad (8-92)$$

卤代烃还可以电还原脱卤形成 C—C 偶联，例如：

$$2BrCH_2CH_2OH + 2e \xrightarrow{NH_4NO_3/Cu} HO(CH_2)_4OH + 2Br^- \qquad (8-93)$$

3. 羰基化合物的电还原

（1）醛类化合物的电还原：可生成相应的醇，例如丙烯醛在酸性条件下的电还原：

$$CH_2{=}CH{-}CHO + 2e + 2H^+ \xrightarrow{H_2SO_4/Cd} CH_2{=}CH{-}CH_2OH \qquad (8-94)$$

在中性条件下，丙烯醛的电还原将生成 1，3－丙二醇，即：

$$CH_2{=}CH{-}CHO + H_2O \rightleftharpoons HOCH_2{-}CH_2{-}CHO \xrightarrow[Zn]{2e+2H^+} HOCH_2CH_2CH_2OH \qquad (8-95)$$

如果反应条件不同，酮的电还原产物也不同，分别可生成醇、烃或频哪醇（pinacol），即：

$$R_1R_2C{=}O \xrightarrow{+e} \begin{cases} \xrightarrow{\text{稀酸性}} R_1R_2CHOH \\ \xrightarrow{\text{强酸性}} R_1R_2CH_2 \\ \xrightarrow{\text{碱性}} R_2{-}C(R_1)(OH){-}C(R_1)(OH){-}R_2 \end{cases} \qquad (8-96)$$

丙酮在酸性条件下可以加氢二聚生成频哪醇：

$$CH_3{-}\overset{O}{\overset{\|}{C}}{-}CH_3 + 2e + 2H^+ \xrightarrow[H_2SO_4(Cu^{2+})]{Pb} (CH_3)_2C(OH){-}C(OH)(CH_3)_2 \qquad (8-97)$$

樟脑（莰酮）也可以电还原为龙脑，即冰片，广泛用于香料和医药中，反应式为：

$$\text{樟脑} + 2e + 2H^+ \xrightarrow[H_2SO_4/EtOH]{Hg} \text{龙脑} \qquad (8-98)$$

（2）羧酸类化合物的电还原：羧酸化合物的电还原是较困难的，例如由乙二酸合成乙醛酸

$$HOOC—COOH + 2e + 2H^+ \xrightarrow{H_2O_2/Hg} HOOC—CHO \quad (8-99)$$

关于 CO 和 CO_2 电还原合成甲酸、草酸的研究也十分有意义。

4. 硝基化合物的电还原

硝基化合物的电还原是有机电化学中研究最多的一类反应，而且也有许多工业化实例。

（1）脂肪族硝基化合物：它的电还原产物为羟胺化合物，例如：

$$C_2H_5—NO_2 + 4e + 4H^+ \xrightarrow{H_2SO_4 + EtOH/Hg} C_2H_5—NHOH \quad (8-100)$$

电流效率高达93%，但必须控制合适的温度，如果温度过高，则产物主要是胺。

（2）芳香族硝基化合物：如以硝基苯为原料可以合成联苯胺、对氨基苯酚、苯胺等产物，主要依赖于反应条件，例如：

$$C_6H_5NO_2 \xrightarrow{+e} \begin{cases} \xrightarrow[NaOH]{\text{不锈钢}} H_2N—C_6H_4—C_6H_4—NH_2 \\ \xrightarrow[H_2SO_4]{Cu} H_2N—C_6H_4—OH \\ \xrightarrow[HCl/EtOH]{Ni} C_6H_5—NH_2 \end{cases} \quad (8-101)$$

（3）亚硝基化合物：亚硝基化合物一般都还原为胺，例如：

$$HO—C_6H_4—NO \xrightleftharpoons{2e+2H^+} HO—C_6H_4—NHOH \xrightarrow{C} O{=}C_6H_4{=}NH \xrightarrow{2e+2H^+} HO—C_6H_4—NH_2 \quad (8-102)$$

本反应是一个典型的 ECE 反应，即由两个电化学反应夹着一个化学反应。如果亚硝基连在另一个 N 上，则电还原产物为肼，如：

$$R_2N—NO + 2e + 2H^+ \xrightarrow[HCl]{Hg} R_2N—NH_2 \quad (8-103)$$

5. 含硫化合物的电还原

工业上的例子是半胱氨酸的电合成，产率为99%，电流效率为92%。反应式为：

$$\begin{matrix} HOOC—CH(NH_2)—CH_2—S \\ | \\ HOOC—CH(NH_2)—CH_2—S \end{matrix} + 2e + 2H^+ \xrightarrow[HCl]{Pb} 2HOOC—CH(NH_2)CH_2SH \quad (8-104)$$

§8.5 电化学有机合成工业化实例

8.5.1 己二腈的电合成

己二腈是制造尼龙66的中间体，同时又可作为橡胶生产的助剂和除草剂。己二腈的生产方法有：已二酸法、丁烯氯化 - 腈化法、丁烯直接氢氰化法、丙烯腈加氢二聚法。最后一种方法可由电化学反应进行，它首先是由 Baizer 于 1959 年提出的，即将丙烯腈通过阴极加氢生成已二腈。1965 年，美国的 Monsanto 公司将这一方法实现工业化，建成了产量为 15kt/a的已二腈生产车间，后来又扩大到 100kt/a，获得了重大的经济效益。由于这一方法原料价廉易得，反应容易控制，很快得到推广，成为目前规模最大的电化学有机合成工业。

已二腈的电解合成分为两步。首先，以丙烯为原料经氨氧化加工成丙烯腈，反应为：

$$2CH_2{=}CH{-}CH_3 \xrightarrow{NH_3+O_2/\text{催化剂}} 2CH_2{=}CH{-}CN \tag{8-105}$$

然后通过电解，在阴极表面加氢二聚成已二腈：

$$2CH_2{=}CH{-}CN + 2H_2O + 2e \longrightarrow NC(CH_2)_4CN + 2OH^- \tag{8-106}$$

同时在阴极上发生析 O_2反应，即：

$$H_2O{-}2e - 2H^+ \longrightarrow \frac{1}{2}O_2 \tag{8-107}$$

所以总反应为　$$2CH_2{=}CH{-}CN + H_2O \longrightarrow NC(CH_2)_4CN + \frac{1}{2}O_2 \tag{8-108}$$

然而，上述电有机合成反应进行的同时，还受到以下副反应的影响，使产率下降：①生成丙腈及三聚物；②由于阴极区 pH 值提高，生成羟基丙腈和双氰基乙基醚；③由于丙烯腈还原电位很负(-1.9V，vs. SCE)，阴极可能发生析 H_2反应。

为了提高产率，Baizer 提出用季铵盐作为电解质，其阳离子可在阴极表面吸附，形成缺水层，避免丙烯腈游离基阴离子的直接质子化，抑制其生成丙腈的副反应。同时，还能有效地提高丙烯腈在含水介质中的溶解度。

早期的 Monsanto 公司电合成已二腈过程如图 8 - 17 所示，其主要特点有：①阴极液含有高浓度的丙烯腈(16%)和季铵盐(40%)，阳极液为 5% 的 H_2SO_4；②为防止阴极区物质向阳极区扩散，采用了阳离子交换膜；③阴极材料为析氢过电位高的金属(如 Pb)，防止析 H_2；④阳极为 Pb - Ag 合金，降低析 O_2过电位，且提高电极的抗蚀性；⑤为避免阴极区的副反应发生，需将 OH^- 尽快移出阴极区，为此在阴极区固定了一些聚乙烯条作为湍流加速器。

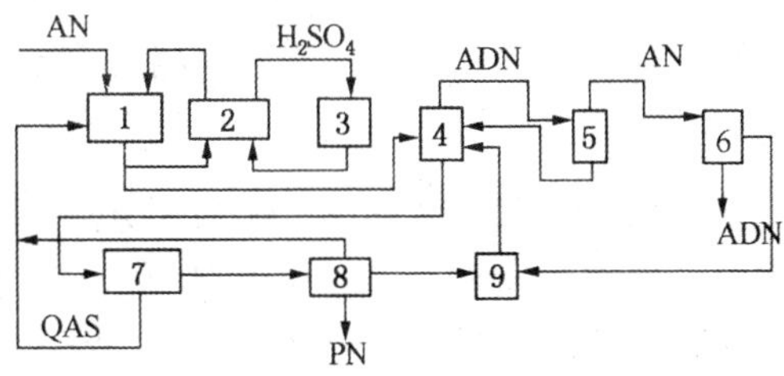

图 8 - 17　Monsanto 合成已二腈工艺流程

1—阴极液加料塔；2—电解槽；3—阳极液加料塔；4—ADN 萃取塔；5—QAS 萃取塔；6—AN 分离塔；7—QAS 浓缩器；8—PN 回收塔；9—渗析塔；AN—丙烯腈；ADN—己二腈；PN—丙腈；QAS—季铵盐

早期的 Monsanto 电解槽为压滤式结构，采用阳离子交换膜为隔膜和双极性电极，共有 16 组电解槽，每槽包括 24 个单元槽。这一工艺的主要缺点有：①能耗高，因采用隔膜和较低电导率的阴极液，槽压的70%用于这两部分。②使用大量的季铵盐成本高，回收麻烦。③电解槽结构复杂，而且要经常更换隔膜。

为了克服以上缺点，20世纪70年代以来，Monsanto公司又开发第二代电解合成己二腈工艺。其主要特点是采用无隔膜电解法。新工艺的电解质由丙烯腈（7%）、Na_2HPO_4（10% ~15%）的水溶液组成，其中仅含0.4%季铵盐，丙烯腈的浓度已达到饱和。阳极改用碳钢，并加入2%硼砂和0.5%EDTA，使阳极腐蚀性降低了95%。表8－2列出了Monsanto第一代和第二代电合成己二腈工艺的比较。除此之外，日本（旭化成公司）、德国（BASF）也对电合成己二腈进行了研究，并分别建成了工厂。

表8－2 Monsanto电合成己二腈工艺

工艺特点及指标	第一代（有隔膜，1965年）	第二代（无隔膜，1978年）	工艺特点及指标	第一代（有隔膜，1965年）	第二代（无隔膜，1978年）
己二腈选择性/%	92	88	过电位/V	1.22	0.87
极间距/cm	0.7	0.18	电解液欧姆降/V	6.24	0.47
电解液电阻率/Ω·cm	38	12	隔膜欧姆降/V	1.69	0
电解液流速/$m \cdot s^{-1}$	2	1 ~1.5	槽压/V	11.65	3.84
电流密度/$A \cdot cm^{-2}$	0.45	0.20	能耗/$kW \cdot h \cdot t^{-1}$	6700	2500
理论分解电位/V	2.50	2.50	温度/℃	30 ~50	—

8.5.2 四烷基铅的电合成

四烷基铅主要是指四乙基铅和四甲基铅。四乙基铅 $Pb(C_2H_5)_4$ 是应用最广泛的汽油抗爆剂，它可提高汽油的辛烷值，改善其燃烧特性，世界产量为500kt/a。采用化学法合成四乙基铅是用钠铅合金与氯乙烷反应，缺点是反应物的残渣中含铅量高，且难以回收。1964年，美国Nalco公司利用格氏试剂（C_2H_5MgCl）和铅丸进行电解，成功地合成了四乙基铅，反应式为：

$$C_2H_5Cl + Mg \longrightarrow C_2H_5MgCl \tag{8-109}$$

阳极反应 $$4C_2H_5MgCl + Pb - 4e \longrightarrow Pb(C_2H_5)_4 + 2MgCl_2 + 2Mg^{2+} \tag{8-110}$$

阴极反应 $$2Mg^{2+} + 4e \longrightarrow 2Mg \tag{8-111}$$

总反应 $$4C_2H_5Cl + Pb + 2Mg \longrightarrow Pb(C_2H_5)_4 + 2MgCl_2 \tag{8-112}$$

反应过程中，不断向溶液中加入氯乙烷，并与阴极析出的Mg重新生成格氏试剂，副产物 $MgCl_2$ 可用于生产Mg。

图8－18是电合成四乙基铅的生产工艺流程图。阳极铅丸装满整个电解槽，阴极由许多矩形钢片组成，插入电解槽内。电解槽面积为6m²，高为6m，在7000A电流下工作，阴极电流密度为50 ~100A/m²。电解液采用四甘醇二乙醚（b. p. >100℃），电解质中含20%格氏试剂和22%的氯乙烷，槽压8V，电耗为4000 ~5000kW·h/t。如果将原料中的氯乙烷改成氯甲烷，即可电合成四甲基铅。

8.5.3 有机氟化物的电合成

有机物分子与碳连接的氢被氟取代生成的化合物称有机氟化物。该化合物具有极好的耐蚀性、耐湿性、电性能和表面活性等性能，所以应用十分广泛。其中有机氟表面活性剂的显著特点有“三高二憎”，即：①高表面活性：能显著降低水或有机液体的表面张力，并在较低的浓度时保持较高的活性，在有机溶剂中有较好的表面活性。②高热稳定性：由于碳氟键很稳定，键能高，热稳定性非常高。如六氟己烷在 800℃才开始分解。一般使用温度可达 300℃以上。③高化学稳定性：在强酸、强碱中也具有良好的稳定性。④憎水性。⑤憎油性。

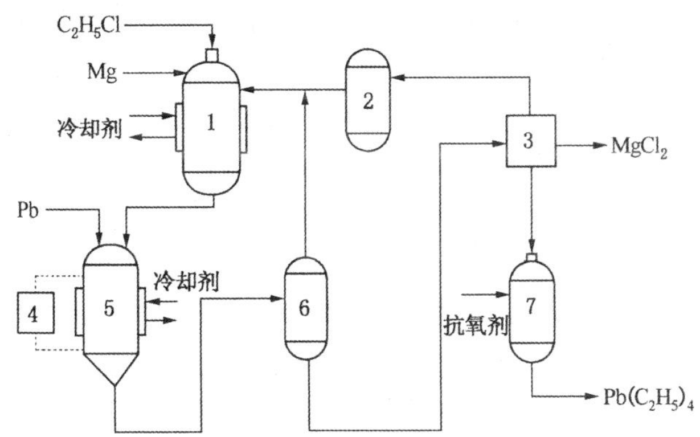

图 8-18　四乙基铅电合成工艺流程图

1—格氏试剂反应器；2—醚类提纯塔；3—烷基铅回收塔；4—整流器；5—电解槽；6—汽提塔；7—搅拌器

有机氟表面活性剂在实际中有许多用途。早期曾用作四氟乙烯乳液聚合的乳化剂，以后逐步用作润湿剂、铺展剂、起泡剂、浮选捕集剂、抗粘剂、防污剂、除尘剂、灭火剂等，广泛应用于纺织、皮革、造纸、选矿、农药、化工等工业中。在电镀铬的工业中，把有机氟表面活性剂（如全氟辛基磺酸钠）加入电解液中，在电解槽液面上可形成一层致密的泡沫，从而阻止铬酸雾的逸出，防止环境污染。这不仅保护了人体健康，而且减少了铬的损失。据称在镀铬池中，只有 10% 的铬用于铬镀层，而有 90% 的铬损失，添加千分之几的全氟烷基磺酸盐便可使损失降低 50%。这是一般表面活性剂所不能达到的，因为镀铬液是强酸、强氧化性的，碳氢表面活性剂很容易被破坏。类似的情况还有金属的蚀刻和表面处理时的应用。有机氟表面活性剂的表面张力极低，这是其水溶液在油面上铺展的有利条件。它隔断了油与空气的接触，成为一种极为有效的油料着火灭火剂，故有机氟表面活性剂被形象地称为"轻水"型火火剂。加有机氟表面活性剂的泡沫灭火剂与一般的泡沫灭火剂相比，具有灭火时间短、防止再燃时间长的优点。有机氟表面活性剂溶于液体蜡，可制成自然发光的离子型和非离子型乳化剂，即乳液上光剂。地板擦上这种上光剂，不需要经过擦亮即有一层发亮的薄膜。在感光胶片工业中，有机氟表面活性剂可用作涂布助剂。有机氟表面活性剂具有憎水、憎油的特性，用它来处理固体表面，可使固体表面抗水、抗油、抗粘、防污、防尘，故可以作为防水剂和防油剂用于纺织、皮革、造纸和化工中。

电解氟化（Electrochemical Fluorination）技术是美国化学家 J. H. Simons 于 1940 年首先发明的，利用电化学反应将氟直接引入反应物分子而生成有机氟化物。传统的化学氟化法有许多缺点，如反应和操作复杂、不易控制加氟量、易爆炸等。电解氟化则可在较安全和温和的条件下进行，反应及加氟量很容易控制，设备也简单，所以显示出很大的优越性，并得到了迅速发展，成为合成有机氟化物的重要方法。1951 美国 3M 公司首先将电解氟化技术实现了工业化。在最初的 Simons 工艺中，是在交替安装了一组镍阳极和铁阴极的钢制电解槽中，加入含有可氟化有机物的无水氟化氢（AHF）稀溶液，通直流电进行电解。电解槽外用冷夹套来移走热量，槽压一般为 5～8V（在镍阳极上 AHF 的分解电压为 10～12V），电流密度大于 2.15A/dm^2。在这样的条件下，氟不会逸出，而氟化产物在阳极生成，产物由于不溶于 AHF 而沉积于电解槽底部或挥发至冷阱中。美国 3M 公司已发展电化学氟化产品 250 多种，产值达 5000 万美元(1986 年)。此外，还有许多大公司也在从事该工艺的研究开发工作，如 Do Pont、ICI、BASF、Hoechst、Bayer、久旭子等。

Simons 方法能够得以如此广泛的重视，与该方法的独特优点有关：①直接用 AHF 作为溶剂和氟源。AHF 是大规模生产的化工原料，价廉易得。而 AHF 的物理化学性质也具有诸多优点：它具有合适的沸点(19.5℃)，黏度低，给电子能力强，介电常数高(83.6，0℃)。因此，大量有机物可溶于其中，并得到导电良好的溶液。对于微溶于 AHF 的有机化合物，可加入导电助剂氟化钠或氟化钾，也可使电化学氟化反应顺利进行。②全氟产物可通过电极反应一步得到，因此具有较高的效率和效益。③对于含有磺酰基、羧基以及杂原子(N、O、S 等)的碳氢化合物，该方法的优点是能够在很大程度上保留其原有的官能团，这是其他方法(如用高价金属氟化物 CoF_3、AgF_2的氟化)很难达到的。④装置简单、操作方便，易于实现大规模工业化。⑤节能。⑥减少环境污染。

3M 公司的电解氟化装置可通过 10kA 电流，产量为 115kg/d，槽压为 5～8V，电解槽为高 180cm、直径 120cm 的钢槽，交错排放着 Ni 阳极和 Fe 阴极。可生产多种有机氟化物，例如：

$$C_7H_{15}COCl \xrightarrow{HF/Ni} C_7F_{15}COF \qquad (8-113)$$

目前，电化学氟化方法有两种，一种是用 Ni 作阳极，在 AHF 中电解制备全氟化物的方法，该方法称为 Simons 法(1941 年)。另一种方法是在 Pt 电极上，以有机溶剂为介质，制备单氟化物的方法，该方法称为 Rozhkov 法(1970 年)。Simons 法主要合成全氟有机物，可制备特种表面活性剂。Rozhkov 法主要用于芳烃的选择性氟化，可制备新型药物(如环丙沙星、络美沙星)和活性染料的中间体等。

电解氟化一般是将有机化合物溶于无水 HF(AHF)中，有时也加入少量支持电解质以提高导电性。在阳极上有机化合物中的 C—H 键则转化为 C—F 键，多重键则被氟饱和。电解氟化时应注意以下几个问题：

(1) 溶剂：常用无水 HF(b.p. =19.5℃)，它既能溶解无机物，又能溶解大多数有机物，并有良好的导电性。在无水 HF 中电解氟化时，常形成全氟有机化合物。由于 HF 沸点较低，近年来也使用有机溶剂(乙腈、砜)进行电解氟化，电解液中加入支持电解质，如 $(C_2H_5)_4NF$、R_4NBF_4(R=烷基)，得到的是部分氟化物。

(2) 电极材料：电解氟化时，阳极材料易损耗。常用的阳极材料有 Ni、Pt、C(多孔碳)和镍合金等。它们的耐蚀性好，收率也较高。

(3) 电流密度：应注意选择和控制，既使反应物氟化，又不产生氟。例如在 Ni 阳极和 HF 介质中，最佳电流密度约为 20～50mA/cm^2，对应的槽压为 5～8V。

(4) 反应物浓度：一般以 5%～15% 为宜。在此范围内，浓度高有利于部分氟化，浓度低有利于全氟化反应。

(5) 温度：一般在 0～20℃。过高会引起 HF 逸出。

Simons 方法提出至今已经 50 年了，其间工艺方法有了许多改进。目的是为了解决重现性差、化学产率低和电流效率不够理想等问题。主要有：①改善传质：采用机械搅拌或通入惰性气体，以及增加循环系统来改善传质，电解过程中反应物的分布得以均匀，电解槽的传热性能得到改善，减少了反应物与电极表面的过度接触，这些效果均有利于化学产率和电流效率的提高。②改进电解方法：采用恒电位电解法，避免了断键引起的副反应。③电极材料：用多孔镍作阳极，也提高了化学产率和电流效率。④电解槽的重新设计：改善传质、传热和槽内电流密度的分布。⑤微机辅助控制和监测。⑥新工艺的出现：如 Phillips 公司提出以多孔碳为阳极，在熔融的 KF · 2HF(100℃)中进行电化学氟化。可电解的有机氟化物也很多，如烃、醇、酮、醛、胺、羧酸和磺酸。可制备许多化合物，如全氟烷、全氟酰氟、全氟二酰氟、全氟醚、*N*－氟代全氟胺、全氟叔胺等。

8.5.4　癸二酸的电合成

癸二酸是一种重要的有机化工原料，主要用于生产尼龙－610、尼龙－1010、聚酰胺树脂，也可作为增塑剂和润滑油的原料，世界产量为 20kt/a。癸二酸的化学合成法是以蓖麻油为原料，在 200℃及 8.5MPa 下与 50% NaOH 溶液进行碱解反应制取的。该法的缺点是原料来源有限，同时反应条件不易控制，副产物多，污染环境。

癸二酸的电合成是 Kolbe 反应的典型应用，它以己二酸单甲酯为原料，通过阳极氧化制得癸二酸二甲酯，再经碱解，即得癸二酸。反应是在无隔膜电解槽中进行的，反应式为：

$$CH_3OOC(CH_2)_4COO^- - 2e \longrightarrow CH_3OOC(CH_2)_8COOCH_3 + 2CO_2 \qquad (8-114)$$

$$CH_3OOC(CH_2)_8COOCH_3 + 2H_2O \longrightarrow HOOC(CH_2)_8COOH + 2CH_3OH \qquad (8-115)$$

图 8－19 是癸二酸电合成工艺流程图，包括己二酸单甲酯的合成、电解、水解三部分。由于羧基离子的放电电位很正，需采用 Pt 或 Ti/Pt 阳极，阴极则可用 Ti 或不锈钢。电解液为己二酸单甲酯、甲醇和水的混合物，为提高导电率可加入 Na_2CO_4，使部分己二酸单甲酯转化为钠盐。为减少 O_2 析出，电解液中含水量控制在 0.15% ～2.5% 范围内。升高温度有利于提高电导，但受甲醇沸点的限制。在温度 50～60℃、电流密度 $10A/dm^2$ 时，电流效率为 70%。

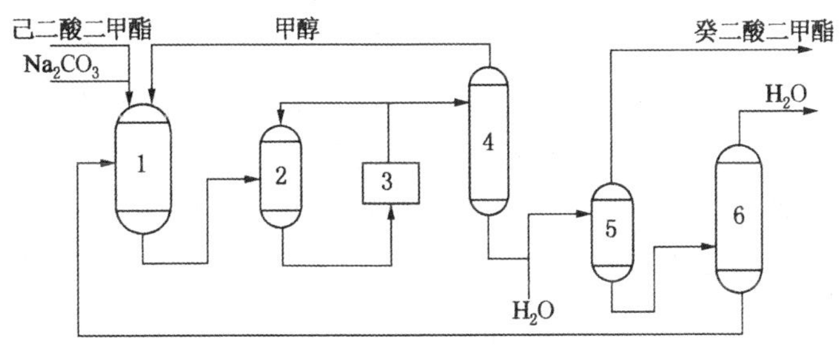

图 8－19　癸二酸电合成工艺流程图

1—电解液制备槽；2—稳压罐；3—电解槽；4—甲醇蒸馏塔；5—渗析器；6—水蒸馏塔

习　　题

1. 电化学有机合成有什么特点？
2. 在可逆和不可逆电极反应中，电极电位和电流密度各有何关系？
3. 写出 Tafel 方程式，说明截距和斜率的物理意义。

4. 电极的催化作用如何表征?

5. 电解硝基苯合成对氨基苯酚时:

$$ArNO_2 + 4e + 4H^+ \longrightarrow HOArN_2H + H_2O$$

加入硝基苯70g，恒电流(8A)电解6h，生成对氨基苯酚45g，求对氨基苯酚的产率和电解过程的电流效率。

6. 什么是恒电位电解?有何特点?画出并说明恒电位仪的原理图。

7. 什么是恒电流电解?有何特点?画出并说明恒电流仪的原理图。

8. 影响电合成的因素有哪些?对各因素有何要求?

9. 什么是Kolbe反应，写出下列反应的产物

$$2PhCH_2COO^- - 2e \xrightarrow{CH_3OH/Pt,\ 2.5V}$$

10. 写出电合成己二腈、四乙基铅、全氟辛酰氟、癸二酸的电极反应式。

第9章　光化学有机合成

光化学是研究在紫外光或可见光作用下进行的化学反应的一门学科，近30年来得到了迅速发展。特别是高强度光源技术、光谱分析技术和分子轨道理论的发展，使人们对许多光化学反应机理有了更深刻的认识，而且为光化学反应的工业应用提供了许多机会，例如己内酰胺和月桂基内酰胺的光合成。

§9.1　光化学基本概念

9.1.1　光对物质的作用

光是一种电磁波，具有波粒双重性质。光的最小单元是光子，一个光子的能量 e 与其运动时的波长有以下关系：

$$e = \frac{hc}{\lambda} \tag{9-1}$$

式中，e 为每个光子的能量，J；h 为 Plank 常数，6.62×10^{-34} J · s；C 为光速，2.998×10^{8} m/s；λ 为光的波长。对于 1mol 光子，所吸收的能量 E 则为：

$$E = Nhc/\lambda \tag{9-2}$$

式中，N 为 Avogadro 常数，$6.023 \times 10^{23}\text{mol}^{-1}$。

分子吸收光能的过程叫“激发”(Irradiation)。激发时，分子将从它的最低能量状态“基态”跃迁至能量较高的“激发态”。分子跃迁的种类有：分子的转动、振动和分子中电子的跃迁。其中分子转动能级的跃迁所需能量很小，只需要远红外区的低能辐射即可发生；分子振动能级跃迁时所需的能量比转动能级的大，常常需要红外区的辐射；而电子跃迁的能量比振动能级大 10 倍以上，电子跃迁产生的激发态才有可能发生化学反应，它要求波长位于可见区和紫外区的较高能量的光辐射。因此，可见光和紫外光区叫作光化学反应区。例如，Cl_2 分子的光解能量是 250kJ/mol，因此可计算出需要波长 $\lambda < 479$nm 的紫光或紫外光就可以使 Cl_2分子解离为 Cl 原子。

为了定量研究光化学，必须知道样品所吸收光的量。对于大多数体系，可以用 Beer 定律来确定光密度，即：

$$OD = \lg\left(\frac{I_0}{I}\right) = \varepsilon CL \tag{9-3}$$

式中，OD 为光密度；I_0为入射光强度；I 为透过样品的光强度；ε 为摩尔吸收系数，它是表征有关分子的一个常数；C 为吸光物质的摩尔浓度；L 为光经过溶液的长度。如果 I_0和 I 已知，则可计算吸收的光强度 I_a，即：

$$I_a = I_0 - I \tag{9-4}$$

9.1.2　光化学反应中的电子跃迁

前面已述及光化学反应区位于可见光和紫外光区。当采用该区光对反应物分子辐射时，分子中的电子将从一个电子轨道跃迁到另一个较高能级的电子轨道，即由基态分子 M 变成激发态分子 M^*，之后才有可能进行化学反应。为了便于理解光化学过程，首先应了解电子受激跃迁过程。

1. 光化学反应的分子轨道类型

分子是由原子组成的，所以分子轨道可以由原子轨道的线性组合来近似地表示出来，称为 LCAO－MO 近似。例如，像 H_2这类双原子分子，其中的两个原子轨道波函数分别为 ψ_a和 ψ_b，则分子轨道可以是

$$\psi_\sigma = \psi_a + \psi_b \quad \psi_\sigma^* = \psi_a - \psi_b$$

式中，ψ_σ是成键分子轨道；ψ_σ^*是反键分子轨道（见图 9－1）。成键轨道 ψ_σ的能量比孤立原子轨道的能量之和低，而反键轨道 ψ_σ^*的能量比原子轨道的能量高。

参与光化学反应的分子轨道有 5 类，即：n、π、π^*、σ 和 σ^* 轨道。

（1）n 轨道（非键轨道）：在分子中若包含有孤对电子（即非键电子对）的杂原子，例如羰基化合物中氧原子上的两个非键电子，当吸收光能后，其中一个电子有可能跃迁到 σ^* 或 π^* 轨道。氧原子上的孤对电子所处的轨道就是 n 轨道，见图 9－2。

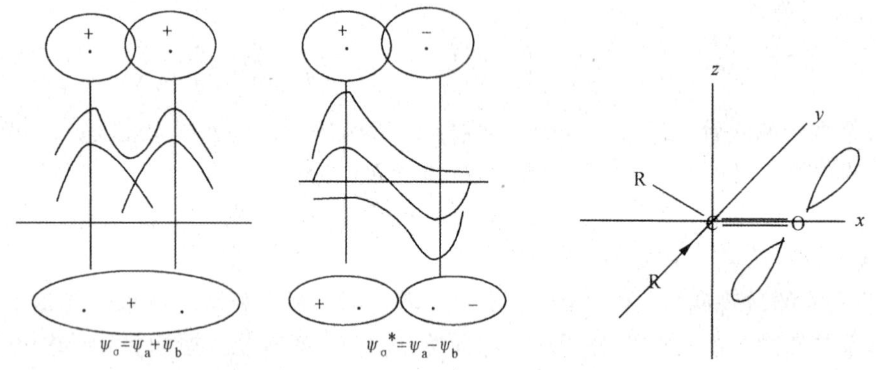

图 9－1 σ 轨道的波函数　　图 9－2 羰基化合物中氧原子的 n 轨道

但是，并不能认为只要有孤对电子就一定是非键电子。例如苯胺中的 N 上具有孤对电子，可是由于它和苯环 π 体系形成共轭，所以就不是非键电子了。

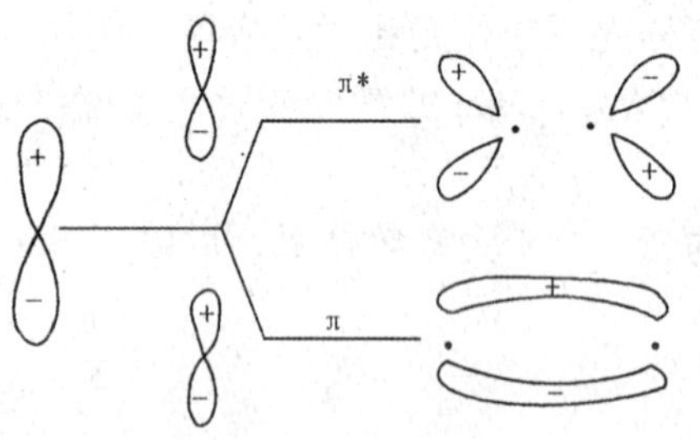

图 9－3 π 键和 π^* 键轨道

（2）π 轨道：分子中的 π 轨道通常由两个原子的 p 电子平行轨道重叠而成，其特征是电子云集中在键轴的上方和下方，见图 9－3。与 π 轨道对应的反键轨道 π^* 轨道能量高于 π 轨道。

（3）σ 轨道：σ 轨道在分子中起到骨架作用，σ 键一般比 π 键强，同时 σ 键对称于键轴，电荷密度集中在两原子中心。在分子中，有三种情况可以形成 σ 轨道：①两个 s 轨道相互重叠；②s 轨道和 p 轨道相互重叠；③两个 p 轨道以一端相互重叠。σ 轨道也有一个对应的反键轨道 σ^* 轨道。σ 轨道和 σ^* 轨道的三种形式见图9－4。

2. 分子的电子跃迁方式和激发态

分子的化学性质主要由该分子中电子分布决定的，光化学引起的反应起因于受激发分子

中新的电子分配。基态和激发态分子中的电子分布和能量，原则上可由 Schrodinger 方程求解得到，但是要引入许多近似条件，十分不方便。所以在习惯上，都是将电子放在某个分子轨道上，把光吸收看作适当轨道间的单个电子跃迁。这种处理虽然不精确，但是很简明，在有机化学和光化学中应用较普遍。式(9－5)是分子吸收光能后电子的跃迁。

(9－5)

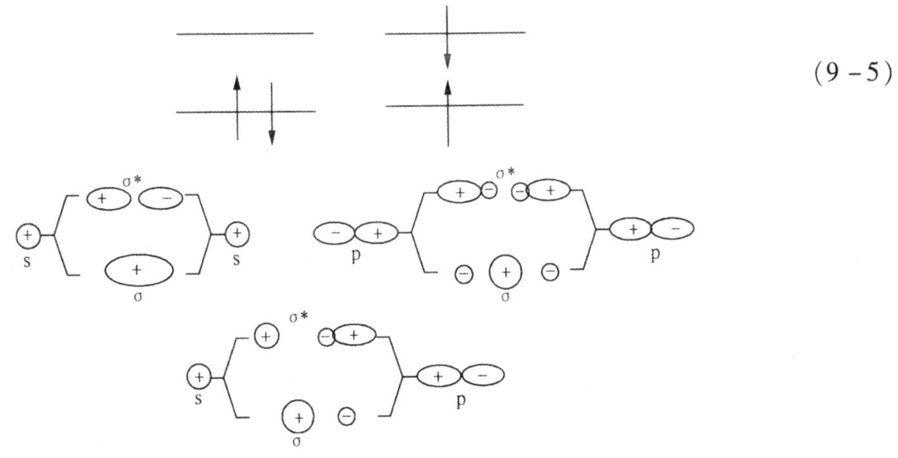

图 9－4　σ 键和 σ^* 反键轨道

(1) 光化学反应中涉及的电子跃迁方式主要有以下 3 种：

① $\pi \rightarrow \pi^*$ 跃迁：烯烃中的 π 键吸收光后，π 轨道中的一个电子跃迁到 π^* 轨道上，即是 $\pi \rightarrow \pi^*$ 跃迁。例如乙烯和甲醛分子中的电子跃迁。$\pi \rightarrow \pi^*$ 跃迁通常是对称性允许的，所以跃迁几率(强度)较大。摩尔吸光系数较高，$\varepsilon = 10^4 \sim 10^5 1/\text{mol} \cdot \text{cm}$。

共轭烯烃随双键数的增加，发生 $\pi \rightarrow \pi^*$ 跃迁所吸收的光波长向长波方向移动，表示跃迁所需的能量在减少，同时极性溶剂也将导致 $\pi \rightarrow \pi^*$ 跃迁能量的降低。

② $n \rightarrow \pi^*$ 跃迁：由于分子中参与形成双键的杂原子(如 O，N，S)具有孤对电子，光激发后杂原子上的孤电子将从非键轨道(n－轨道)跃迁到反键 π^* 轨道，即发生 $n \rightarrow \pi^*$ 跃迁。$n \rightarrow \pi^*$ 跃迁较弱，摩尔吸光系数 $\varepsilon \approx 100\text{mol}^{-1} \cdot \text{cm}^{-1}$。因为孤对电子在空间上不能同 π 系统重叠，所以该跃迁是空间重叠禁阻的。溶剂极性的增加将使 $n \rightarrow \pi^*$ 跃迁能量增加，吸收光波长蓝移，如果质子化程度大，吸收峰会消失。

③ $n \rightarrow \sigma^*$ 跃迁：一些与碳以单键连接的杂原子化合物，如醇、硫醇、胺、卤化烃等，在波长小于 200nm 光作用下，可发生 $n \rightarrow \sigma^*$ 跃迁，同时还可能造成 σ 键断裂，化合物发生解离。

(2) 分子激发态：处在基态的分子吸收一定波长的光后，电子发生跃迁，分子从基态转变到高能态，这个过程称为激发。产生激发态的多重度为 $2S+1$，其中 S 为自旋量子数的代数和，而自旋量子数可以为 $+1/2$(↑)和 $-1/2$(↓)。如果 $S=0$，且有一个电子跃迁到高能轨道时，此时分子所处的状态称为激发单重态。如果一个电子虽跃迁至高能轨道，但是自旋量子数是 $+1/2$，$+1/2$(↑，↓)，或者 $-1/2$，$-1/2$(↓，↓)，即 $S=1$ 时，此时 $2S+1=3$，处于这种状态的分子称为激发三重态。如果原子中分子中含有奇数电子，则 $S=1/2$，$2S+1=2$，称之为二重态。见图 9－5 所示。

当分子从基态变到激发态时，分子中的键一般会增长和变弱，键能下降，分子的极化率也增加，所以会进一步发生化学反应。

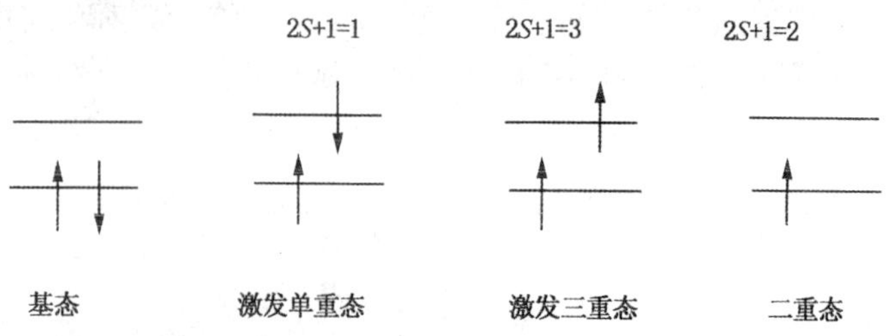

图9－5　分子的基态与激发态的电子分布

3. 受激分子中的能量分配

由于吸收光而引起的分子内部变化可由Jablonski图(图9－6)说明。在该图中，垂直方向为能量，水平方向无物理意义。电子能态用粗线表示，S_0、S_1、S_2分别表示基态、第一和第二激发单重态(电子自旋反向平行或成对)，T_1、T_2表示三重态(电子自旋平行或不成对)。细水平线对应于电子态的振动能级。

(1) 光吸收：在激发光波的一个振动周期内，分子吸收光而被激发。这个时间周期很短，分子的几何构型不能发生变化，这就是Frank－Condon原理。分子吸收光能主要用于电子跃迁，而电子跃迁能量是量子化的，见Jablonski图所示。

(2) 无辐射过程：激发态分子在体系中运动时，要发生去激活过程。主要类型有振动弛豫(Vibrating Relaxation)、内转换(Internal Conversion)和系间过渡(Intersystem Crossing)。振动弛豫是指激发态分子与溶剂分子发生双分子碰撞时，使过剩热振动耗散的过程；内转换是同种多重态间的无辐射跃迁，即单重态到单重态，三重态到三重态，而不能从单重态到三重态，例如$S_2 \rightarrow S_1 \rightarrow S_0$的过程，均是单重态之间的转换；系间过渡是指不同多重态间的辐射跃迁，例如$S_1 \rightarrow T_1 \rightarrow S_0$的过程。

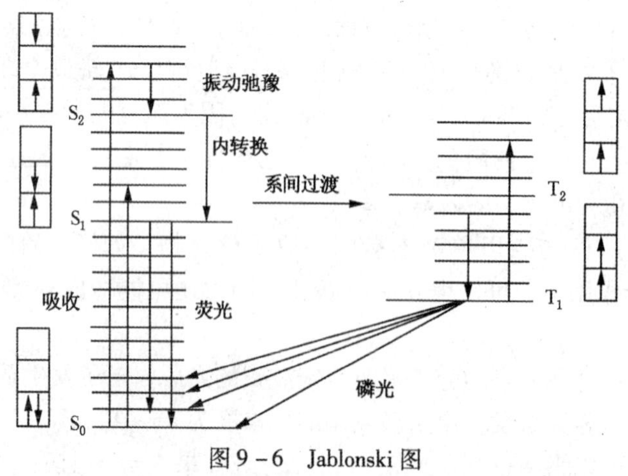

图9－6　Jablonski图

(3) 辐射型跃迁：和内转换及系间过渡相反，辐射过程将导致光发射，即产生磷光(phosphorscence)和荧光(fluorescence)。磷光是三重态到基态跃迁时产生的辐射光，其速率常数较小($k_p = 10^{-1} \sim 10^4 s^{-1}$)。荧光是指单重态间的跃迁而引起的辐射光，其速率常数较大($k_f = 10^7 \sim 10^9 s^{-1}$)。例如精制的蒽结晶或其乙醇溶液，在太阳光或紫外光照射下，呈现青紫色的光，当光照一停止，便不继续辐射光。这个青紫色光就是蒽的荧光。如果把蒽的乙醇溶液装入试管，并放在液氮中，此时如果用紫外光照射，虽然停止照射，但还能见到蒽溶液辐射出的橙色光，而且光的强度渐渐变弱，最后消失。这个橙色光就是蒽的磷光。

9.1.3　光化学动力学

对于一种经过光吸收发生的化学反应：

$$A + h\nu \rightarrow P \tag{9-6}$$

其中反应物 A 可经过最低激发单重态 A^1 和三重态 A^3，生成产物 P，假定反应机理为：

反　应	速　率	反　应	速　率
$A + h\nu \rightarrow A^1$	I_a	$A^3 \rightarrow A + h\nu$	$[A^3]k_p$
$A^1 \rightarrow A + h\nu$	$[A^1]k_f$	$A^3 \rightarrow A$	$[A^3]k_d$
$A^1 \rightarrow A$	$[A^1]k_{ic}$	$A^1 \rightarrow P$	$[A^1]k_r$
$A^1 \rightarrow A^3$	$[A^1]k_{isc}$		

其中符号→表示无辐射过程（如内转换 ic 和系间过渡 isc）。对于光化学反应，效率是由量子产率 Φ（Quantum Yields）来确定的，Φ 定义为：

$$\Phi = \frac{\text{产物的分子数}}{\text{吸收的光量子数}} = \frac{\text{速率}}{I_a} \tag{9-7}$$

如果已知上述机理中所有过程的速率，则可计算生成 P 的量子产率：

$$\Phi_r = \frac{\text{速率}_r}{I_a} \tag{9-8}$$

$$\text{速率}_r = \frac{d[P]}{dt} = k_r[A^1] \tag{9-9}$$

对 $[A^1]$ 运用稳态近似，则可得：

$$\frac{d[A^1]}{dt} = I_a - k_f[A^1] - k_{ic}[A^1] - k_{isc}[A^1] - k_r[A^1] = 0 \tag{9-10}$$

即可求出 $[A^1]$ 值

$$[A^1] = \frac{I_a}{k_f + k_{ic} + k_{isc} + k_r} \tag{9-11}$$

将式（9-11）代入（9-9）和（9-8）两式，则：

$$\Phi_r = \frac{k_r}{k_f + k_{ic} + k_{isc} + k_r} \tag{9-12}$$

由此可见，量子产率仅取决于激发态 A^1 去激活的反应速率常数。对于其他过程也是一样，所以任何特定过程的量子产率可表示为：

$$\Phi_f = \frac{k_f}{k_f + k_{ic} + k_{isc} + k_r} \tag{9-13}$$

$$\Phi_{isc} = \frac{k_{isc}}{k_f + k_{ic} + k_{isc} + k_r} \tag{9-14}$$

而三重态反应的量子产率不仅取决于三重态去激活反应的速率，而且还决定于三重态集居数的效率 Φ_{isc}，即：

$$\Phi_p = \Phi_{isc}\frac{k_p}{k_p + k_d} \tag{9-15}$$

由于上述反应速率和量子产率的关系中可以看出，光化学反应速率常数 k 与量子产率 Φ 是不相关的，Φ 只决定于相对速率常数，所以量子产率和光化学反应速率没有直接关系。对于活性较高的反应(k_r非常大)，如果其他过程也有较大的反应活性(如 k_{ic}和 k_{isc}非常大)，则量子产率将很小。例如异丙醇和某些芳香酮的光化学反应：

$$R-\overset{\overset{O}{\|}}{C}-R + CH_3-\overset{\overset{OH}{|}}{CH}-CH_3 \xrightarrow{h\nu} R_2C(OH)-C(OH)R_2 + CH_3-\overset{\overset{O}{\|}}{C}-CH_3 \qquad (9-16)$$

当 R 为不同芳香基时，反应速率常数不同，但量子产率则基本相同，见表 9－1 所列。

表 9－1　不同 R 时的光化学反应(9－16)量子产率和反应速率常数

R	$\Phi_{丙酮}$	k_r/(l/mol · s)
$—ArCH_3$	0.71	0.70×10^6
—Ar	0.72	1.3×10^6
$—ArCF_3$	0.72	2.8×10^6

§9.2　有机光化学反应类型

9.2.1　光异构化反应

在苯溶液中，烯烃在光照下可发生异构化反应。研究较多的是顺式(cis)芪(Stilbene 即 1,2－苯乙烯)光异构化为反式(trans)芪的反应。

$$\text{cis-PhCH=CHPh} \xrightarrow[Br_2]{h\nu} \text{trans-PhCH=CHPh} \qquad (9-17)$$

在光化学反应中，反应物 M 在某一波长光照射下，往往不起光化学反应，此时若加入另一种物质 S，则 M 可发生光化学反应，加入的物质 S 称为敏化剂(Sensitizer)。例如，366nm 光照射 tran－stilbene ，不发生异构化，但加入少量二苯酮或联苯，则异构化反应很容易进行，并生成 60% 或 90% 的 cis－stilbene。其中加入的二苯酮或联苯就是敏化剂。

敏化剂有两种类型，一种是由于能量转移而产生的敏化作用，即敏化剂 S 首先吸收光而激发，然后将光激发能传递给反应物质 M，从而使 M 发生光化学反应，例如二苯酮对芪光异构化反应的敏化作用；另一种是敏化剂 S 吸收光能，发生化学反应生成自由基，自由基与反应物 M 作用，并被还原为敏化剂 S。例如吖啶在含醇溶液中光还原时，二苯酮所起的敏化作用就属这种类型。

敏化反应的逆过程是猝灭反应。能使反应物不发生光化学反应或者反应产物的量子产率低的物质，称为猝灭剂(Quenchers)，其作用过程称为猝灭过程。发生猝灭的机理有能量转移和自由基反应，这同敏化反应机理类似。例如在二苯酮的醇溶液光还原时，由于存在萘而使反应猝灭，二苯酮吸收光子后，跃迁至 S_1，随即系间过渡到二苯酮的 T_1(三重态)。由于萘的 T_1能量低于二苯酮的 T_1能量，容易发生三重态的能量转移，这时便起到了二苯酮光化学反应猝灭剂的作用，此过程可见式(9-18)。

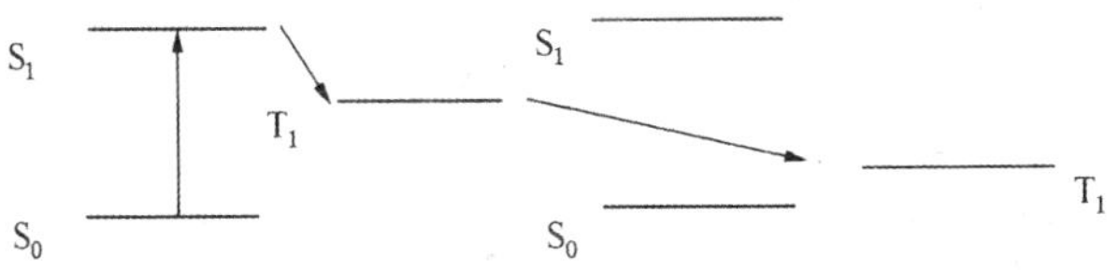

$$\begin{array}{ccc} S_1 & \to T_1 & S_1 \\ \uparrow & & \searrow T_1 \\ S_0 & & S_0 \end{array} \tag{9-18}$$

二苯酮　　　　　　萘

光反应物三重态能量和猝灭剂三重态能量之间的关系有3种情况：①当猝灭剂的三重态能量小于反应物三重态能量时，则发生很好的猝灭。②当二者的三重态能量相近时，则猝灭效率降低；③当猝灭剂的三重态能量高于反应物三重态能量时，不能发生猝灭作用。

1. 芪光敏化异构化

在芪的苯液中照射以313nm的光，则生成的产物中cis-占93%，tran-占7%，不管照射多长时间，这一比例不变。若用366nm光照射，则芪不发生异构化。加入少量光敏剂二苯酮后，则异构化反应极易进行。敏化剂(二苯酮)S_0吸收光成为激发单重态S_1，S_1经系间窜跃生成三重态T_1，T_1可以将能量转移给cis-芪单重态S_c和tran-芪单重态S_t，使之成为三重态T_c和T_t，同时T_c和T_t又会失活到基态，整个反应过程可表示为：

$$T_1 + S_c \xrightarrow{k_1} S_0 + T_c \tag{9-19}$$

$$T_1 + S_t \xrightarrow{k_2} S_0 + T_t \tag{9-20}$$

$$T_c \xrightarrow{k_c} S_c \tag{9-21}$$

$$T_t \xrightarrow{k_t} S_t \tag{9-22}$$

如果光照cis-和tran-芪混合物，既可使前者激发，也可以使后者激发。设混合物中cis-芪浓度为[C]，tran-芪浓度为[T]，则cis-芪异构化为tran-芪的速率为：

$$R_{c\to t} = \frac{k_1[C]}{k_1[C]+k_2[T]} \cdot \frac{k_t}{k_t+k_c} \tag{9-23}$$

同样，tran-芪转化为cis-芪的速率为：

$$R_{t\to c} = \frac{k_2[C]}{k_1[C]+k_2[T]} \cdot \frac{k_c}{k_t+k_c} \tag{9-24}$$

当生成的cis-芪和tran-芪两种异构体的比例不变时，就到了平衡状态，即$R_{c\to t} = R_{t\to c}$，所以由式(9-23)和式(9-24)可得：

$$\frac{k_1[C]}{k_2[T]} \cdot \frac{k_t}{k_c} = 1 \tag{9-25}$$

或

$$\frac{[C]}{[T]} = \frac{k_2 k_c}{k_1 k_t} \tag{9-26}$$

即产物中顺式和反式两种成分的比例是常数。例如加入敏化剂，则由于敏化剂种类的不同，平衡状态时cis-芪和tran-芪的比例也不同。例如以二苯酮为敏化剂时，二苯酮的E_T=290kJ/mol，大于cis-芪的E_T(240kJ/mol)和tran-芪的E_T(210kJ/mol)，可以看作$k_1 = k_2$，由式(9-26)可得：

$$\frac{[C]}{[T]} = \frac{k_c}{k_t} \tag{9-27}$$

又如以萘甲醛为敏化剂时，其三重态能量 $E_T = 240kJ/mol$，此值高于 tran－芪的 E_T 值（210kJ/mol），所以敏化剂以速率常数 k_2 将能量转移给 tran－芪。同时，由于敏化剂的 E_T 和 cis－芪的 E_T 接近，敏化剂与 cis－芪能量交换速率常数 $k_1 < k_2$，所以 tran－芪容易异构化为 cis－芪。

2. 经过自由双基中间体的烃异构化

3－甲基－2－戊烯的 cis－或 tran－的苯溶液当受到 313nm 光照时，虽然二苯酮的三重态能量 E_T(290kJ/mol) 低于 3－甲基－2－戊烯的三重态能量 E_T(335kJ/mol)，但仍可以用二苯酮作敏化剂，使之发生光异构化。异构化产物不仅能使 cis－异构化为 tran－或 tran－异构化为 cis－，而且能够得到氧杂环丁烷(oxcetane)。

二苯酮使 cis－异构化为 tran－的量子产率 $\Phi_{c\to t} = 0.64$，生成氧杂环丁烷的量子产率为 0.16。使 tran－异构化为 cis－的量子产率 $\Phi_{t\to c} = 0.24$，生成氧杂环丁烷的量子产率也是 0.16。其反应机理是通过一个自由基中间体完成的，即：

$$Ar-\overset{O}{\overset{\|}{C}}-Ar \xrightarrow{h\nu} (Ar-\overset{O}{\overset{\|}{C}}-Ar)^* \tag{9-28}$$

$$Ar-\overset{O}{\overset{\|}{C}}-Ar^* + \left.\begin{matrix} CH_3(CH_3)C{=}CH(CH_3)\ (cis) \\ CH_3(C_2H_5)C{=}CH(CH_3)\ (trans) \end{matrix}\right\} \rightarrow Ar_2\dot{C}-O-CH(CH_3)-\dot{C}(CH_3)(C_2H_5) \rightarrow \begin{cases} CH_3(C_2H_5)C{=}CH(CH_3) \\ CH_3(C_2H_5)C{=}CH(CH_3) \\ \text{oxetane: } Ar_2C-C(CH_3)(C_2H_5)-CH(CH_3)-O \end{cases} + Ar-\overset{O}{\overset{\|}{C}}-Ar \tag{9-29}$$

其中激发的二苯酮作为中间体加成到 cis－或 tran－上，生成自由双基中间体 X，并使烯烃的双键成为单键，分子内旋转后，生成异构体，同时分子内缩合生成氧杂环丁烷。

9.2.2 光加成反应

1. 羰基化合物和烯烃的光加成反应

例如丙醛和环己烯一起光照，则丙醛首先成生自由基(1)，之后自由基(1)加成到环己烯上，生成自由基(2)，自由基(2)从丙醛或环己烯上抽取氢而生成酮(3)，即：

$$C_2H_5CHO \xrightarrow{h\nu} \underset{(1)}{C_2H_5\dot{C}O} + H^{\bullet}$$

$$C_2H_5\dot{C}O + \text{环己烯} \longrightarrow \underset{(2)}{\text{2-}(COC_2H_5)\text{环己基自由基}}$$

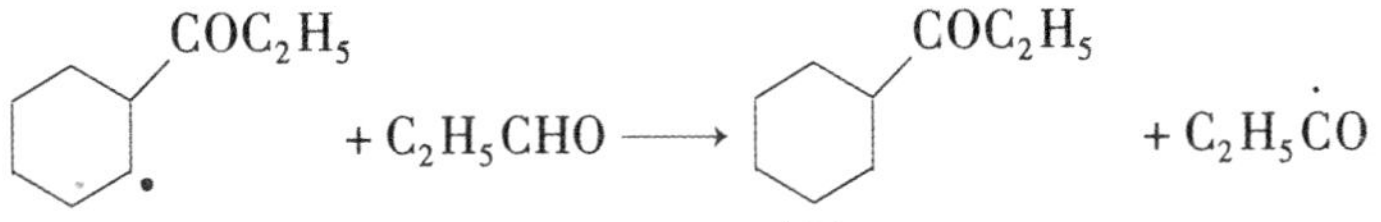

(9-30)

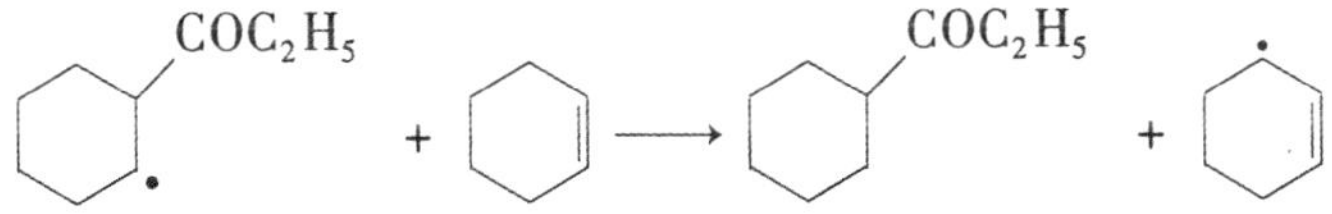

同时，丙醛吸收光后，生成激发态醛，并从环己烯中抽取氢生成不饱和醇。

$$C_2H_5CHO \longrightarrow C_2H_5CHO^*$$

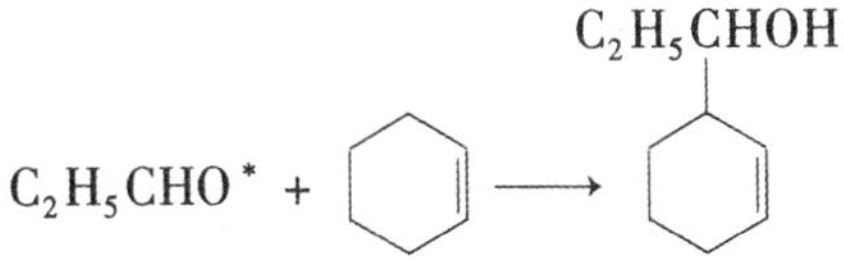

(9-31)

如果用芳香醛(如苯醛)与环己烯进行光加成，则除了生成自由基产物外，还同时生成氧杂环丁烷，即：

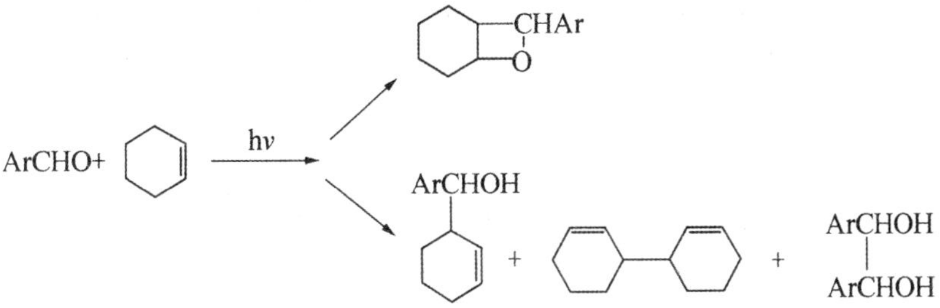

(9-32)

激发态的苯醛和环己烯的双键发生加成反应，并从环己烯中抽取氢而得到不饱和醇。

由以上结果可见，虽然丙醛和苯醛都是羰基化合物，但是前者得不到氧杂环丁烷，而后者却得到氧杂环丁烷。其理由在于苯醛加成烯烃能得到稳定的自由双基中间体(5)。自由双基体(4)和(5)比较可知，(5)上的未成对电子(·CHAr)可与苯基共轭，因而较稳定。再由自由基中心键合，容易给出氧杂环丁烷。

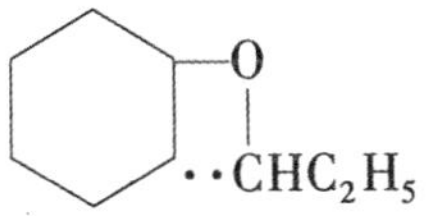

(4) 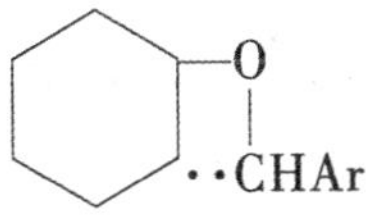 (5)

2. 不饱和键分子间的加成环化

一般脂肪族烯烃的激发单重态能量较高，同时系间窜跃到三重态的量子产率又低，所以烯烃自身的三重态光加成反应的可能性较小。但是如果加入敏化剂，可使烯烃敏化成为三重态进行加成环化。例如，丙酮作敏化剂，光照环己烯，则发生二聚反应生成环丁烷衍生物，反应机理是经过三重态自由双基中间体：

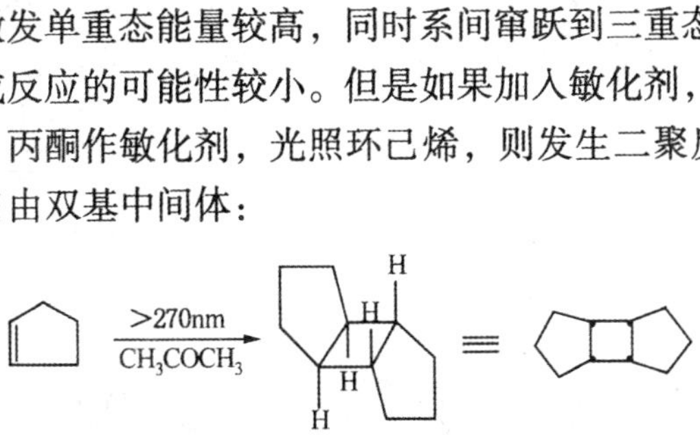

(9-33)

而没有敏化剂存在和有敏化剂存在时，不饱和化合物加成会得到不同立体结构的二聚体。例如，香豆素的乙醇溶液，受光照会得到头－头 syn－二聚体。但在香豆素的苯溶液中加入二苯酮敏化剂，光照的结果是生成头－头 anti－二聚体，少量的副产物是头－尾 anti－二聚体。其原因是二苯酮三重态（E_T = 290kJ/mol）能量转移，生成香豆素三重态（E_T = 260kJ/mol），进一步与香豆素作用生成 anti 二聚体：

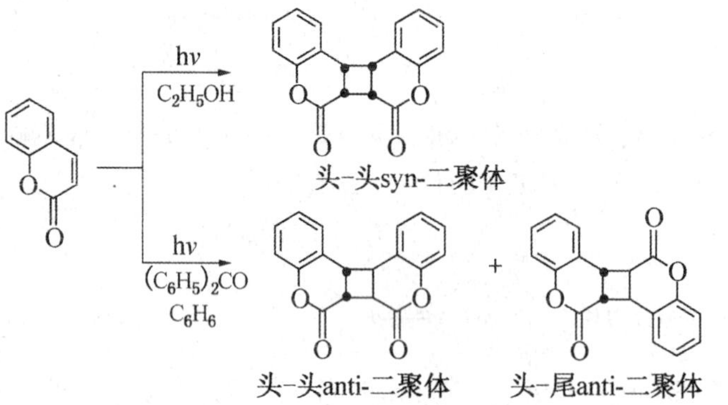

hν, C_2H_5OH → 头-头syn-二聚体

hν, $(C_6H_5)_2CO$, C_6H_6 → 头-头anti-二聚体 + 头-尾anti-二聚体

(9－34)

处于基态的不饱和键，电子电荷转移生成的配合物叫电荷转移配合物（CT 配合物）。此配合物经光照后激发，并发生加成环化反应。例如环己烯基态和马来酸基态生成的电荷转移配合物（λ_{max} = 270nm），在光照后，激发生成一系列缩环化合物及一些非缩环化合物：

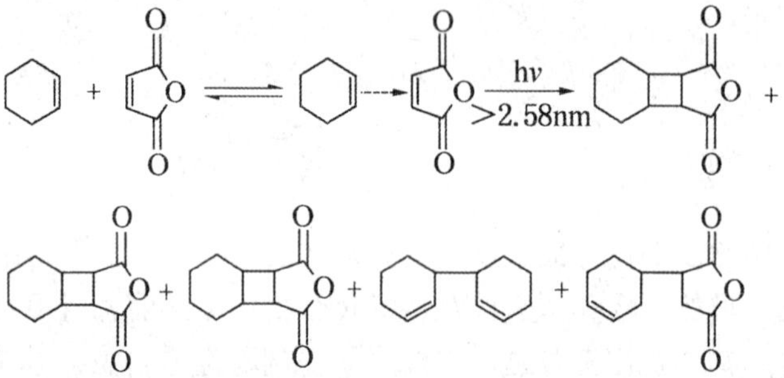

hν, >2.58nm

(9－35)

丁二烯在室温下主要以 tran－形式存在（96%），cis－形式只占 4%。丁二烯稀溶液光照后，则发生如下反应，生成环丁烯和二环丙烷：

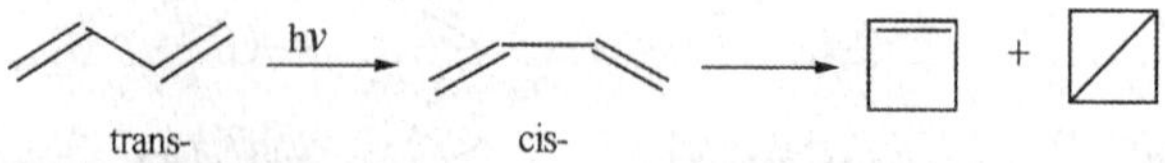

trans- —hν→ cis- → □ + □

(9－36)

如果丁二烯浓度较高，同时敏化剂（$^3D^*$）的能量大于 250kJ/mol，则敏化剂三重态主要向 tran－体进行能量转移，生成 tran－丁二烯三重态，之后再与 tran－丁二烯基态加成至自由双基中间体，给出环丁烷衍生物。如果敏化剂的能量小于 250kJ/mol，敏化剂三重态向 cis－体发生能量转移，结果是 cis－丁烯三重态和 tran－丁二烯基态加成，生成自由双基中间体，得到环已烯衍生物：

trans- —$^3D^*$, E_T>250kJ/mol→

cis- —$^3D^*$, E_T>250kJ/mol→

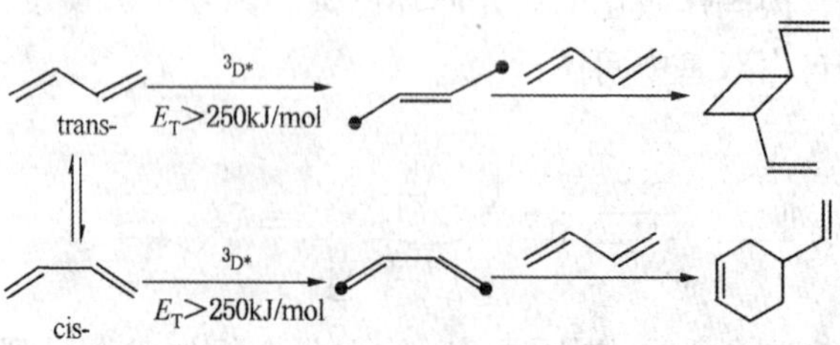

(9－37)

3. 协同光加成环化

协同光加成就是 π 电子体系间的加成环化，由反应物一步转化为产物。而非协同光合成反应是阶段式加成环化反应，即经过自由双基中间体。协同加成环化是 1965 年 Woodward - Hoffmann 提出的，所以又称Woodward - Hoffmann 规则。图 9 - 7 是协同反应和非协同反应能量示意图。

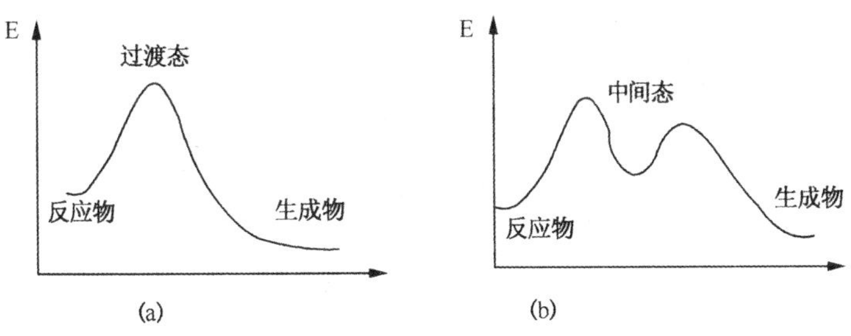

图 9 - 7　协同反应(a)和非协同反应(b)的能量变化

在协同反应的能量曲线中只有一个过渡态，而在非协同反应中，能量变化曲线在中间态上有一“能谷”存在。协同光加成反应有分子内双键加成环化和分子间加成环化两种。

(1) 分子内双键加成环化：以丁二烯为例，说明分子内双键的协同光加成环化。由 Hückel 分子轨道法处理丁二烯分子，得到四个分子轨道 ψ_1、ψ_2、ψ_3、ψ_4。基态时最高充满的分子轨道为 ψ_2，最低空分子轨道是 ψ_3，在化学反应中主要是 ψ_2 和 ψ_3 参与反应，称之为前线轨道，见图 9 - 8 所示。

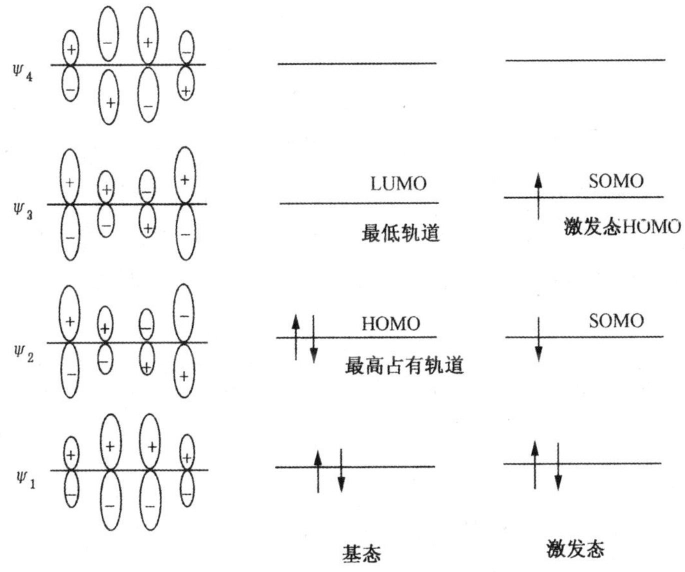

图 9 - 8　丁二烯分子轨道示意图

实际上，丁二烯的热环化反应和光环化反应的结果是不一样的。在加热情况下，丁二烯是以基态的最高占有轨道 ψ_2 进行环化反应的。而在光照时，丁二烯分子成为激发态，ψ_3 成为它的最高占有轨道，所以在环化时应按照对旋方式闭合，见图 9 - 9。

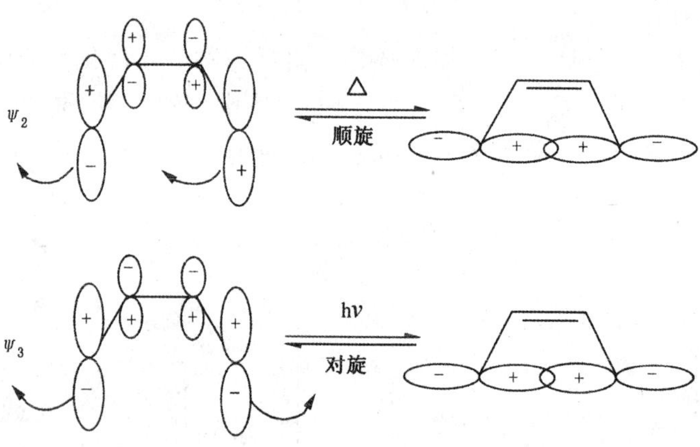

图 9-9　丁二烯的环化反应

分子内 π 键加成环化反应，称为 π 键环化反应，又称电环化反应(Electrocyclic Reaction)，是一个可逆反应，在有机合成化学和物理有机化学中占有重要地位，下面是一些电环化反应的实例：

hν　(9-38)

CH_3　hν　CH_3　(9-39)

hν　(9-40)

这些反应物分子和丁二烯分子一样，都具有 $4n(n=1)$ 个 π 电子，当以热反应进行电环化时，前线轨道都以顺旋方式闭合；而当光照射时，即以光反应进行电环化时，前线轨道是以对旋方式进行闭合。另外，还有一些分子具有 $4n+2$ 个 π 电子，它们的电环化反应与 $4n$ 个 π 电子分子电环化反应是相反的，即热反应是对旋的，而光反应是顺旋的，见表 9-2。

表 9-2　电环化反应选择定则

π 电子数	反　应	允许模式	π 电子数	反　应	允许模式
$4n$	热	顺　旋	$4n+2$	热	对　旋
$4n$	光	对　旋	$4n+2$	光	顺　旋

下面是几个 $4n+2$ 个 π 电子分子的电环化反应：

CH_3　hν　CH_3　(9-41)

hν　H　O_2, I_2　(9-42)

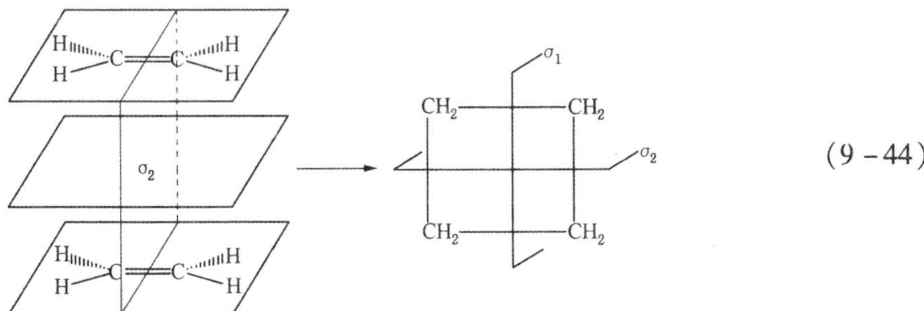

(9-43)

(2) 分子间的双键的协同加成环化：例如，两个乙烯环化加成生成环丁烷：

(9-44)

其中对称性平面 σ_1 和 σ_2 表征两个乙烯分子中的 π、π^*，σ、σ^* 轨道的对称状态。图9-10是上述 π、π^* 轨道在两个对称面 σ_1 和 σ_2 上的投影。因为共有两个 π 键的4个C原子轨道，所以构成如图9-10所示的4个新分子轨道。当两个乙烯分子平面相互接近时，分子的 π 轨道发生重叠而形成 σ 键，成为环丁烷。两个对称面 σ_1、σ_2 在反应过程中保持不变，所以轨道对称性也不变，因此SS变换到SS，SA变换到SA。

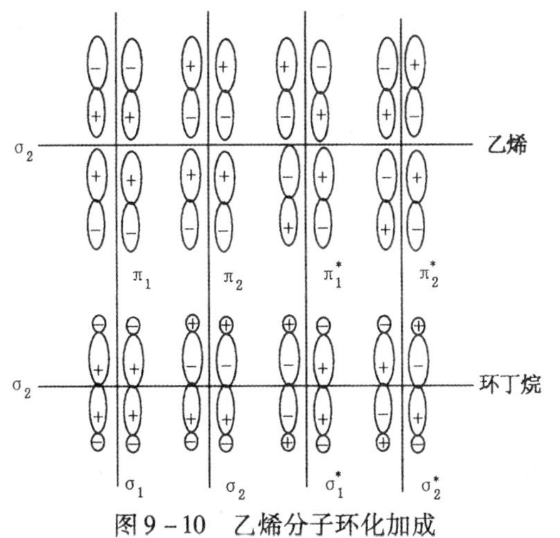

图9-10　乙烯分子环化加成反应的 π 轨道及环丁烷的 σ 轨道

图9-11是乙烯环化成环丁烷的反应相关图。乙烯的基态反应(热反应)只涉及 π_1 和 π_2，其中 π_1 导致成键，π_2 导致反键，所以是热禁阻反应。而对于光反应，涉及乙烯分子激发态 π_1^*、π_2^*，其中 π_1^* 导致成键，所以是光致允许反应。

上面讨论的是在相同面上形成或分裂的环化加成反应(同面过程)。另外，还有在反应体系异面形成或分裂的环化加成反应(异面过程)。

(9-45)

同面过程(S)　　异面过程(A)

分子间环化加成反应选择定则见表9-3，其中 m、n 为加成的两个分子的 π 电子数，q 是整数。

表9-3　环化加成反应选择定则

$m+n$	热致允许	光致允许
$4q$	S+A	S+S A+A
$4q+2$	S+A	S+A A+S

注：S代表同面过程，A代表异面过程。

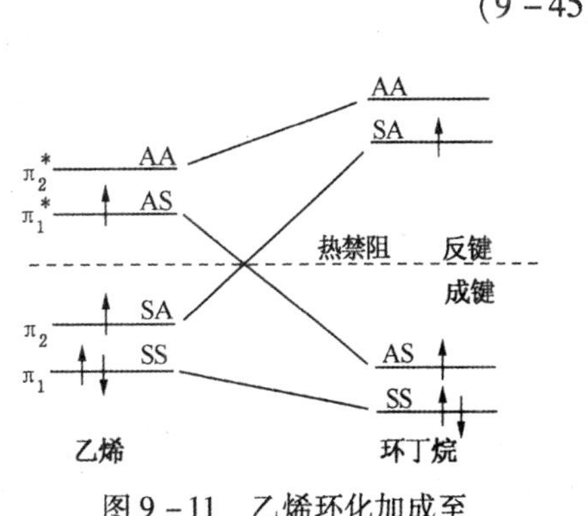

图9-11　乙烯环化加成至环丁烷反应的相关图

9.2.3 有机化合物的光解和光转位

1. 碳基化合物的光解

在光的作用下，碳基化合物 α 位发生光解，生成自由基：

$$R(R_1)C{=}O \xrightarrow{h\nu} R{-}\dot{C}{=}O + \cdot R_1 \tag{9-46}$$

例如甲乙酮气体经光辐射时，α 光解反应为：

$$CH_3{-}\overset{O}{\overset{\|}{C}}{-}CH_2CH_3 \xrightarrow{h\nu} \begin{cases} \xrightarrow{\Phi_1} CH_3\dot{C} = O + CH_3CH_2\cdot \\ \xrightarrow{\Phi_2} CH_3CH_2\dot{C} = O + CH_3\cdot \end{cases} \tag{9-47}$$

当入射光波长为 313nm 时，量子产率比 $\Phi_1/\Phi_2=40$，说明主要以乙酰自由基和乙基自由基为主；而当入射光波长为 265.4nm 时，则 $\Phi_1/\Phi_2=5.5$，说明两种反应路径的比例发生了变化，第 2 种路径比例增大。反应式(9－47)又称 Norrish 反应。

2. Fries 光转位和 Claisen 光转位

(1) Fries 光转位：即苯基酯的光转位反应。羧酸苯基酯受光照，苯酰基转移到邻位和对位上，同时生成苯酚。例如安息香酸苯基酯的光转位生成邻、对位羟苯基苯酮和苯酚，其中 Ar 代表苯基。苯基酯光转位产物的比例受溶剂极性的影响，例如：

$$C_6H_5{-}O{-}\overset{O}{\overset{\|}{C}}{-}Ar \xrightarrow{h\nu} C_6H_5{-}O{\cdots}\overset{O}{\overset{\|}{C}}{-}Ar \longrightarrow o\text{-}HOC_6H_4COAr + p\text{-}HOC_6H_4COAr + C_6H_5OH \tag{9-48}$$

如果溶剂是乙醚，则邻位: 对位 = 1: 1；如果溶剂中加入甲醇 33%（体积），则邻位: 对位 = 3: 1。加入三重态猝灭剂(1,3 - 戊二烯)，并不能抑制苯基酯的光转位。所以苯基酯的光转位是激发单重态所引起的。

(2) Claisen 转位：即丙烯基苯基醚的光转位。在光照下，丙烯基苯基醚会得到邻位和对位丙烯基苯酚和苯酚，即：

$$C_6H_5{-}O{-}CH_2CH{=}CH_2 \longrightarrow C_6H_5{-}O{\cdots}CH_2CH{=}CH_2$$

$$\begin{cases} \xrightarrow{\text{“笼”内}} o\text{-}(CH_2CH{=}CH_2)C_6H_4{-}OH + HO{-}C_6H_4{-}CH_2CH{-}CH_2 \\ \xrightarrow{\text{“笼”外}} C_6H_5{-}O\cdot + \cdot CH_2CH{=}CH_2 \end{cases} \tag{9-49}$$

该反应机理为：丙烯基苯基醚光分解成苯氧自由基和丙烯自由基，在溶剂“笼”内反应而得到邻位和对位体。在“笼”外，扩散的苯氧基从溶剂中抽取氢而生成苯酚。同 Fries 光转位一样，Claisen 光转位也是由激光单重态所引起的。

3. 含氮化合物的光分解

(1) 叠氮化合物的光分解：叠氮化合物受光或受热后发生分解，放出 N_2 和生成氮烯(nitrene)，即：

$$RN_3 \xrightarrow{h\nu} RN: + N_2 \qquad (9-50)$$

例如 2-叠氮联苯受 300nm 光的作用，分解成咔唑和 2,2′-二苯基重氮苯：

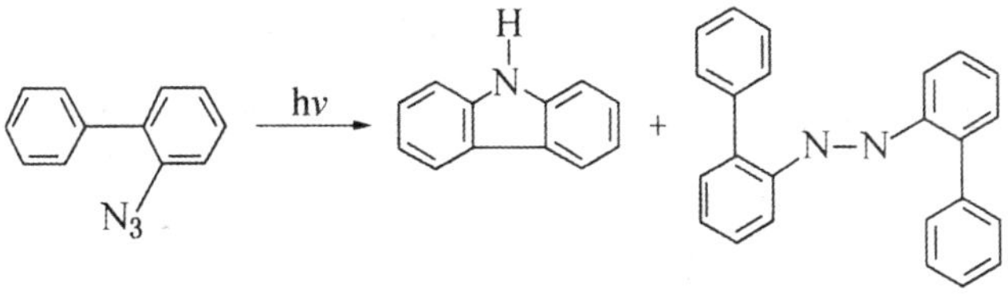

(9-51)

其中咔唑是由叠氮化合物激发单重态分解而成，2,2′-二苯基重氮苯则是由叠氮化合物激发三重态生成。

(2) 偶氮化合物的光分解：偶氮甲烷的苯溶液或正己烷溶液，光照后生成 N_2 和乙烷，即：

$$CH_3N{=}NCH_3 \xrightarrow{h\nu} 2CH_3\cdot + N_2 \qquad (9-52)$$

当有菲、三亚苯、蒽或丙酮存在时，偶氮甲烷会敏化分解，而有二苯酮存在时，则不发生敏化分解。这说明该偶氮化合物的反应是 $n\rightarrow\pi^*$ 单重激发态机理。偶氮化合物分解的“笼效应”，使甲基自由基生成了乙烷，同时也使反应逆向进行，即又回到原来的偶氮化合物。当溶剂的黏度增加时，光解产物向“笼”外扩散减慢，使自由基相互结合，生成原来的反应物，例如：

$$\mathrm{Ar{-}\underset{C_2H_5}{\overset{CH_3}{C}}{-}N{=}N{-}Ar} \overset{h\nu}{\rightleftharpoons} \mathrm{Ar{-}\underset{C_2H_5}{\overset{CH_3}{C}}\cdot + \cdot N{=}N{-}Ar} \qquad (9-53)$$

9.2.4 光氧化和光还原

1. 光氧化反应

光氧化反应是指 O_2 对有机分子的加成。光氧化过程有两种途径：光激发分子 M 和 O_2 进行加成；基态分子 M 和激发 O_2 的加成。激发态分子一般可由敏化剂的激发三重态来产生。例如，异丙醇的二苯酮光敏化氧化。首先，二苯酮吸收光子成为激发单重态，经系间窜跃形成激发三重态，之后抽取异丙醇分子中的氢，使异丙醇成为自由基，该自由基与基态 O_2 作用生成过氧化自由基，并再和异丙醇作用，生成氢化过氧化物，进一步分解成酮和过氧化氢。同时氢化二苯酮自由基能与过氧化自由基作用而生成二苯酮。因此二苯酮在反应中没有消耗，只起敏化作用。反应如式(9-54)所示。该反应所采用的敏化剂，其 E_T 能量较高，例如 Ph_2CO 的 $E_T = 286.6$kJ/mol，蒽醌的 $E_T = 261.5$kJ/mol。这种光氧化反应也适用于醚和烃类。

$$Ph_2CO \xrightarrow{h\nu} Ph_2CO(T_1)$$

$$Ph_2CO(T_1) + (CH_3)_2CHOH \longrightarrow Ph_2\dot{C}OH + (CH_3)_2\dot{C}OH$$

$$(CH_3)_2\dot{C}OH + O_2 \longrightarrow (CH_3)_2C(OH)—O—\dot{O} \xrightarrow{(CH_3)_2\dot{C}OH} (CH_3)_2C(OH)(OOH) \longrightarrow (CH_3)_2C{=}O + H_2O_2$$

$$Ph_2COH + (CH_3)_2C(OH)—O—O\cdot \longrightarrow Ph_2CO + (CH_3)_2C(OH)—O—O—H \qquad (9-54)$$

和上述反应不同，敏化剂的激发三重态也可以将激发能转移给基态 O_2，使 O_2成为激发单重态，再与烃反应，生成过氧化物。例如，以玫瑰红作敏化剂，四甲基乙烯的光氧化反应：

$$玫瑰红\ S_0 \xrightarrow{h\nu} 玫瑰红\ S_1 \longrightarrow 玫瑰红\ T_1 + O_2 \longrightarrow 玫瑰红 + O_2^* \qquad (9-55)$$

$$(CH_3)_2C{=}C(CH_3)_2 + O_2^* \longrightarrow (CH_3)_2C(OOH)—C(CH_3){=}CH_2 \qquad (9-56)$$

这类反应的敏化剂 E_T一般较低，如玫瑰红、曙红、亚甲基蓝、核黄素（维生素 B_2）和叶绿素等 E_T只有 125.5～209kJ/mol。

2. 光还原反应

光还原反应是氢原子对某一分子的光加成反应。研究较多的是羰基化合物的光还原反应。在多数情况下，光还原是经过羰化合物三重态进行的。例如二苯基甲醇中二苯酮的光还原：

$$Ph_2CO \xrightarrow{h\nu} Ph_2CO(T_1)$$

$$Ph_2CO(T_1) + Ph_2CHOH \longrightarrow 2Ph_2\dot{C}OH \longrightarrow Ph_2C(OH)—C(OH)Ph_2 \qquad (9-57)$$

其中抽氢效率受到羰基化合物激发三重态的性质、羰基化合物的结构、R—H 键的解离能和所用的溶剂的影响。

（1）羰基化合物激发三重态性质：一般羰基化合物的抽氢反应，T_1态如果来自于 $n\to\pi^*$ 激发，则抽氢效率就高。如果来自于 $\pi\to\pi^*$ 激发，则抽氢效率就低。T_1态属于 $n\to\pi^*$ 激发的有苯乙酮、二苯酮和丙酮在异丙醇中的抽氢光还原。T_1态属于 $\pi\to\pi^*$ 激发的有萘甲醛、萘乙醛和对苯基二苯酮在异丙醇中的抽氢光还原。具有对位取代基的二苯酮也可以进行光还原反应，但它的三重激发态既不是 $n\to\pi^*$ 激发，也不是 $\pi\to\pi^*$ 激发，而是电荷转移。例如氨基二苯酮，对位取代基是强的电子供给性基团，在分子内由电子供给性基团向碳基产生电荷转移，生成激发态：

$$H_2N^+-C_6H_4-C(O^-)-C_6H_5$$

它在极性溶剂中比较稳定，因此不发生光还原反应。但在非极性溶剂中则容易发生抽氢反应。

(2) 羰基化合物结构的影响：具有邻位取代基的烷基苯酮类，在光的作用下形成 6 员环式的中间过渡态，结果发生分子内抽氢反应。例如邻甲基二苯酮的光还原：

$$o\text{-}CH_3C_6H_4C(=O)Ph \xrightarrow{h\nu} [\text{六员环过渡态}: C(Ph)-O\cdot\cdots H\cdot-CH_2] \longrightarrow \text{烯醇}: C(Ph)(OH)=C_6H_4=CH_2 \quad (9-58)$$

能够应用于碳基化合物光还原的氢供体有：胺类、醇类、烃类和酚类。

§9.3　工业光有机合成

在自然界中最重要的光有机合成就是光合作用，即 CO_2 和 H_2O 在光的照射下转化为碳水化合物，并放出氧气。同样利用光有机合成，在工业上也合成了许多化合物。例如光卤化合成氯苯、光亚硝基化合成 ε－己内酰胺、光氧磺化合成高碳烷基磺酸等。

9.3.1　光卤化合成

利用光照射的方法，可以使卤分子 Cl_2、Br_2、I_2 等发生均裂而生成自由基，即：

$$X_2 \longrightarrow 2X\cdot \quad (9-59)$$

其中 X＝Cl，Br，I。产生的自由基可以和烃类等分子发生卤化反应，即：

$$RH + X\cdot \longrightarrow R\cdot + HX \quad (9-60)$$

$$R\cdot + X_2 \longrightarrow RX + X\cdot \quad (9-61)$$

自由基反应发生的快慢取决于引发条件。以紫外光照射最有利，因为紫外光有较高的能量。以氯化为例，Cl_2 的光化离解能为 250kJ/mol，能使 Cl_2 发生光化离解的最大波长不超过 478.5nm。光的波长越短，光子能量越强。但波长小于 300nm 的紫外光不能透过玻璃。所以在工业生产中，常采用富于紫外光的日光灯光源来照射，波长范围在 400～700nm 之间。表 9－4 是卤素分子光卤化的能量。

表 9－4　卤分子光离解所需能量

卤　素	光照极限波长/nm	光离解能/kJ·mol^{-1}
Cl_2	478	250
Br_2	510	234
I_2	499	240

由甲苯光氯化可合成氯化苄，反应在搪瓷釜或搪玻璃塔式反应器中进行。生产二氯化苄需要在玻璃塔中用日光灯照射。生产三氯化苄除加热、光照外，还需加入芳烃质量的 0.01%～0.1% 引发剂，在 110℃ 的沸腾条件下反应。反应式为：

$$ArCH_3 + Cl_2 \xrightarrow{h\nu} ArCH_2Cl + HCl \quad (9-62)$$

$$ArCH_2Cl + Cl_2 \xrightarrow[>100℃]{h\nu} ArCHCl_2 + HCl \qquad (9-63)$$

$$ArCHCl_2 + Cl_2 \xrightarrow[>110℃]{h\nu \text{引发剂}} ArCCl_3 + HCl \qquad (9-64)$$

除生产氯化苄外，光氯化还可用于合成干洗剂和杀虫剂，即：

$$Cl_2CHCH_3 + Cl_2 \xrightarrow{h\nu} Cl_3CCCH_3 (\text{干洗剂}) \qquad (9-65)$$

$$C_6H_6 + Cl_2 \xrightarrow{h\nu} C_6Cl_6 \qquad (9-66)$$

光卤化反应还特别适用于双键上有吸电子基的烯烃，例如：

$$ClCH{=}CCl_2 + Cl_2 \xrightarrow[60\sim70℃]{h\nu} Cl_2C{=}CCl_2 + HCl \qquad (9-67)$$

而用一般的卤化加成则很难进行。

9.3.2 光氯磺化和光氧磺化

烷烃的氯磺化是由烷烃与 SO_2 和 Cl_2 在光照下进行的反应，主要用于合成烷基磺酸盐类表面活性剂。例如 AS 的生产：

$$RH + SO_2 + Cl_2 \xrightarrow{h\nu} RSO_2Cl + HCl \qquad (9-68)$$

$$RSO_2Cl + 2NaOH \longrightarrow RSO_3Na + NaCl + H_2O \qquad (9-69)$$

中间产物烷基磺酰氯是十分活泼的化合物，能与醇、胺、酚类反应，生成多种重要的精细化工产品。该反应历程也是自由基反应，首先是 Cl_2 吸收光子，发生均裂而生成游离氯原子，而后发生链锁反应，即：

$$Cl_2 \xrightarrow{h\nu} 2Cl\cdot \qquad (9-70)$$

$$Cl\cdot + RH \longrightarrow R\cdot + HCl \qquad (9-71)$$

$$R\cdot + SO_2 \longrightarrow RSO_2 \qquad (9-72)$$

$$RSO_2 + Cl_2 \longrightarrow RSO_2Cl + Cl\cdot \qquad (9-73)$$

光量子产率可达 2000。在氯磺化反应中，为了抑制烷基的氯化反应，必须加入过量的 SO_2。对于直链烷烃的氯磺化，$SO_2/Cl_2=(1.05\sim1):1$。

$$R\cdot + Cl_2 \longrightarrow RCl + Cl\cdot \qquad (9-74)$$

光氧磺化主要是指高碳烷烃 $C_{12}\sim C_{18}$ 的氧磺化。反应历程仍是自由基反应，也可加入引发剂加速反应，即：

$$RH \xrightarrow{h\nu} R\cdot + H\cdot \qquad (9-75)$$

$$R\cdot + SO_2 \xrightarrow{h\nu} RSO_2\cdot \qquad (9-76)$$

$$RSO_2\cdot + O_2 \longrightarrow RSO_2OO\cdot \qquad (9-77)$$

$$RSO_2OO\cdot + RH \longrightarrow RSO_2OOH + R\cdot \qquad (9-78)$$

生成的过氧化物在 40℃ 左右的反应温度下十分稳定，可作为最终产品。当它与水和 SO_2 进行光化水解时，生成的高碳烷基磺酸不溶于热水，可从水中分离出来，即：

$$RSO_2OOH + SO_2 + H_2O \longrightarrow RSO_2OH + H_2SO_4 \quad (9-79)$$

总反应式为：

$$RH + 2SO_2 + O_2 + H_2O \longrightarrow RSO_3H + H_2SO_4 \quad (9-80)$$

9.3.3　光亚硝化

光亚硝化在工业上用于从环己烷制备 ε - 己内酰胺。己内酰胺是制造合成纤维尼龙 - 6 的单体，其次用于制造塑料、薄膜等，世界上的总用量为 2614kt/a(1985 年)。其生产方法主要有环己酮 - 羟胺法、光亚硝化法和甲苯法。

光亚硝化法制备己内酰胺是日本东丽公司开发成功的。在汞蒸气灯照射下，环己烷和氯化亚硝酰发生光化学反应，生成环己酮肟盐酸盐，该物质在发烟硫酸存在下，通过贝克曼重排为己内酰胺。其生产过程包括：氯化亚硝酰制备、环己酮肟制备、粗己内酰胺制备及精制。

1. 亚硝酰氯的制备

即将氨与空气在 Pd 存在下燃烧生成的氧化氮送入吸收塔，被硫酸吸收生成亚硝基硫酸，再将亚硝基硫酸送入喷淋塔与氯化氢生成氯化亚硝酰，见图 9 - 12。

$$2H_2CO_4 + NO + NO_2 \longrightarrow 2NOHSO_4 + H_2O \quad (9-81)$$

$$NOHSO_4 + HCl \longrightarrow NOCl + H_2SO_4 \quad (9-82)$$

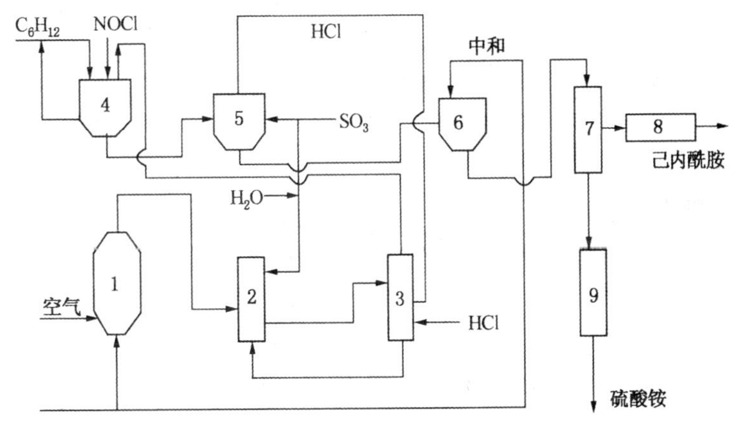

图 9 - 12　光亚硝化制己内酰胺流程图

1—氨转化器；2—亚硝气吸收器；3—NOCl 发生器；4—光反应器；5—贝克曼重排反应器；6—中和器；7—分离器；8—精制器；9—结晶器

2. 光亚硝化制备环己酮肟

将氯化亚硝酰与氯化氢的混合气体注入装有高纯度环己烷的光化反应器中，在高压汞灯光照射下与环己烷发生反应，生成环己酮肟盐酸盐，反应式为：

$$NOCl \xrightarrow{h\nu} NO\cdot + Cl\cdot \quad (9-83)$$

$$\text{(H)} + Cl \longrightarrow \text{(H)}\overset{H}{\cdot} \quad (9-84)$$

$$\text{(H)}\overset{H}{\cdot} + NO\cdot \longrightarrow \text{(H)}\overset{H}{\diagdown}NO \xrightarrow[\text{重排}]{2HCl} \text{(H)}{=}NOH\cdot 2HCl \quad (9-85)$$

未反应的 NOCl 由容器中逸出，循环至光反应器。连续产生的环己酮肟盐酸盐沉降至反应器底部，并连续分离出，送至下工序。未反应的环己烷回收循环使用。光化反应器由钛制成，具有内部和外部冷却面。

3. 贝克曼重排

从光化反应分离出来的环己酮肟盐酸盐，送入贝克曼重排反应器，生成己内酰胺硫酸溶液，并用氨水中和，分为己内酰胺溶液层和硫酸铵水溶液层。分离后，粗己内酰胺溶液经萃取、蒸馏等精制过程，制得高纯度己内酰胺。硫酸铵经结晶、过滤、干燥制备化肥用结晶硫酸铵。反应式为：

$$\text{(H)}-NOH\cdot 2HCl \xrightarrow{H_2SO_4} (CH_2)_5\begin{cases}CO\\NH\end{cases} + 2HCl \quad (9-86)$$

光亚硝化生成己内酰胺的优点是流程简单，只涉及光亚硝化和贝克曼重排两个反应，原料也简单。缺点是耗电量大，光量子收率低(由于不是链锁反应)，需要经常更换汞灯。工艺流程图见图 9－12。

同样，光亚硝化还可以制备尼龙－12 的单体十二内酰胺，主要反应为：

$$\text{环十二烷} \xrightarrow[NOCl]{h\nu} \text{亚硝基环十二烷(NO)} \xrightarrow{\text{重排}} \text{环十二酮肟(NOH)} \xrightarrow{H_2SO_4} \text{十二内酰胺(O, NH)} \quad (9-87)$$

9.3.4 光巯基化

此法可用于制备天然气的有臭添加剂，反应为：

$$H_2S \xrightarrow{h\nu} H\cdot + HS\cdot \quad (9-88)$$

$$RCH{=}CH + HB\cdot \longrightarrow RCHCH_2SH \quad (9-89)$$

$$RCHCH_2SH + H_2S \longrightarrow RCH_2CH_2SH + HS\cdot \quad (9-90)$$

其中，R =—CH_2CH_3，—CH_3等。

习　题

1. 参与光化学反应的分子轨道有哪几种类型？
2. 光化学反应中的电子跃迁涉及哪几种分子轨道间的跃迁？
3. 什么是分子的激发态？按自旋量子数可将激发态分为哪几种？
4. 什么是电子跃迁的 Frank－Conton 原理？
5. 分子激发态转移能量的形式有哪些？哪些可以产生荧光和磷光？
6. 什么是光量子产率？光量子产率和反应速率常数之间有何关系？
7. 在光化学反应中，敏化剂和猝灭剂的作用和机理如何？
8. 什么是 Woodward－Hoffman 规则？写出下列反应产物：

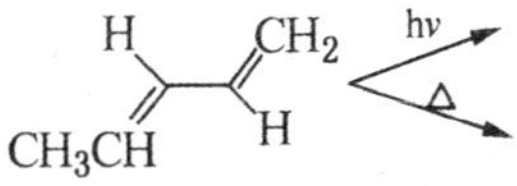

H　CH_2　hν
CH_3CH　H　Δ

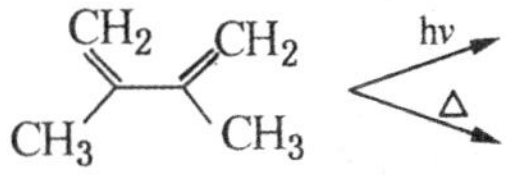

CH_2　CH_2　hν
CH_3　CH_3　Δ

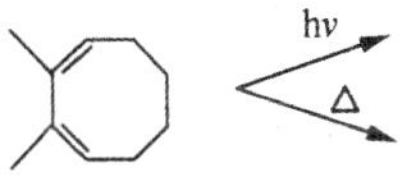

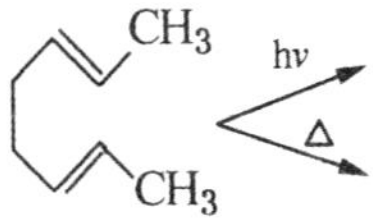

hν
Δ

CH_3　hν
CH_3　Δ

第10章　间歇化工过程的设计与优化

§10.1　间歇化工过程和间歇问题

10.1.1　间歇加工和连续加工

间歇操作广泛用于食品、聚合物、药品、分子筛、增塑剂、抗氧剂、涂料、颜料等精细化学品的生产中，并且在国外已较少采用单一产品、单一流程、专用装置的生产方式，而采用多品种的综合生产流程，多用途、多功能的生产装置，取得了很大的效益。

从不重视间歇加工到重视间歇加工，其动力在于高度技术密集和知识密集型产业的蓬勃发展。化学过程工业方面，则是精细化工、生物化工等的迅速发展。精细化学品的生产有以下特点：小批量、多品种、高价值、系列化、合成步骤复杂、技术密集，有时还存在一定的季节性，并要求不断更新产品等。由于这些特点，某些产品，至少从时间和资源上看，采用连续生产过程是不合理的；有的产品尽管可用连续法生产，但在间歇厂中分批制造可能更经济。间歇生产不仅能适应上述特点和要求，并且更容易将实验室数据工业化。

另一方面，计算机科学与技术的发展，赋予了间歇过程崭新的面貌，使人们重新认识了间歇加工。计算机离线调优和在线控制中得到普遍实现，生产自动化水平不断提高。间歇生产原有的“作坊”特点不复存在，而其操作弹性却更加突出。

同时化学工程已经发生了巨大变化。这种变化的趋势是从大宗化学品的生产转向专用的功能化学品的生产，从大规模过程转向小规模的具有弹性的过程；从连续加工转向弹性的间歇加工；从过去的靠价格竞争转向现在的靠质量竞争；过去靠投资推动发展，现在靠信息推动发展；过去只强调生产制造，现在更强调服务与应用等。

然而，间歇过程在一些领域如过程的动态物性和控制，设备尺寸确定和设计等，仍缺乏通用的计算机软件。由于历史的原因和间歇操作本身具有的非线性动态特性，在间歇过程的计算机辅助方面的开发上仍落后于连续过程。

但是由于精细化工的发展，间歇过程开始受到重视。它们分别是：①外部的要求：对间歇过程又重新感兴趣以及要求改进其功能；②明确的目标：肯定了间歇厂的多目标性；③适当的手段：部分多目标优化问题，不能用批处理计算的方式完成，新开发的交互计算装置可用来有效地处理这一类问题；④方法的及时性：已产生了对相当大系统的求解和优化方法，如大规模整数规划方法已被其他的领域借鉴。可以相信，间歇过程的研究具有广阔的发展前景。

10.1.2　间歇化工过程及其操作特点

化工生产的操作可分为间歇、半间歇、连续、半连续等方式。在间歇操作中整个物料在一个设备单元中处理一定的时间，然后输送到下一工序。半间歇操作是指在间歇操作过程中同时加入或移除物料。连续操作是在无干扰的或稳态条件下连续完成任务，为把它与间歇操作连接起来，通常是在间歇与连续的接口部位预备足够的贮存，以消除间歇操作中间断加料和排料所引起的波动，分子筛的生产就是个实例。半连续操作是一个间断进行的连续操作。

在一个间歇操作完成之后，将物料送到下一个间歇单元期间所完成的操作是典型的半连续操作。例如在间歇单元之间用泵输送物料，传热或过滤。

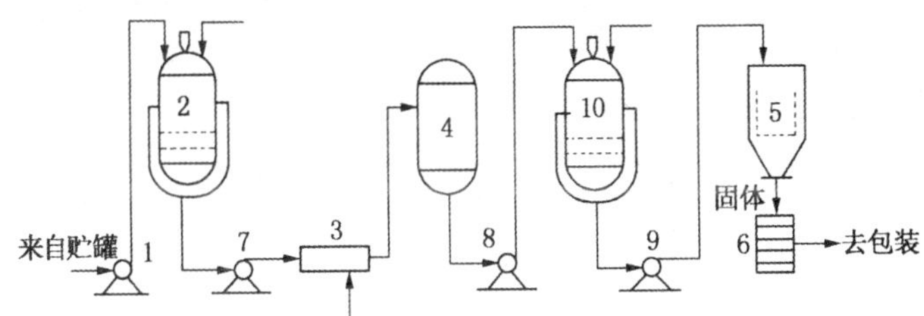

图 10－1　典型的非连续化工过程

1，7，8，9—泵；2，10—反应器；3—换热器；4—贮罐；5—离心机；6—干燥器

图 10－1 所示的化工过程包括有 3 台间歇设备(反应器 2、10 和干燥器 6)、6 台半连续设备(泵 1，7，8，9，换热器 3，连续式离心机 5)和一个中间存贮设备(4)，严格说来称为非连续过程，但习惯上称之为间歇过程。其中，完成每一加工步骤所用的设备分别构成“单元级”。图 10－1 中，共有 3 个间歇级和 6 个半连续级。

间歇过程工厂可以分成四种类型：

① 单产品厂：若对某化学品的需要量足够大，则可经济地建立一个专门厂来生产，这样的厂称为单产品厂。如图 10－2(a)，在不同时间只生产一种产品。它是多产品厂特例。

② 多产品厂：用单一固定的设备网生产若干种指定的产品，各产品在不同时间循相同路径通过此厂，且允许某些产品越级生产，如图 10－2(b)所示。在多产品厂中，任何一瞬间只能生产出一种产品，但在不同时间可生产不同产品。通常在多产品厂中生产的产品在化学上是相似的，产品的更换较简单。多产品厂是多装置厂的特例，在排序理论中称之为流水车间(F1owshop)问题。

③ 多装置厂：生产在二条或二条以上永久但互不一致的生产线上进行，每条生产线可能包含有某些产品专用的设备，整个多装置厂可以同时生产出两种以上产品，如图 10－2(c)所示，它是多目的厂的简化情形。例如某树脂车间共有 7 套固定装置，可生产 30 多种满足不同需要的树脂产品。其中 4 套装置生产乳液型树脂，其流程基本相同；另 3 套装置生产溶剂型树脂，其流程也大同小异。各套装置间不交叉共用设备，可同时独立操作。由此可以看出，多装置厂的各套装置可分别视为多产品厂。

④ 多目的厂：生产被划分为一系列的期限(Campaign)，每一个期限中包括有一条或多条临时组装的生产线，用以生产一个或同时生产多个产品。在下一期限中，生产线可重新组装，生产另一组产品。这样，不同产品可以交叉共用过程设备，甚至同一产品的不同批也可能以不同路径通过该厂。在多目的厂生产的产品经常有较低的产品需求量或正处于其商业活动的开始，许多中试车间就是典型的例子。多目的厂如图 10－2(d)，它是最具广泛意义的间歇厂，在排序理论中称为单件车间(Jobshop)问题。

为便于理解间歇化工厂的操作特点，先介绍若干有关概念和术语。

1. 间歇设备及其尺寸因子

间歇设备以间歇或半间歇方式操作，其特征尺寸通常为体积、面积或质量。生产单位质量最终产品所需间歇级 j 的特征尺寸称该间歇级的“尺寸因子”，记为 S_j(对反应器或搅拌罐

的单位是 m^3/kg；对过滤器的单位是 m^2/kg）。

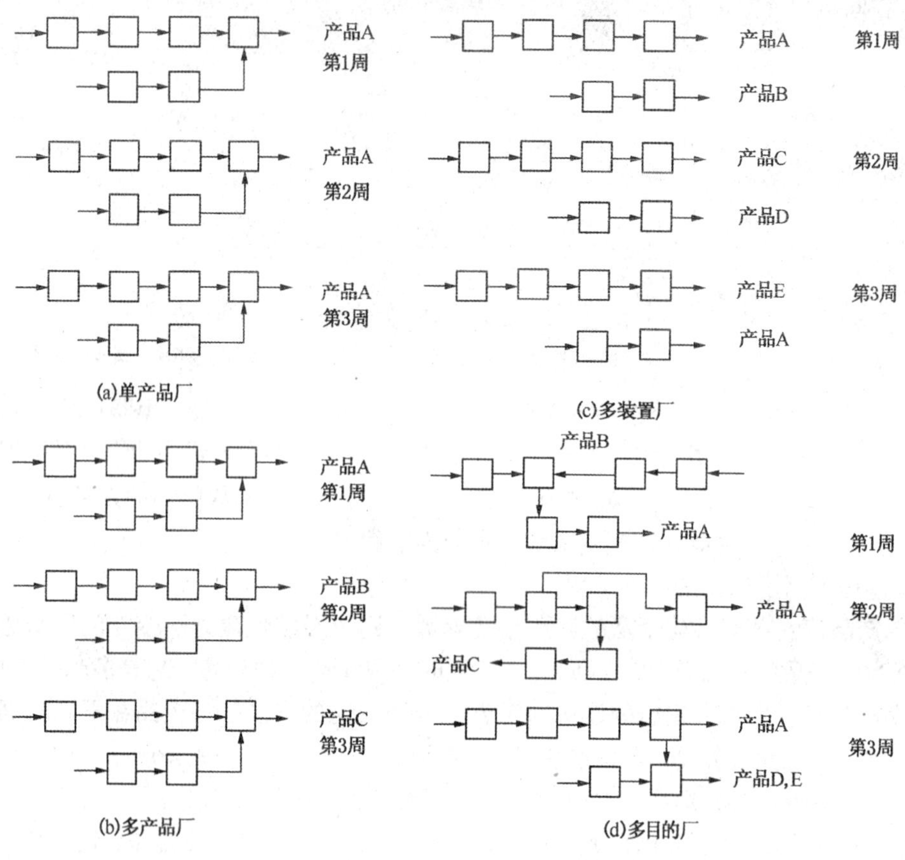

图 10－2　间歇生产厂

尺寸为 V_j 的间歇级 j 上所能加工的最大物料量为 V_j/S_j，称为该间歇级的批量。对有 M 个间歇级的工厂，当间歇级的尺寸 $V_j(j=1,2,\cdots,M)$ 给定时，工厂的最大批量为：

$$B_L = \min_{j=1,M}\left\{\frac{V_j}{S_j}\right\} \tag{10-1}$$

若对某间歇级（$l \leqslant k \leqslant M$），有：

$$B_L = V_k/S_k \tag{10-2}$$

则 k 级构成“瓶颈”，称为“批量限制级”。一个较好的设计应使各间歇级的批量接近相等。

2. 半连续设备及其负荷因子

半连续设备通常以设备的处理能力为特征尺寸。生产单位质量的最终产品，半连续级 k 所需的总负荷称为该半连续级的“负荷因子”，记为 D_k（对泵指生产单位质量最终产品所需输送的物料体积或所需功；对换热器的单位是 m^2/kg）。

设半连续级 k 的处理能力为 R_k，则其操作时间为：

$$\theta_k = \frac{B_L D_k}{R_k} \tag{10-3}$$

当几个半连续级串联操作时，就形成了半连续子链，该子链中的各半连续级应有相同的处理能力，整个子链的操作时间取各半连续级独立操作时间的最大值，即对于半连续子链 q，其操作时间为：

$$t_q = \max_{k=1,K_q}\{\theta_k\} \tag{10-4}$$

式中，K_q为子链 q 中半连续级的数目。图 10－1 中，泵与换热器(3)构成了一个半连续子链，泵(9)与离心机(5)构成了另一个半连续子链。

值得注意的是，某级设备可能既可采用间歇设备，又能选用半连续单元。如图 10－1，若用三足式间歇离心机替代其中的连续式离心机，则构成了另外一个间歇过程。

3. 循环时间和生产期限

一台间歇设备的基本操作循环是：

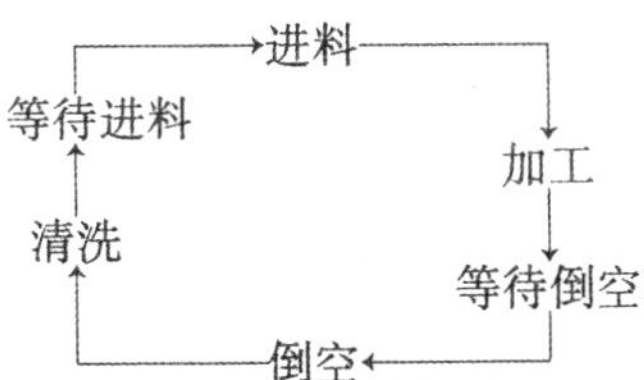

间歇级 j 独立操作时，其中某设备加工两批物料的时间间隔称为“该设备的循环时间”，而整个间歇级加工两批物料的时间间隔称为“间歇级 j 的循环时间”。顺序地从工厂得到两批产品之间的时间间隔称为限定循环时间(LCT)，也叫“批间隔”，记为 T_L。若间歇级 j 的循环时间等于 T_L，则间歇级 j 构成了“瓶颈”，称为“时间限制级”。

间歇厂的净有效生产总时间可以划分成若干生产期限。从不同角度出发，期限有不同的分类方法。从时间角度看，有短期限、中期限和长期限。对于长期限，产品的生产转换引起的时间损失与有效生产时间相比可以忽略，进行过程设计时可以不考虑生产进度安排。对于短期限，不同产品的批间过渡的时间表对过程设计有可观的影响，必须加以考虑，而中期限介于二者之间。

按每个期限生产的产品各类来划分，有单一产品期限(SPC)与混合产品期限(MPC)。前者在一个期限中生产一种产品，单产品厂与许多多产品厂采用这种方式，这时不必考虑产品排序即可进行过程设计。后者在一个期限中相继或同时生产多种产品，多目的厂、多装置厂和部分多产品厂采用这种方式。多产品厂到底采用 SPC，还是 MPC，取决于设备在转换产品生产时调整时间相对其加工时间的大小；若调整时间较为可观，则采用 SPC，否则采用 MPC，使总生产时间最短。

4. 操作方式

在同一个间歇级中可能有多台平行操作设备，它们可以同步或异步方式操作。若第 j 个间歇级有 m_j 台相同设备，它们在不同时刻交替加工第 $j-1$ 级来的不同批物料，则称这些平行单元为“异步操作”。这时，间歇级的循环时间为该级中一台设备循环时间的 $1/m_j$。若将第 $j-1$ 级来的同一批物料分配在第 j 级的 n_j 个平行设备中同时加工，则称这些平行单元为“同步操作”；此时，间歇级 j 的批量为该级中一台设备批量的 n_j 倍。一般地，设置异步单元是为了消除时间限制级，减少限制循环时间，而设置同步单元，可有效地消除批量限制级，增大批量。

一个间歇过程中的各间歇级可以“覆盖”或“非覆盖”两种方式操作。图 10－3 是说明间歇操作的条线图(或称 Gantt 图)，其纵坐标为单元级号，横座标是时间。Gantt 图说明了同一批产品对不同单元级的占用时间，或者说明了任一单元级对不同批产品的时间分配。

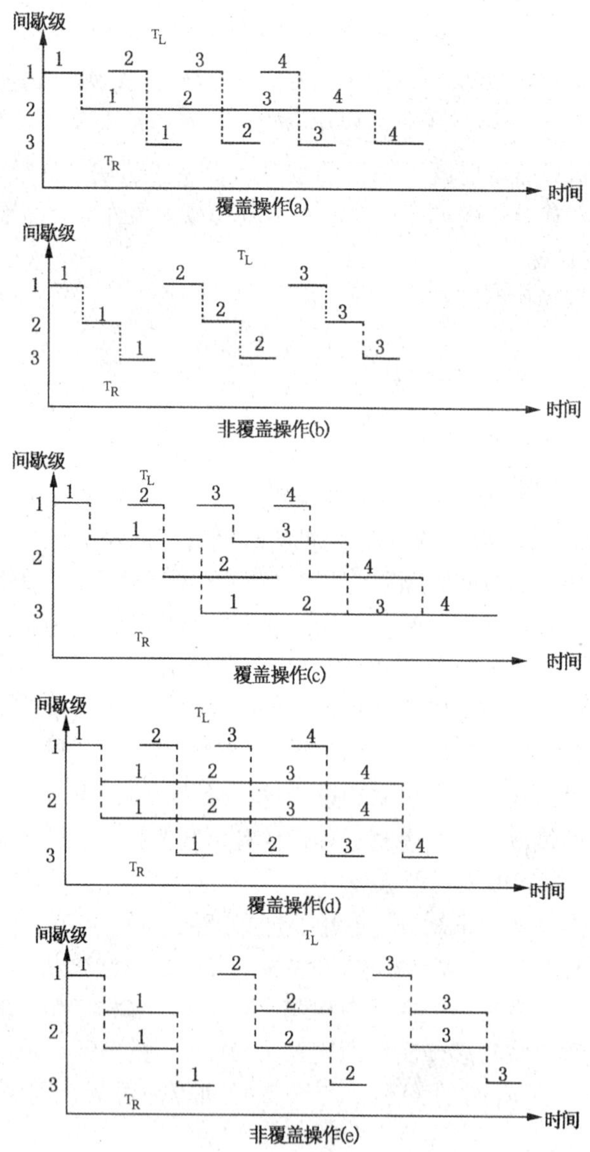

图 10－3　间歇操作的 Gantt 图

在图 10－3 中，共有 3 个间歇级，不考虑半连续级。物料的传送时间、设备的清洗、调整时间不予考虑或可以计入各间歇级的加工时间中，中间存贮采取零等待方式，即一批物料在某间歇级加工完毕后立即送入下一级加工。图中的数字代表同一产品的不同批号。若用 T_j 代表该产品在 j 级的加工时间，则：

$$T_1 = 10\text{h},\ T_2 = 20\text{h},\ T_3 = 13\text{h} \tag{10-5}$$

由图 10－3 可以看出，对于覆盖操作来说，只要前一批物料在 j 级中加工完了并送出 j 级，下一批即可进入 j 级并开始加工。显然，在这种情况下，过程的批间歇取决于具有最大级循环时间的限制级即时间限制级。

对于具有 M 个间歇级的过程，批间隔为：

$$T_L = \max_{j=1,M}\left\{\frac{T_j}{m_j}\right\} \tag{10-6}$$

式中，m_j为j级异步单元数目。以图 10－3 为例，(a)和(d)中，

$$T_L = \max\{10,\ 20,\ 13\} = 20h \tag{10-7}$$

在(c)中

$$T_L = \max\{10,\ 20/2,\ 13\} = 13h \tag{10-8}$$

对非覆盖操作而言，必须等工厂全部倒空和清洗之后，下一批物料方可进入第一级开始加工。所以，批间隔为：

$$T_L = T_R \tag{10-9}$$

式中，T_R为一批物料完全通过此过程的总时间即停留时间。如图 10－3(b)和(e)中，$T_L = T_R = 10 + 20 + 13 = 43h$。显然，非覆盖操作的生产能力远不及覆盖操作。对于一个好的过程设计，其所有的间歇级循环时间应尽可能地接近过程的限定循环时间。

5. 中间贮罐及其作用

只有相继的各级操作完全同步，或者间歇设备本身也可作为中间贮罐用时，才能采用不带中间罐的间歇操作。但实践证明，这两种方案的效率是很低的，故常常采用中间贮罐。中间贮罐通常以体积或质量为其特征尺寸。

在稳态过程中，中间存贮可以调整由于操作速率的变化、设备故障及修复、原料供应的变化等引起的流率不平衡，中间存贮可以调整。在间歇生产中，中间贮罐还具有如下作用：

(1) 将毗邻的间歇级或半连续级的周期性操作解偶。每个中间贮罐都将间歇过程一分为二，每两个中间贮罐之间或中间贮罐与头、尾的单元级分别构成不同的间歇子过程，如图 10－1 中，有两个子过程。这时，当中间贮罐容积足够大时，可以将中间贮罐的上、下游两个子过程的操作完全割裂开来。除了上游子过程为下游子过程提供原料外，二者无其余联系。当中间贮罐体积有限时，上、下游子过程应有相同的生产能力，这时中间贮罐不允许长期存贮某批或某几批物料。

(2) 补偿短期的供需不平衡，即对其下游级提供短期的原料来源或对其上游级提供短期的产品贮存。

(3) 操作上的波动缓冲作用。因为间歇及半连续过程对批量、间歇加工时间和开工时间的波动是非常敏感的，这些波动会对顺序加工的进程造成时间延迟，造成加工级的等待或闲置，从而降低了间歇级的使用效率，采用中间贮罐可以提高它们的使用效率。

(4) 减小由于设备故障及其修复而引起的有效工作时间损失。在可靠性工程中，操作的有效性定义为过程以正常速率工作的时间占总有效时间的百分率。对无事故发生的过程，其有效性为 100%。

(5) 独立存贮涉及不同产品的中间体。

6. 生产的组织

间歇生产的组织是很复杂的，可分为“不间断生产”和“按周生产”两种方式。除了预定的停车或因事故而停产外，每周工作 7d，每天工作 24h 的生产称为“不间断生产”。周末不开工，所有设备处于停工状态的生产为“按周生产”。按周生产又分为两种情况：①所有设备处于周末时所达到的加工状态；②到周末时，所有设备必须倒空并清洗，而处于闲置状

态。这种情况下的设计和排序十分复杂。有人曾针对多产品厂设计提出了手算算法，但未能得到最优设计。

10.1.3 间歇问题

在间歇厂中，必须制订出明确的任务安排，以便按要求生产出各个产品。同样的设备在不同时间里可以完成不同的任务，同样的任务也可以在不同的设备中完成。给定生产需求与资源，要确定的是生产组织与操作方式、对设备单元的任务分派、设备单元的尺寸、数量和类型等，这便是间歇问题。

关于间歇问题的研究早在20世纪70年代初就开始了。迄今为止，工作主要集中于两个方面：①间歇化工过程设计；②间歇过程的时间进度和生产安排。前者是以需要生产的一系列产品的产量、质量和时间要求为提前，确定所用的设备单元数和它们的尺寸，使某些优化准则(如投资最少)得到满足。后者以生产能力或经济效益为着眼点，合理分配可利用的各种资源，使优化准则(如总生产时间最短)得到满足。

§10.2 间歇化工过程设计

虽然间歇操作一直是建模、设计和优化研究的课题之一，但早期的工作仅限于单元操作。将焦点集中于过程设计只是近20余年的事，而且发展迅速。

10.2.1 混合问题

搅拌混合操作在间歇化工厂中应用极其广泛。混合是与流动相相关联的力学问题。另外，对混合机理的描述需要事先知道流体不规则运动的一些细节，而这些信息只有依赖于流动过程的流体动力学并借助于Doppler激光测速仪，才能获得。因此，在各种化工过程系统的设计与操作中对混合问题需特别加以注意。

10.2.1.1 混合器的多用性

搅拌混合是传质、传热和物理、化学过程的核心。混合与加工时间、温度、压力和催化剂活性一样，对控制产品的收率和质量起重要作用。

混合器可以仅仅是为了混合而设计，但有时混合产生的间接效果如反应速率、传质传热效果，也是我们所希望的。所以，混合器不像别的过程设备那样单纯，它具有多用性。

在许多间歇加工中，物料可能随化学反应进程而变化，混合必须与之相一致。例如，在加工过程中，有可观量的液体加入或排出，因此混合器应能在不同液位下操作。又如，混合常要求不同的强度，而与流速相关的混合强度往往随着与搅拌中心的距离的加大而迅速降低。最好的设计是综合考虑这些相互竞争的过程要求后的折衷方案。

当有化学反应发生时，设计混合器比较困难。因为这时除了化学组成发生变化以外，还可使黏度发生变化、产生或消灭悬浮颗粒、改变批体积以及使其他许多与混合性能有关的流体性质发生变化。

在混合器设计中，传热是另一个难题。搅拌混合只能采取使容器内各处温度趋向一致的办法来改善加工物料一侧的传热效果，但处理低黏度流体时，这样做对总传热系数的影响是有限的。另外，由于壁上有一层不动的液膜，即使将混合强度提高很多，对传热的影响也不大。

10.2.1.2　混合任务的评价

在选择混合器以前，最关键的步骤是确定问题，即列举出过程的要求。为达到过程目标，混合器必须满足：①反应速率足够高，在指定时间内能完成加工；②操作条件适于达到指定的转化率；③反应选择性好；④传热速率足够大；⑤各点温度、浓度一致；⑥对气－液、液－液体系气泡或液滴尺寸分布于指定的上、下限之间。除此之外，还应注意：①消除传热面上的热点或冷点；②防止物料附着于器壁上；③避免液面上有静止物料积累；④避免固体沉降或累积于容器底部。

上述要求代表了典型的过程目标，但它们并非是评价混合任务的准则。实际上，常用三个参数即强度、难度和混合规模来评价混合器。

混合强度与流速有关。流速包括大小与流动方向，它是定量确定混合器性能的基本参数。流速可以关联混合性能和它的其余基本操作参数，故用它作为估计混合强度的基础是合理的。

在混合应用中，混合难度以流体黏度来表征。在固体悬浮液中，颗粒沉降速度、固体百分含量等参数都对难度有影响。粒径分布和粒子形状对难度也有影响。很大粒子或大范围的尺寸分布与小粒子、均一分布的表现很不一样，而片状或粗糙粒子比球形粒子难悬浮。

在气体分散中，气、液量之比直接关系到混合难度。通常以表观气速来表征气量。表观气速大时，气体初始分布稍难，但大量气体提供了较大的总传质面，使得一些过程要求较易得到满足。

混合规模与物料量有关，还与所谓的混合形状有关。后者又与混合器形状有关，例如，将一定量流体投入圆柱形容器中，当液体高度等于容器直径时，用一个叶轮即可搅拌起来。同样量的液体，若采用太高或太矮的容器时，则可能需要多个叶轮甚至特别的设计方可。

流体性质，尤其是液体黏度，是正确评估混合任务的关键。混合特性和流体运动可以用流体性质的函数，即雷诺数来表示，这就是：

$$Re = \frac{d^2 n \rho}{\mu} \tag{10-10}$$

式中，Re 为雷诺数；d 为叶轮直径，m；n 为转速 r/s；ρ 为流体密度，kg/m^3；μ 为黏度，Pa·s。当 $Re < 10$ 时，为滞流状态；$Re > 20000$ 为湍流状态。广泛的过渡区（$10 < Re < 20000$）表明，即使在高黏度条件下，在叶轮附近可能存在湍流，而在器壁附近却为滞流。

混合强度用搅拌强度数 I_A 表示，I_A 取值 1～10，其值越大，混合强度越大。一般：

$$I_A = 10 f_\mu [nd^2 / V^{1/3}] \tag{10-11}$$

式中，V 为物料体积，m^3；f_μ 为黏性因子，它与黏度及叶轮类型有关。对不同叶轮，可得到各自的 $f_\mu \sim Re$ 对数曲线图，通过方程（10－10）求 Re，再查图得 f_μ。对于倾斜桨和高效桨，在湍流范围内，它分别等于 1.0 和 0.65（见图10－4）。

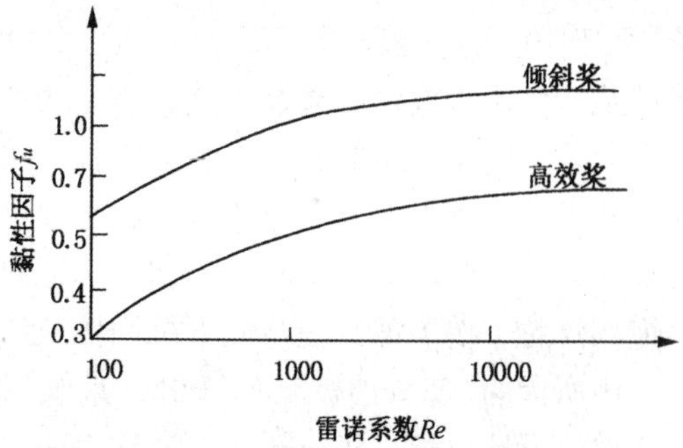

图 10－4　f_μ 随 Re 的变化曲线图

10.2.1.3　确定设计参数

对混合设备完整的设计，要求对过

程目标和设备的机械能力作适当评估。对混合的初步设计，可从下面方程估计搅拌速率：

$$n = 0.1[I_A V^{1/3}(f_\mu d^2)] \quad (10-12)$$

上式应用范围是0.2 < d/D < 0.7，其中 D 为搅拌槽直径。用该式进行设计计算时，要先对叶轮直径和黏性因子作初始估计，d/D 典型取值在0.25～0.5之间。

可用试差法求 n：①取湍流范围内的 f_μ 值；②由方程式(10－12)求 n 值；③用方程式(10－10)求 Re；④查 $f_\mu \sim Re$ 图得 f_μ 值，如其值与上一次迭代值足够接近，则停止计算，否则去步骤②。这样求得的 n 值一般还需圆整。

合适的搅拌速率可以作大设备标准特性予以给定，而d可在其范围内取任何值。因而，另一种设计方法是给定 n，求 d 值：

$$d = 0.316[I_A V^{1/3} f_\mu n]^{1/2} \quad (10-13)$$

设计过程的下一步是确定搅拌电机的规格。一旦 d、n 值确定，即可关联出所需功率，这个关联式基于功率数 N_p，即：

$$N_p = P/(\rho n^3 d^5) \quad (10-14)$$

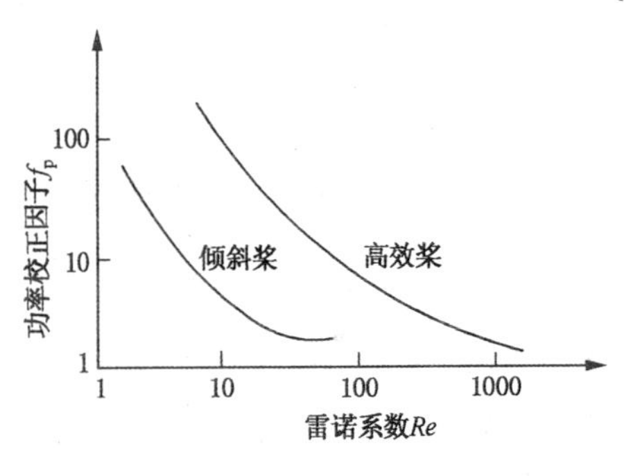

图10－5 f_p 随 Re 的变化曲线图

式中，P 为搅拌功率，W。功率数与管流中摩擦系数类似，在湍流时为常数，其值与叶轮的几何因素有关。在过渡区与滞流区内，N_p 值随 Re 下降而增大，这时 N_p 值取决于叶片宽度等细节。

相似类型的叶轮，黏度对 N_p 的影响也相似。因此与其提供一系列不同 N_p 值的曲线，不如估计一个功率校正因子 f_p（见图10－5）。在湍流范围内 $f_p = 1$。最后由 $N_p \cdot f_p$ 用下式计算 P：

$$P = \rho N_p \cdot f_p \cdot n^3 \cdot d^5 \quad (10-15)$$

在圆整时必须注意，计算值可能只有实际电机功率的85%～90%，这不只是出于对安全因子的考虑，也是因为齿轮减速机、传动轴密封等均造成功率损失。

10.2.2 搅拌槽的放大

均相搅拌的放大可根据相似理论进行，对于非均相情况，问题要复杂一些。

1. 固体的悬浮

固体悬浮的目标是阻止固体在液体介质中沉降或漂浮，为此可用搅拌作为克服重力或浮力的手段。颗粒的密度是决定任务性质的关键。当固体粒子的密度大于分散介质时，可以有两种类型的悬液。一种是慢沉降型，其特征是小颗粒，高浓度；另一种是快沉降型，其特征是大粒子（大于10μm），液、固密度差别大，体积密度低（小于30%）。为了克服重力，必须通过搅拌桨产生流体湍动。通过主体流动速度的振荡，把固体颗粒从槽底搅起并分布于整个容器中。此外，叶轮产生的漩涡也起夹带粒子的作用。

当固体粒子的密度小于分散介质时，就必须利用搅拌的能量使之完全浸没。当过程要求固体均匀分布时，可利用表面湍动或控制漩涡把粒子拽下来。有趣的是，如果排除搅拌槽上部空间，把漂浮粒子拽下的过程与使下沉固体从底部浮起的过程相似。

可以采用所谓的“部分挡板混合（PBM）系统”控制漩涡的产生（图10－6），从而将粒子拽下来。这里，设计挡板可防止粒子在液体表面停滞并维持整个容器内悬浮液浓度均一。

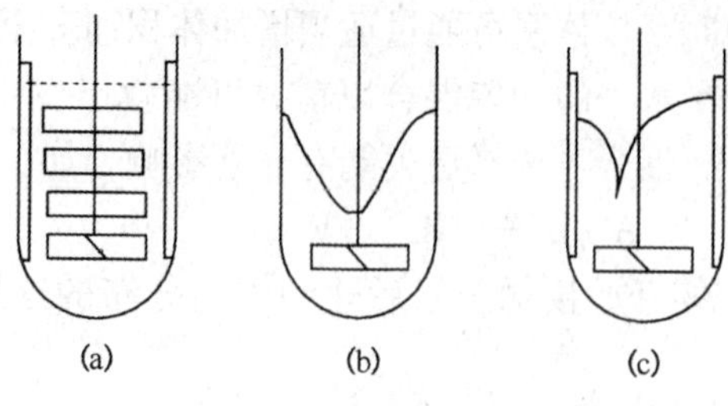

图 10－6　漩涡的控制

（a）挡板宽度 = $D/12$；（b）无挡板；（c）挡板宽度 = $D/50$

图 10－6(a)的搅拌槽，挡板太宽，即使增加叶轮数目，流体表面也不动，结果漂浮粒子不会浸没。此外，增加叶轮还会引起操作上的困难，例如随液位高度的变化，悬浮液浓度也不一致。如图 10－6(b)所示，拆去挡板，就会形成一个很深的漩涡，但这时可能发生严重的摇晃。而如图 10－6(c)所示，令挡板宽度等于容器内径的 1/50，常会产生所希望的漩涡。

漩涡的形式是在 PBM 系统中使漂浮粒子混合的关键，在放大时应维持漩涡深度对搅拌槽的尺寸比不变。研究表明，在湍流搅拌下，漩涡深度正比于 $n^2 \cdot d^2$。

2. 液－液混合

液－液混合的主要目标是增加接触面积，促进质量传递。它广泛应用于有反应或无反应的系统中，如液－液萃取、烷基化反应、界面和悬浮聚合、乳化及相转移催化反应等。

在含有两种不互溶液体的搅拌槽中，当叶轮旋转时可发生两个过程。一是在叶轮附近由于剪切作用导致分散液滴破裂，另一是在低剪切力区域内液滴相互聚并。液滴的尺寸分布是由这两个相互竞争过程的平衡来决定的。

在放大时，为保证分散效果，通常采取的准则是保持单位体积所需功率相等。但实际上，若只要求分散均匀，这个准则可能是保守的。

对悬浮聚合的研究表明，当物性和几何特性相近时，放大准则为保持 $D^{1/2} \cdot (nd)^{-3/2}$ 值恒定，该准则是根据层状剪切引起的分散机理确定的。若在湍流模型中，其放大准则是维持叶片尖端线速即 πnd 不变。

3. 反应体系的混合

当反应速率对混合效果很敏感时，要得到该体系的放大准则比无反应体系困难得多。因为对反应某一方面有利的因素，在另一方面可能起相反作用。例如，一个气、液、固三相反应系统，固体反应物随反应进程而溶解，同时，产品或副产品又随反应进程而结晶出来。对于这样一个同步的相互作用的过程，现在还没有一套合适的设计关联式。例如，就反应而言可以指定一个混合系统，让它具有足够的能量以超过该过程最苛刻部分的要求，这样，搅拌槽就有足够的混合强度以保证固体悬浮及气体吸引或固体溶解中的传质速率。但这样放大得到的工厂可能会在结晶时产生过量搅拌，因而产生过细颗粒，出现乳化现象或难以处理的泡沫。

在某些情况下，更通用的办法是采取变速搅拌。这样，在中试和生产规模中搅拌转速可随意调节，结果可减少对放大经验关联式的依赖。

（1）对混合敏感的反应：与反应物的混合时间相比，当反应速率低，或传热速率足以维

持反应器内希望的温度分布时，该体系可通过适当增加体积而安全地放大。但若为快速反应时，则在反应物尚未达到分子水平的均匀混合以前，可能就已发生可观的转化了。特别是，在竞争－连续类型的反应中，混合对选择性可能有显著影响，如：

$$A + B \longrightarrow R \qquad R + B \longrightarrow S$$

其中 R 是目的产物。在反应物开始接触至最后达到均匀分布的这段时间内，可能有相当多的 R 向 S 转化了。

在搅拌槽内可以发生两个层次的混合。一是由总体对流产生的宏观混合。这时，总体流动划分成不同的循环回路或区域。另一是微观混合，则涡流扩散产生。对混合敏感的均相反应的放大研究表明，在大容器中必须同时考虑微观与宏观混合。在大容器中，即使局部的微观混合保持相对恒定，但由宏观混合决定的循环时间也会增加。在实际反应区域中，要求反应物 A 和 B 的摩尔比保持一定的平衡，若 A 太少，将会导致 S 的过多生成。

与均相反应一样，非均相反应的进程，不管反应发生在气、液、固哪一相，也是由分子水平的现象决定的。在选择性上，均相与非均相反应的主要差别是后者在绝对反应速率很低的情况下就已对混合效果非常敏感，因为其传质问题很突出。从中试放大到生产规模时要充分考虑这些影响。

(2) 黏性反应系统：要搞好高黏度物料反应过程的设计，需要了解反应物和产物的流动性质变化。产物流动性的变化可能给混合带来复杂问题，尤其在装置有多个叶轮的大型聚合釜中更是如此。

但在大的反应器中，采用相对小的叶轮（$d/D=0.25\sim0.30$），经常导致过程性能极差，这种现象与实验室规模（1L 左右）的反应系统不一致。为尽量消除不利的混合效果，一种办法是采用有效的搅拌装置，如强化混合的装置等。另一种办法是用一种合适的溶剂稀释反应混合物以降低流体的黏度。这时，如不希望产品中有这种溶剂存在，则该溶剂应是能较易分离出来的。

10.2.3 间歇单元操作过程的模拟

所有的间歇操作过程都是非稳态过程或动态过程。对间歇过程的建模要求比对连续过程中由于扰动所产生的动态过程更严格，因为从间歇过程的开始到末尾所经历的范围比连续过程的动态过程宽得多。但由于间歇过程设备往往具有较大的操作弹性，其不严格性所导致的后果可能又比连续过程小。

对间歇过程的模型建立和求解与连续过程的情况并无本质区别。对间歇单元过程的模拟可用来了解过程中各参数随时间的变化，以确定该间歇单元过程的最适宜操作条件。此外，通过对间歇单元过程的模拟，可以确定在给定设备尺寸的条件下该单元的操作时间。上述结果是进行间歇过程或工厂设计所必需的。

1. 间歇反应过程的模拟

当需要的产品量较小或要求较灵活地生产多种化学品时，对液相反应常用间歇反应器。在理想的间歇反应器中，所有的流体元应具有同样的温度和组成，但即使维持恒温，组成也是随时间而变化的。

搅拌槽型反应器也可以半间歇方式操作。在这种情况下，一般是先往槽中加入一种或多种反应物，其余的反应物在以后逐渐加入，直至达到所要求的转化率。在反应过程中，物料体积会发生变化。

在间歇反应中，反应物 A 经过化学反应变成产品并达到给定的转化率 x_A 所需的时间为：

$$t - C_{A0}\int_0^{x_A}\frac{dx_A}{(-r_A)(1+\varepsilon_A x_A)} \tag{10-16}$$

式中，ε_A 是在时间 0 到 t 之间的反应体积变化分率；r_A 是 A 的反应速率；C_{A0} 是 A 的起始浓度。对简单形式的速率表达式，式(10－16)可用解析法积分。否则，需要数值积分。此式适用于等温和非等温两种操作。对于非等温操作，在求解之前必须已知反应速率和转化率与温度的关系。

2. 间歇反应精馏过程的模拟

间歇反应精馏是具有化学反应的间歇精馏，它是精细有机合成中常用的一种将反应和分离相结合的操作。间歇反应精馏一般是一个半间歇过程，因而比间歇精馏要复杂些。对间歇反应精馏过程模拟的研究远不如对连续反应精馏的研究充分。

典型的情况是：首先将反应物 A 放入间歇精馏塔釜内，然后将另一种反应物 B 以一定的速率连续加到精馏板或其塔釜中。若 A 和 B 的反应产物 C 的挥发度大于 A 和 B，则 C 在生成后被蒸出而离开反应体系。假如此反应是可逆反应，则随着 C 的蒸出可使反应向右移动，从而提高 C 的收率。又假如 C 是一个不太稳定的中间体，可能发生次级反应，则将它蒸出离开反应体系可以减少次级反应发生，也可以提高 C 的收率。此外，这种过程还具有结构简单、节能等优点。

可用联解法对具有化学反应的间歇精馏过程进行模拟，例如反应：

$$CH_3COOH + CH_3CH_2CHOH \longrightarrow CH_3COOCH_2CH_2CH_3 + H_2O$$

这是一个可逆反应，产品是酯酸正丙酯。全回流阶段加入乙酸和水，丙醇作为另一反应物在全回流达到稳定后开始连续加入。从而一方面可避免乙酸过早从塔顶蒸出，另一方面可抑制逆反应。很显然，该过程已经不是一个纯间歇过程，而是一个半间歇(或半连续)过程。可用釜中组成和摩尔持液量为迭代变量，用迭代方法求出了全回流的稳态组成。

另一方法是解离法。在解离法完成模型求解的计算步骤中，模型假设：①中间各级及塔顶冷凝器(提馏段操作时为塔釜再沸器)有恒定的体积持液；②各级间持气量与持液量相比可以忽略不计，且系统内的化学反应仅发生在液相；③液相达到完全混合，级效率为 100%；④忽略由于流体力学所引起的滞后。有人以乙酸正丁酯与乙醇的酯交换反应为例，说明了解离法的应用。

10.2.4　手算过程设计

间歇化工过程完整的设计应给定：①一组产品，各产品的市场需求和售价，净有效生产总时间；②适于每一步骤的设备类型及每一类型的设备系列；③产品的制法、配方及制备步骤，各步的尺寸因子或负荷因子、加工时间或操作速率关系式；④各中间产品的状态(稳定或不稳定)及其输送规定；⑤各步骤对原料和公用事业等的要求或消耗速率；⑥更换产品造成的时间和费用损失；⑦产品或中间产品的存贮费用；⑧适当的目标函数，包括投资费、操作费和销售收入等。

在此基础上，首先选定操作策略，即决定采用哪种间歇生产厂，然后进行过程设计。过程设计包括过程合成、确定设备尺寸与过程预算，有时还要作过程热集成。过程设计包括：①同步平行单元的设置；②异步平行单元的设置；③用多个串级单元完成一个任务，即对任务进行分解(图 10－7)，其目的与异步单元一样，在于减小批间隔；④用一个单元完成多个任务，即对任务进行合并(图 10－8)；⑤插入中间罐，如图 10－9，即中间罐的上、下游有不同的批间隔时，插入中间罐以后，下游设备的尺寸可以减小，它与任务合并的目的都在于缩短非瓶颈设备的闲置时间。

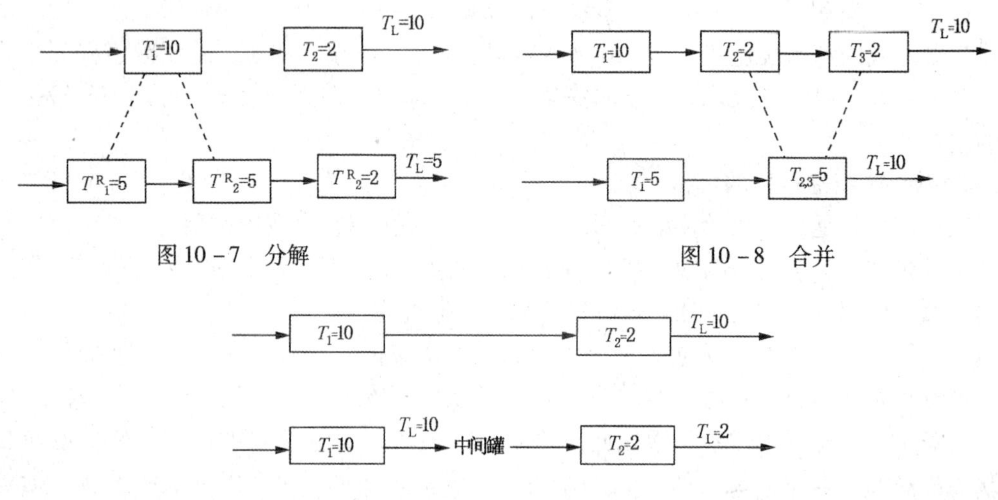

图 10－7　分解　　　　图 10－8　合并

图 10－9　插入中间罐

下面介绍一种手算方法，它是在未全面考虑过程合成以前而进行的过程设计。尽管用此方法很难获得最优设计，但它指出了间歇过程设计中应考虑的问题和设计方法，对刚从事间歇过程设计的人们是有益的。

1. 尺寸的计算

首先确定在某一台设备中每一批应完成的产品量：

$$B_i = C_i V e_i \tag{10－17}$$

式中，C_i为产品 i 的浓度，kg/E(E 是物理单位，表示设备尺寸，对容器 E = m^3，对过滤器 E = m^2)；V 为设备尺寸(最小需要值)，E(同上)；e_i为设备利用率，$0 \leqslant e_i \leqslant 1$；$B_i$为产品 i 的批量，kg。在此设备中，每周产量为：

$$W_i = N_i C_i e_i \tag{10－18}$$

式中，W_i为每周产品量，kg/周；N 为每周批数。

对规定的产量所需生产时间为：

$$H_{ai} = \frac{Q_i}{N_i C_i V e_i} \tag{10－19}$$

式中，Q 为年需求量，kg/a；H_a为每年生产周数，周/a。

对所有产品来说，这一台设备的总生产时间为：

$$H = \sum_i H_{ai} = \sum_i \frac{Q_i}{N_i C_i V e_i} \tag{10－20}$$

其中，H_{ai}是每年有效周数(52 周/a)减去清洗、维修和假日的折合周数。从上式解出：

$$V = \frac{1}{H} \sum_i \frac{Q_i}{N_i C e_i} \tag{10－21}$$

若计算中采用空时产量和一台设备的每周生产时间，即：

$$r_i = C_i / T_i \qquad (10-22)$$

$$H_{wi} = N_i T_i \qquad (10-23)$$

式中，r 为空时产量，kg/h · E；T 为加工时间，h；H_w 为不包括批间闲置时间在内的该设备每周有效生产时间，h。则式(10－21)变为：

$$V = \frac{1}{H} \sum_i \frac{Q_i}{r_i H_{wi} e_i} \qquad (10-24)$$

2. 标准设备

工厂中所有其他设备在生产产品 i 时不一定都能被充分利用。在上述确定尺寸过程中，H_{ai} 和 N_i 是从一台设备的尺寸确定的，而 Q_i 和 C_i 则是根据生产要求的质量和体积流量值给出的。对各其他设备，应分别计算各产品对其尺寸的最小需要值 V_i，即：

$$V_i = V \cdot e_i = \frac{Q_i}{N_i C_i H_{ai}} \qquad (10-25)$$

为保证此设备满足所有产品的生产要求，取该设备尺寸：

$$V = \max\{V_i\} \qquad (10-26)$$

然后根据 V 选定标准尺寸，再计算 e_i：

$$e_i = V_i / \text{选定的标准尺寸的有效值} \qquad (10-27)$$

然后还必须：①校验选定标准尺寸的设备能否在规定时间内完成任务；②考虑 e_i 的可能的下限；③注意：在生产某一产品时，对未使用的设备不规定 V_i 值。

3. 对确定 H_{ai} 的设备的选择

一般的原则是：①选择所有产品都要使用的设备；②尽可能选最昂贵的设备以保证投资的有效利用；③处理量不允许有较大变化的设备，如蒸馏塔；④若存在着对操作时间起限制作用的设备，一般应选这一设备；⑤若不存在上述设备，则可选择最重要的设备。

由此可见，选择不同的设备来确定 H_{ai}，可以得到不同的生产时间分配和不同尺寸的工厂布置，即存在不同的解。

4. 安全因子和标准尺寸

计算中得到的尺寸是最小需要量(对 $e_i = 1$ 的容器则相当于一批的处理量)。对于某些设备常要将计算值乘以一个安全因子使之适当加大。安全因子的大小取决于设备的性质和作用。换热器的最小安全因子为 1.2～1.4，容器的最小安全因子为 1.05。

选用标准设备时必须注意区别“公称尺寸”和“有效尺寸”，以免由于 e_i 太小而使计算结果在技术上不好接受。

5. C_i 和 r_i 的计算

对各类设备的 C_i 和 r_i 可以用计算尺寸的方程来求取，这些方程是如下的函数：

尺寸＝函数(质量或质量流率和物性数据，过程数据，设备数据)　(10－28)

r＝质量流率/尺寸＝函数(物性数据，过程数据，设备数据)　(10－29)

C＝质量/尺寸＝函数(物理数据，过程数据，设备数据)　(10－30)

其中过程数据至少近似地与尺寸和质量或质量流率无关，而设备数据的适宜值需要假定。

下面是计算中应注意的问题：

① 工厂的位置(环境温度、大气压力)及其处理量的大小和它们对化工过程和间歇批间隔(沸点、冷却介质温度、传热时间等)的影响。②反应原料和产品的贮存空间大小。③工厂的清洗时间和次数。④生产时间：每周时数，每年周数，两班还是一班生产，每周的最少批数。⑤由于生产准备和周始周末的开、停车，通常并非每周的工作时间都是有效生产时间，在计算 N_i时，非生产时间不能考虑在内。⑥在周末或两班之间工厂的状态或如下因素对每周批数的影响：日夜生产(每周 7d，每天 24h)，临时停车，装置保持充满状态，计划停车，装置是空的，可能已被清洗。⑦倒班操作的占用时间表，该占用时间必须使一个班上正好完成整数批。⑧由于加热或有泡沫生成而使体积增大时，则在浓度或空时产量的计算中必须将这些影响考虑在内。

【例 10-1】 某公司拟建一个生产两种中间体的工厂，为此我们首先要知道此厂应该是多大，以下是关于这两个过程的已知数据。

生产产品 A 的过程(简称过程 A)：

反应：R→A + S↑，原料 R 不是纯品，在粗产品中含 A 90.7%。

过程：

① 原料的溶解：在实验室中将 50gR(在容器 1 内)溶于 250mL(197g)乙醇中，在室温下搅拌使之溶解，溶解时间大约需要 1h。

② 反应：在 1L 瓶(容器 2)中装入 250mL 乙醇并加热至沸腾，在 3h 内将 R 的溶液滴入瓶中，同时保持乙醇沸腾。在反应中 S 作为气体逸出。反应生成大量泡沫将瓶充满。反应终了，将 A 冷却到 40℃，溶液中有 25g 粗 A(22.7gA)。

生产产品 B 的过程(简称过程 B)：

反应：X + Y→B

过程：

① 原料的溶解：在一中试厂(容器 1)中将 100kg X 加入到 100kg 水中，室温下搅拌，溶解时间约 1h。

② 反应：将 100kg Y 和 100kg 水加入反应器(容器 2)中加热到 100℃，在 0.5h 内将含 X 的溶液加入，且使该间歇批处于 100℃。反应完成后，冷却到 30℃(在中试厂中需 1.5h)，可得 200kg B，它悬浮于水中。

工厂的设计规定：

生产能力：A = 32000kg/a，B = 180000kg/a

生产时间：每周 5 天，每天 24h

产品转换：每年 16 次，每次清洗需 0.5 周

维修：每年 4 周

加热：采用 588kPa 蒸汽

冷却水：20℃

计算：物料衡算如图 10-10 所示。

浓度：在过程中 A 中瓶内有 25g 粗品，而公称值为 1L 的瓶子有效体积经测定为 1.25L，故 A 的浓度是 20g/L。

对过程 B，假定实验室中已得到如下附加数据：①过程步骤 1 中的高浓度对体积无影响，故对容器 1，$C = 1000\text{kg/m}^3$；②对容器 2，由于高温和化学反应，$C = 600\text{kg/m}^3$。

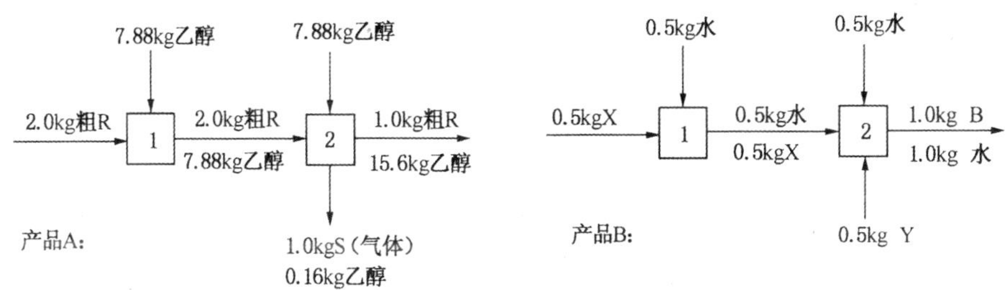

图 10－10　产品 A 和 B 的物料衡算（基值：kg 产品）

时间进程和每周的批数：

对步骤 2，必须计算加热、冷却时间的近似值。不能取中试厂中过程 B 的冷却时间，因为在工业规模设备中冷却时间肯定更长。由于不存在物性数据，只能根据实验室的建议采用纯液体的物性数据。同时假定容器尺寸为 $4m^3$。所有数据列于表 10－1 中。

表 10－1　例 10－1 中两个容器时间进程

	过程 A	过程 B		过程 A	过程 B
容器 1 的时间进程			在容器 2 中冷却/℃	78→40	100→30
被液体充满/h	0.25	0.25	对假定容积为 $4m^3$ 估计时间/h	约 3	约 9
加入原料/h	0.25	0.25	容器 2 的时间进程		
溶解原料/h	1	1	充满/h	0.25	0.25
倒空进入容器 2/h	3	0.5	加热/h	0.5	1.25
圆整时间/h			从容器 1 加入溶液/h	3	0.5
容器 1 的占用时间/h	4.5	2	冷却/h	3	9
物料	乙醇	水	倒空/h	0.25	0.25
容器中升温/℃	20～40	20～100	圆整时间/h	1	0.75
对假定容积为 $4m^3$ 估计时间/h	约 0.5	约 1.25	容器 2 的占用时间/h	8	12

可以看到，容器 2 在两个过程中均为时间限制设备，所以选它作为充分利用的设备。按工厂安排，每周有 120h，而 A、B 的批间隔分别为 8h 和 12h，故其每周批数可分别为 14 和 10。

此容器可圆整到 $4m^3$，说明原来的估计是很好的。在实际情况中还必须：①作新的设备尺寸估计；②得到更准确的物性数据；③用更准确的占用时间计算；④求批间隔和批数的不同值；⑤用这些新值重复计算；⑥找出各过程反应热，考虑反应热通量是否随时间改变？在反应期间 $4m^3$ 容器的传热面是否足以传递最大热通量？

10.2.5　计算机辅助过程设计

间歇过程的最优设计必须借助于计算机才能完成。上述的手算方法可以得到可行解，但很难找到最优设计。间歇过程有很大的自由度。用手算来到所有可行解再用优化准则实现最终的选择是不经济的，也是不可能的。

1. 模型的建立

为简化模型，考虑一种比较简单的情形：设有一个多产品厂，共有 M 个间歇级，生产 N 个产品。不考虑半连续设备，在过程合成中仅考虑异步单元的存在。过程采取覆盖式操作。以投资费用最小为目标函数，可得到如下数学模型：

$$\min \sum_{j=i}^{M} m_j \cdot \alpha_j (V_j) \beta_j \tag{10-31}$$

$$S \cdot t \cdot \sum_{i=1}^{M} \frac{Q_i \cdot T_{Li}}{B_i} \leqslant H \tag{10-32}$$

$$T_{Li} = \max_{j=1,M}\left\{\frac{T_{ij}}{m_j}\right\}; i = 1,\cdots,N \tag{10-33}$$

$$B_i = \min_{j=1,M}\left\{\frac{V_i}{S_{ij}}\right\}; i = 1,\cdots,N \tag{10-34}$$

式中，α_i、β_i分别为设备费用系数和指数；T_{Li}和B_i分别为产品i限定循环时间和批量；S_{ij}为产品i在级j的尺寸因子；T_{ij}为产品i在级j的加工时间；m_j为级j的异步单元数。式(10-32)中忽略了产品转换生产引起的时间损失。上式模型中，m_j为整数变量，V_j可以是离散变量(标准尺寸)或连续变量，T_{Li}、B_i是连续变量，其余量为已知值。又由于式(10-32)和式(10-33)均可表示为非线性约束，故上述模型为混合整数非线性规划(MINLP)模型。实际的间歇过程设计模型远比式(10-31)~式(10-34)复杂，但均为MINLP模型。

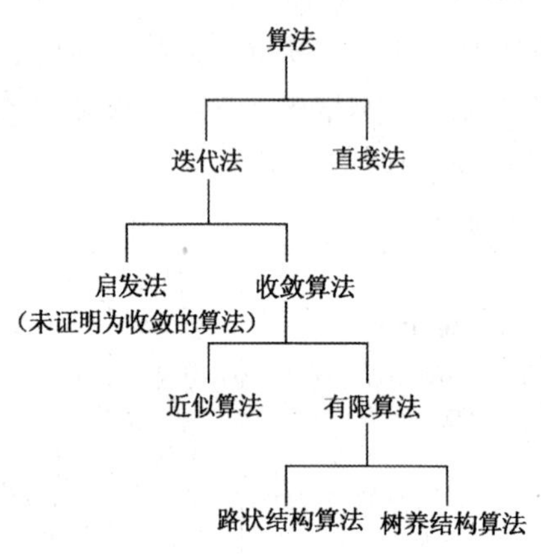

图10-11 算法体系树

在各种算法中(图10-11)，直接法对解决这类复杂问题显然无能为力。虽然许多学者致力于收敛算法与启发法的研究，但对于间歇过程设计，仍缺乏通用而有效的解法。

2. 收敛算法

收敛算法是能收敛于问题的解的迭代法。其中，近似算法并不保证得到精确解，得到的只是一个近似解。每多迭代一步，就会向精确解靠近一步。例如解单峰最优化问题的寻优法，梯度法等。

在这里，可用简约梯度法(GRG)解决上述MINLP模型，用现成的数学规划软件包如MINOS。由于软件上的限制，一般是将MINLP问题先松弛成非线性规划(NLP)进行处理，收敛后强加约束条件，如：

$$\sum_{j=1}^{M}(<m_j> - m_j)(m_j - [m_j]) = 0 \tag{10-35}$$

$$[m_j] \leqslant m_j \leqslant <m_j>, j = 1,2,\cdots,M$$

再重新求解NLP问题。其中，$\langle m_j \rangle$为不小于m_j的最小整数，$[m_j]$为不大于m_j最大整数。

应该指出，这种强加整数约束的方法，得到的仅是优化整数解的上界(最小值问题)。但它避免了烦琐的分支定界或枚举过程。实践表明，整数最优解往往与该上界十分逼近甚至相等，故这种处理方法是合理的。

近似算法可以利用现有软件，从而节省了大量工作，它还具有较严格的理论基础。对良好的初值，近似算法几乎可给出精确的优化解。但这种方法需要较大的计算机内存，消耗CPU时间较长，对初值要求也比较苛刻。

收敛算法中的另一个重要算法为有限算法，它能保证经有限次迭代得到精确解。其中的路状结构算法，迭代中不产生分岔序列，如线性规划中的单纯形法、几种短路问题、网络中最大流问题等。而树状结构算法中，迭代序列形成一颗由几条平行的枝组成的树，大多数树状搜索法属于此类，例如动态规划法、分支定界法、有界枚举法、隐枚举法、分支排斥法等。

在间歇问题中应用较多的是分支定界法。但如完全枚举，即使对于式(10－27)～式(10－30)的简化模型，选择其中的间歇设备的标准尺寸和异步平行单元数作决策变量，并假定每种设备仅有 15 种标准尺寸，最多允许 4 台设备平行操作，则每间歇级共有 60 种可能性。对 M 级的间歇过程，共有 60^M 个可能解。当 M 较大时，搜索最优解的过程即使在较大计算机上也是很缓慢的。所以在分支定界过程中，定界和剪支过程显得特别重要，这也正是其困难所在。在定界时还常采用一些启发规则，因为通常的定界法皆基于松弛原理产生“不优于”界，而启发法则可提供“不劣于”界，从而加快了收敛速度。但总的来说开发出有效的分支定界算法有相当的难度，其适用范围也各有所限。

3. 启发法

启发法有各种不同的应用领域，其中最重要的是：①对某些问题，若不存在有效的收敛算法，即不存在一种在可接受的计算时间内收敛于解的算法时，启发法就是惟一可取的方法；②对某些问题虽然存在有效的收敛算法，但也可先用启发法来寻求一个良好的初始解，这样可加速求解的过程；③在分支定界、有界枚举等树状搜索法中，启发法可用于“向前看”这类目的；④许多的收敛算法本身就包含有启发的因素，例如线性规划中的转轴选择规则。所有这些应用在间歇问题中都能找到。

间歇过程设计有以下规则：①将中间罐置于不含有时间限制级的串连级中，成本会有明显降低；②进一步改进流程的起点并将任务进行最大可能的合并；③添加平行单元的最适宜位置是时间限制级；④在使 T_L 有最大限度降低的位置下采用分解，若有两个以上可行位置时，选择能更多降低费用的位置进行分解，引进新单元。这种启发方法不能直接了当地推广应用于多产品厂设计中，而且它不合理地忽略了中间罐设备费。

在允许中间罐和同步或异步平行单元存在下，可以修正 MINLP 模型，并以投资最低为优化准则，提出了一种启发法。当存在过大设计时，该方法能找出最合适单元，减小其尺寸，最大限度地降低目标函数值；当不能满足生产要求时，该方法能确定瓶颈，增大其尺寸，最大限度地提高生产能力并使投资上升尽量少。如果将启发法与 MINOS 求解的结果加以比较，发现前者耗 CPU 时间远小于后者，而与后者的偏差在 1% 以内。此外，启发法占用内存小，对初值不敏感，还常为收敛算法提供初值。但由于启发法缺乏严格理论基础，对新开的启发法，常用收敛算法检验其正确性。

§10.3　间歇化工过程的时间安排问题

间歇问题的另一个方面就是生产安排问题。生产安排主要研究生产能力与时间的分配，原材料、中间产品与最终产品的存贮分配，以及劳动力与能源的分配等。分配的目的在于最有效地利用资源与生产能力，以满足市场对产品的长期需求预测。

生产进度安排也称时间表问题，它是生产安排中的重要部分。它是在给定的生产要求和可利用的全部设备条件下，来决定产品在各级单元上的加工顺序和每个操作的起始、终止时间，以优化某些经济(或系统)功能，例如使操作费用最小或使完成所有产品的生产总时间最短。当用间歇系统生产多个产品，而这些产品又共享某段有效生产时间时，就需要进行时间表安排。

从不同的基准出发，时间表问题有不同的分类方法。就过程的复杂性而言，时间表问题可分为以下4类：①单级单设备问题，即单机问题。②单级平行单元问题。③多级流水式车间(flowshop)问题，即多产品厂时间表问题。④多级工件式车间(jobshop)问题，即多目的厂时间表问题。本节主要讨论多产品厂和多目的厂时间表问题。

10.3.1 多产品厂时间安排问题

在讨论flowshop问题之前必须已知：①被生产的产品；②加工单元以及产品通过它们的路线；③各产品在单元上的固定加工时间矩阵；④各产品在单元之间的传送时间矩阵；⑤若产品转换生产时，单元的调整时间矩阵；⑥用于优化的适宜的功能准则；⑦在连串的单元对之间的中间存贮策略。

在化学过程工业中，物料可采取4种中间存贮方式：

① 零等待(ZW)：不设中间罐，产品在一间歇级中加工完毕必须立即送入下一级单元。这种方式适于中间产品化学性质不稳定时采用。

② 无中间存贮(NIS)：不设中间贮罐，产品在一间歇级中加工完毕就在该单元中等待，直至下游间歇单元腾出为止。对于在较长的生产期限内只生产单一产品的过程，NIS和ZW的总生产时间(对一个多产品循环完成加工所需的总时间makespan)是一样的。

③ 有限中间存贮(FIS)：中间贮罐个数有限，产品在一间歇级中完成加工后，送入一个闲置的贮罐内。待下游间歇单元腾出时，再从贮罐输入物料。

④ 无限中间存贮(UIS)：与FIS的不同是在间歇级间有无限个中间。这是一种理想状态，实际生产中，只有最后一个间歇级后的存贮可能符合这种方式。

在一条生产线中，上述4种存贮方式可能分别存在于不同的单元级间，这种情况被称为混合中间存贮(MIS)。

不同的存贮方式对总生产时间有明显的影响。例如用4个间歇级加工4种产品，其加工时间矩阵如表10-2所示。

表10-2 4间歇级4产品加工时间矩阵

间歇级	产品1	产品2	产品3	产品4
1	5	1	2	2
2	10	3	18	2
3	10	3	10	25
4	32	10	5	15

暂不考虑传送时间和调整时间。若间歇级1、2、3后的存贮方式分别为ZW、NIS和FIS(2个中间罐)，其总生产时间为97时间单位，如图10-12所示。但若各级间采用UIS方式，则如图10-13所示，总生产时间为87时间单位。在给定的存贮方式下，产品加工顺序也会影响总生产时间。例如将图10-13中的产品加工顺序改成2-1-4-3时，总生产就变成78时间单位。

在多产品厂中，为在规定的时间内满足市场对多种产品的需求，同时为了提高设备利用率，减少闲置时间，当产品结构相似和设备清洗工作量不大时，常采用每批更换一种产品的生产。因而就出现了被加工产品次序的确定，及按此顺序各产品在各单元上开始和完成加工时间的确定问题。

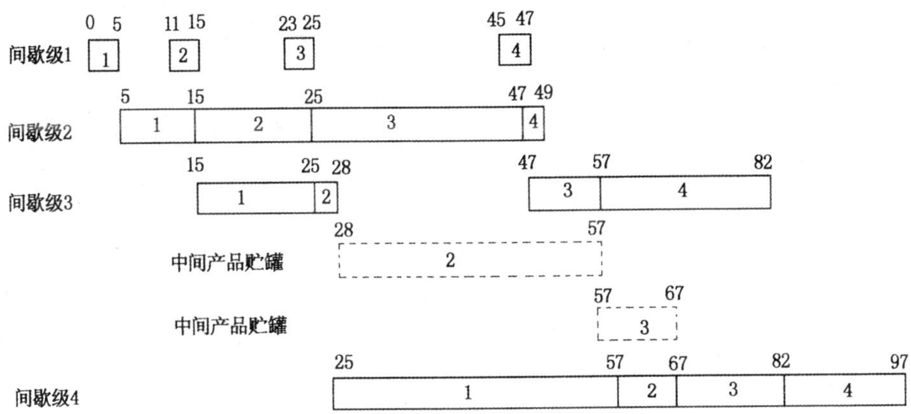

图 10－12　具有不同中间贮存方式(ZW－NS－FIS)的多产品厂操作 Gantt 图

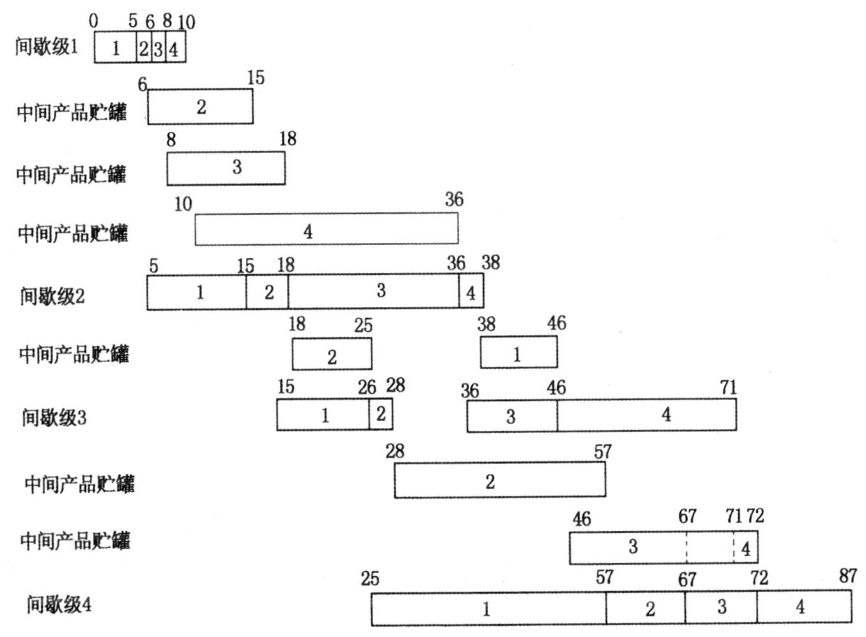

图 10－13　具有无限中间贮存方式(UIS)多产品厂操作 Gantt 图

确定时间表时常用的优化准则是：①总生产时间最短；②最大或平均流经时间(即产品的停留时间)最短；③最大或平均拖期(即产品的完成日期与交货日期之差)最短；④产品更换费用最低。

对实际的间歇操作问题还可划分为“优先的”和“非优先的”两类操作方式。优先的操作方式指的是一个设备在加工一个产品的过程中可以受到干扰，即在完成原来产品的加工之前，允许用来加工其他产品，但在化学过程工业中这种方式较少采用。非优先的操作方式指的是一旦产品进入时间表后，不允许在其以后进入时间表的产品超越它，因此在所有单元设备上产品加工次序完全相同，这样的时间表称为排列时间表。本书只考虑排列时间表问题，并以总生产时间最短为优化准则。

解决这类问题的主要困难是在计算时间上。可用“有效算法”，即得到最终解所需的时间可用问题大小的多项式来表示，例如可用 N^3(N 为产品数)表示，这种算法也叫“多项式算法”。可用这种算法解决的问题属于“容易问题”。若得到最优解所需时间用问题大小的指数函数来表示，例如为 2^N，则这类算法称为“指数时间算法”。如果不知道得到最优解的有效算法是否存在，这类问题称为“NP 问题”。如果有一组 NP 问题，若对其中之一找到了有效算法，而且该算法也可用于这一组中所有的 NP 问题时，则这一组 NP 问题称为“NP 完全问题”。

如果只考虑间歇单元的存在，对于间歇级数 $M \leqslant 2$ 和部分 $M=3$ 的流水式车间问题，可用著名的 Johnson 规则解决。一般的 $M \geqslant 3$ 的 flowshop 问题为 NP 完全问题，难以找到多项式算法，通常采用启发法或收敛算法，但收敛算法为指数算法，只适合于小规模问题(指产品数和单元数较少的)。而大规模问题只能依赖于启发法，但启发法往往又有各自的适用范围。

对于小规模问题，分支定界法是比较有效的方法。为简化起见，下面仅列出无 ZW 存贮方式时的递推模型：

对产品 1：

$$C_{11} = a_{01} + T_{11} \quad (10-36)$$

$$C_{j1} = C_{(j-1)1} + a_{(j-1)1} + T_{j1} \quad j=2,3,\cdots,M \quad (10-37)$$

对产品 $i=2, 3, \cdots, N$：

对间歇单元 1

$$C_{1i} = \max\{C_{1(i-1)} + a_{1(i-1)} + S_{1(i-1)i} + a_{0i} + T_{1i},\ C_{2(i-z_1-1)} + a_{2(i-z_1-1)} + S_{2(i-z_1-1)(i-z_1)} + f(z_1)^* a_{1(i-z_1)}\} \quad (10-38)$$

对间歇单元 $j=2, 3, \cdots, M-1$

$$C_{ji} = \max\{C_{(j-1)i} + a_{(j-1)i} + T_{ji},\ C_{j(i-1)} + a_{j(i-1)} + S_{j(i-1)i} + a_{(j-1)i} + T_{ij},\ C_{(j+1)(i-z_j-1)} + a_{(j+1)(i-z_j-1)} + S_{(j+1)(i-z_j-1(i-z_j))} + f(z_j) * a_{j(i-z_j)}\} \quad (10-39)$$

对最后一个间歇单元 M

$$C_M = \max\{C_{(M-1)i} + a_{(M-1)i} + T_{Mi},\ C_{M(i-1)} + a_{M(i-1)} + S_{M(i-1)1} + a_{(M-1)i} + T_{(M-1)i}\} \quad (10-40)$$

式中，a_{ji}为从单元 j 传送出产品 i 所需时间；C_{ji}为产品 i 在单元 j 上的完成时间，定为为产品 i 能开始送出单元 j 的时间；S_{kji}，为在间歇单元 K 上产品 j 送出后和产品 i 进入前的调整时间；z_j为间歇级 j 与 $j+l$ 之间贮罐数；$f_{(z_j)}$ 定义为：

$$f(z_j) = \begin{cases} 0, z_j = 0 \\ 1, z_j > 0 \end{cases}$$

T_{ji}为产品 i 在单元 j 中的加工时间。

在求解过程中，从最新活动界限分支，并采用回寻策略。考虑到由于产品的加工、传送和调整时间不同，才产生排序问题；反之，若这些时间对所有产品都一样，则不存在排序问题。故采用如下的下界确定方法：假定在 N 个产品中，已有 p 个产品被部分顺序化，将其余 $N-p$ 个未排序产品视为相同的“虚拟产品”，用 $N-p$ 个未排序产品在 M 级间歇设备上的加工时间、传送时间和调整时间的平均值作为虚拟产品的特征值，即：

$$T = \left(\sum_{j=1}^{M} \sum_{i=p+1}^{N} T_{ji} \right) / [M(N-P)] \tag{10-41}$$

$$a = \left(\sum_{j=0}^{M} \sum_{i=p+1}^{N} a_{ji} \right) / [(M+1)(N-p)] \tag{10-42}$$

$$S = \left(\sum_{k=p}^{N} \sum_{i=p+1}^{N} \sum_{j=1}^{M} S_{jik} i_1 \right) / [M(N-p)^2] \quad k \neq 1 \tag{10-43}$$

将 $N-p$ 个完全一样的虚拟产品排在已顺序化的产品之后，构成完整顺序，用此完整顺序的总生产时间作为下界。定界过程是分支定界法成败的关键。事实证明，这样的定界方法虽不能保证给出最优解，但至少能给出一个接近优化的解。应用这种方法时必须注意，对某个节点，当 $N-p \leqslant 3$ 时，从该节点分支的各节点下界不再计算，所有可能的排序均需检查。

【例 10-2】 某厂有 4 个间歇级加工 5 种产品的生产过程，其加工时间、传送时间和调整时间分别如表 10-3～10-5 所示。级间无 ZW 方式，$z_1=0$，$z_2=1$，$z_3=0$。用分支定界法找到的最好顺序为产品 2-1-3-4-5，相应总生产时间为 125。图 10-14 列出了计算过程及结果，其中节点的数字为产品号，节点旁数字为下界。

表 10-3　加工时间 T_{ji}

	产品 1	产品 2	产品 3	产品 4	产品 5
单元 1	2	1	4	7	9
单元 2	7	8	14	21	20
单元 3	9	9	6	14	12
单元 4	12	5	8	2	2

表 10-4　传送时间 a_{ji}

	产品 1	产品 2	产品 3	产品 4	产品 5
单元 0	4	1	3	4	1
单元 1	5	4	1	1	2
单元 2	3	4	1	6	2
单元 3	7	2	3	4	1
单元 4	6	7	8	2	1

表 10-5　加工时间 T_{ji}

	产品 1	产品 2	产品 3	产品 4	产品 5
单元 1	0	2	3	4	1
单元 2	2	0	2	3	2
单元 3	1	3	0	1	2
单元 4	3	1	1	0	2
单元 5	1	1	2	2	0

对于小规模问题，也可将原问题化为混合整数线性规划（MILP）问题并采用相应软件包求解。为保证约束条件的线性，忽略了调整时间。通过对分支定界法与 MILP 方法在运行速度、适用范围及使用方便程序等方面进行比较，可以发现分支定界法均较优，而且这种优势

随 $M \times N$ 值的增大愈趋明显。

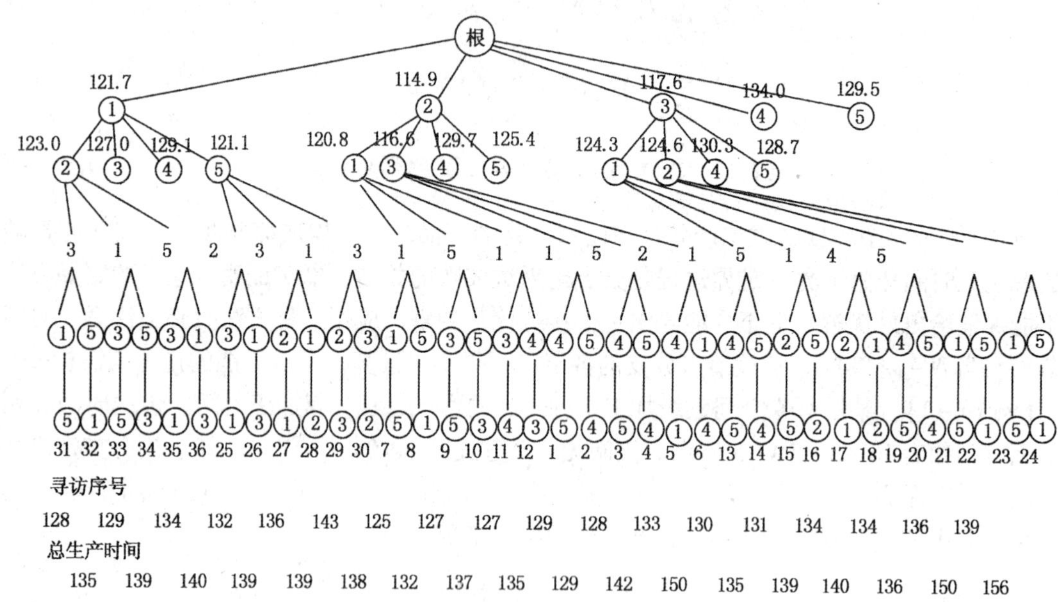

图 10－14 分支定界树

然而，对 M 和 N 较大的大规模问题，分支定界法也不太适用，一是因运行慢，二是因得到的解可能远离优化解。这时，往往采用启发法。启发法计算时间短，但可能得到次优解。

10.3.2 多目的厂时间安排问题

多目的厂多以期限式操作。由于需求相对稳定，时间、设备、公用事业等可在较长期间里对不同产品或生产产品的各级分配构成一个生产期限，且产品以批量形式连续生产，故通常不考虑产品的排序。药物及精细化学品的上游操作就是典型的期限式生产。

如果各产品只有各自惟一可能的生产路线，则称这样的多目的厂为“具有单一生产路线的多目的厂”，它是多目的厂的特殊情况。在整个生产过程中，不共用相同设备的产品可同时生产，称为“相容产品”。相容产品相互组合，可构成“相容产品组”。图 10－15 中的单一生产路线多目的厂至少可有如图 10－16 所示的相容产品组合。图 10－16 中 1 最不可取，因为它依次加工各产品，较之其他平行加工情况，效率最低。如加工产品 A 时，级 3～5 空闲，而加工产品 B 时，1、4、5 级又空闲。这样，完成确定的生产要求，势必需要较长的加工时间。而情况 11 包含了第 2～10 种情况，且使设备得到了最大限度的利用，称之为“最大相容产品组”。描述最大相容产品组的期限结构称为“超结构”(Superstructure)，如图 10－17 所示。

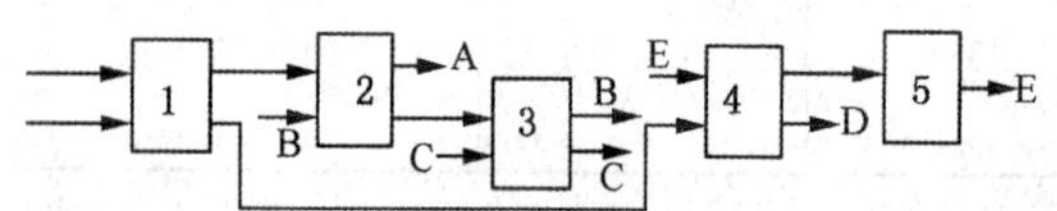

图 10－15 具有单一路线的多目的厂生产实例示意

采取超结构方式操作，是具有单一生产路线的多目的厂优化操作的前提。对于单一生产路线多目的厂时间表问题，也可以采用启发方法，考虑在有效生产时间内，当需求超过生产能力时，如何安排各产品产量使工厂获利最多。该启发法不仅允许平行单元同、异步操作，而且对不同产品，各级所提供的同、异步单元数可以不同。体现了多目的厂的操作弹性。启发法与 MINOS5.0 的计算法，二者结果相差无几，而前者快得多。

1	A	B	C	D	E
2	A C	B	D	E	
3	A E	B	C	D	
4	A	B E	C	D	
5	A	B D	C	E	
6	A	B	C D	E	
7	A	B E	C	D	
8	A C	B D	C D	E	
9	A E	B E	C E	E	
10	A E	B D	C E	D C	E B
11	A C E	B E	C D	D B	

图 10－16　相容产品组合

多目的厂更一般的形式是具有多条生产路线的多目的厂，产品的生产路线不固定，而是根据生产要求，临时组建生产线。这种厂优化操作的关键是确定产品的生产线，即生产若干批特定产品的设备单元组合。

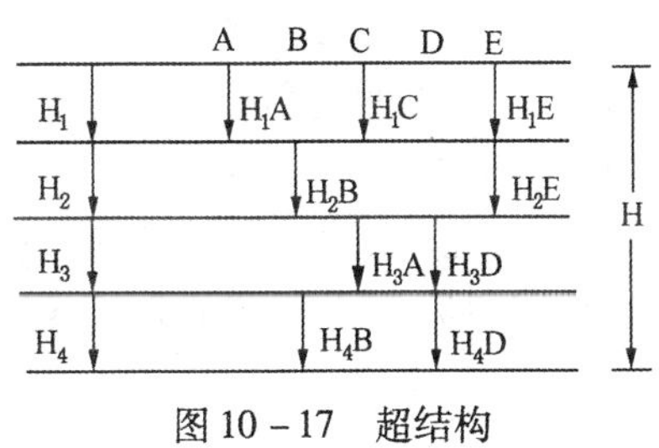

图 10－17　超结构

最后必须强调指出，不能把间歇化过程的设计问题和生产安排问题截然分开来考虑。在多产品厂中，如果频繁更替产品生产，排序问题对设计问题的影响就不能忽略。而多目的厂的设计问题是在生产安排问题之后才能考虑的，包括：①确定加工网络的结构，即产品任务的划分、设备对任务的分配、期限形成等；②确定设备尺寸以计算期限长度；③各设备单元的机械设计。

§10.4　间歇过程自动化

在实际生产中，各间歇过程都有一定的自动化水平，从借助几个传感器的手控过程到具有多个传感器和分析仪器、带有复杂软件的计算机控制系统，即使大部分操作都由手工来完成，诸如加热、混合、物料传送等单元操作也离不开传感器。

10.4.1　主要的传感器

间歇过程的心脏是反应器。为防止腐蚀，反应器通常为玻璃衬里，还常常带有夹套和搅拌装置。反应器内温度、压力、液位和夹套温度是最常检测的变量。其中，以温度和液位最为主要，因为反应器中最常见的操作是常压下的混合、加热和冷却。为了控制反应，还常检验搅拌速率、进出口流速、反应产物性质（如酸度）等，但这些检测并非对所有操作都需要。

1. 温度测量

测温一般不难，最常用的仪器是配带电子温度变送器的电阻温度计(RTD)。它具有高准确度；与热电偶相比，不需要特殊的导线。RTD传感器有一个由钽或镍合金制成的套管来防止腐蚀或机械磨损，并保证良好的导热性能。在标准的玻璃衬里，反应器顶部有数个管嘴，其中一个通常是插入该套管的。如果反应器内部溶液太少，液面不能没过套管尖部，可将RTD装在反应器底部出口阀处来测量。在安装过程中RTD的接地应与变送器相容。

2. 液位测量

液位测量比较复杂。因为影响液位的一些性质很可能发生变化。另外，在机械和电力上也有复杂的问题。例如，反应物的密度可能发生变化，这不仅是由于间歇釜所加工的不同批次产品密度各不相同，甚至同一批产品的密度在加工过程中也会发生。此外，液体和蒸气的电导率及其他化学性质也会发生变化。这些情况在加热过程中都会出现。

在容器内要达到精密的搅拌，要求液位传感器有一定的机械强度，而且即使在漩涡和顶层发泡的情况下也能发出有意义的信号。在许多情况下，由于液位测量仪周围有溶剂和其他易挥发或可燃化学品存在，故必须归入“危险带电区”。目前，还没有一种液位传感器能适应所有的应用条件。靠差压的测量仪器只适于密度恒定时使用；电容探针在剧烈搅拌下难以固定，而且不能补偿温度的变化；超声仪器不能耐高温，而间歇容器又常用蒸汽清洗；重量传感器可由重量指出液位，但它安装复杂而且价格昂贵。

总之，对各种液位测量方法应分别进行评价。要考虑到容器的制造特性和构造，温度和压力范围，液体的化学、物理性质，搅拌特性，带电区域归类，维护及其他可能的因素。

3. 压力或真空度测量

压力和真空度的测量可直接进行，可使用常规传感器。有腐蚀性蒸气存在时，要求用隔膜和法兰盘时，通过毛细管连接传感器主体。

4. 流量的测定

测定进、出反应器的流量一般不成问题，但必须仔细考虑相态(汽、液或粉末)、黏性、流速范围、腐蚀性、所需精度和其他可能测定的参数。适于间歇过程的流量测量仪范围很广，从转子流量计到质量流量计均可使用。

10.4.2 分析仪器

除了上述提到的温度、液位和流量外，间歇过程还需要控制其他不易直接测定的过程参数；如pH值、含水量等。在过去，这些变量主要靠离线的实验室测定。而现在，由于分析仪器的进步和价格下降，以及间歇加工对实时分析的要求增长，在线分析日益普及。人们已不再像过去那样，先取样，再送到实验室，等结果出来时，这一批产品早已离开生产线了。间歇过程尤其希望的是分析仪器不需要复杂的采样系统、独立的房间和频繁的维修。pH值、电导率分析仪一般能满足这些要求。但对于测定颜色、温度、光谱或特定离子，则分析仪器很可能需要一个带有流股调节(如过滤除去悬浮粒子)的采样系统。

在实际生产中，间歇加工过程中可能都需要上述提及的分析仪器。然而，也有许多工业过程需要特殊的分析。例如，在制药或生化厂，需要监测发酵物料的含氧量、细胞密度和长势。而在食品工业中，又广泛需要分析温度、颜色、稠度等性质。

10.4.3 间歇控制基础

除分析测量外，自动化的另一主要方面就是控制功能。对于每一个加工步骤，将反应物与所用设备写在前面，再注明持续时间、温度和其他变量，如此依次记录各个步骤就形成了加工次序清单(Batchsheet)。在确定加工次序清单之后，必须充分考虑各个步骤及其工序、监控水平等。一旦确定，加工次序清单便成了生产控制的基础。不论自动化程序如何，都是如此，所不同的是监控仪器的依赖程度和计算机介入的程度差异而已。

对过程中普通遇到的是半自动或全自动间歇过程，控制设备有个人计算机(PC)到分布式控制系统(DCS)。在使用局部控制面板的半自动间歇操作中，面板上配有操纵搅拌器，阀门、泵等设备的按钮，还可能有报警系统，传感器远程数字显示等；在全自动间歇操作中，对于控制规模相对小的单元(可达 500 个输入、输出点)，着重考虑采用 PLC、PC 和单一或多回路数字控制器。这些以微处理机为基础的系统很可靠，它采用了各种各样的软件，可设于危险环境中。它们之中，大多数有良好的操作介面，或者以 CRT 控制台出现，或者模拟传统的控制面板；大规模间歇操作的自动化则采用 DCS。虽然 DCS 在 20 世纪 70 年代中期已经普及，但在间歇加工中的应用还是较新颖的。控制系统的生产厂也开始在间歇加工工业中开拓新市场。在此情况下，软件批语言概念也应运而生，但同时也提出了将程控与连续控制相结合的问题。其他的问题还有，优化设备利用的间歇时间表、配方处理、批示踪数据采集和记录、有效的报警、操作介面(包括交互信息和操作员的干预)等。

习　题

1. 什么是间歇化工过程，有什么特点？
2. 间歇化工厂可分哪几种类型？
3. 什么是批量限制级？
4. 什么是半连续级的负荷因子？
5. 什么是时间限制级？
6. 什么是间歇操作的 Gantt 图？对间歇加工有什么指导意义？
7. 什么是间歇问题？
8. 在间歇加工中，如何评价混合器的混合性能？
9. 在固 - 液混合系统中，挡板有何作用？
10. 在间歇过程的手算过程设计中，如何计算设备的最小需要值？
11. 在多产品厂中，物料存储方式有哪些种？
12. 在单一生产路线多目的工厂中，生产 A、B、C、D 四种相容产品时，有哪些组合方式？

参考文献

1 王大全．中国精细化工的现状和发展预测．化工进展，2004，23(5)：455～460
2 唐培堃主编．精细有机合成及工艺学．天津：天津大学出版社，1993
3 陈松茂编．有机合成工艺设计及反应装置．上海：上海交通大学出版社，1988
4 王文兴．工业催化．北京：化学工业出版社，1978
5 李荣生，甄开吉，王国甲．催化作用基础．北京：科学出版社，1990
6 李作俊．多相催化反应动力学．北京：北京大学出版社，1990
7 黄开辉，万惠霖．催化原理．北京：科学出版社，1983
8 吴越．催化化学(上)．北京：科学出版社，1990
9 Bond G C. 多相催化作用．庞礼等译．北京：北京大学出版社，1982
10 蒋挺大．合成化学基础．北京：科学出版社，1992
11 Dehmlow E W. 相转移催化作用．贺贤璋译．北京：化学工业出版社，1988
12 钱延龙，廖世健主编．均相催化进展．北京：化学工业出版社，1990
13 郭德威．生物无机化学概要．天津：天津科技出版社，1990
14 江琳才．电合成．北京：高等教育出版社，1993
15 陈延德．电解工程．天津：天津科技出版社，1993
16 陈松茂．有机化工产品电解合成．上海：上海科技出版社，1994
17 乔庆东．电有机合成及其在石油化工中的应用．石油化工，1995，24(12)：894
18 曹谨．光化学概论．北京：高等教育出版社，1985
19 Cowan D O 等．有机光化学原理．丁树明等译．北京：科学出版社，1989
20 刘冲等．石油化工手册(第三分册)．北京：化学工业出版社，1987
21 恽魁宏等．高等有机化学．北京：高等教育出版社，1988
22 黄跃曾主编．金属有机化学进展．北京：化学工业出版社，1987